中等职业技术教育规划教材

# 公差配合与测量技术

## （第2版）

主编　黄云清

参编　高　锋

　　　张远平

主审　邓晓文

机械工业出版社

本书是在原机械工业部中等专业学校机械制造专业教学指导委员会组织编写的第四轮中等专业教育机电类规划教材《公差配合与测量技术》（四年制）的基础上，结合当前三年制中等职业教育的特点重新进行修订的。

全书内容包括绪论；光滑圆柱的公差与配合；测量技术基础；形状和位置公差及检测；表面粗糙度及其检测；量规设计基础；圆锥和角度的公差与检测；平键、花键联结的公差与检测；普通螺纹结合的公差与检测；渐开线直齿圆柱齿轮的公差与检测。本书的讲课时数为 50～55 学时。

本书是机电类专业的必修教材，实用性强，内容少而精。全书突出介绍了常见几何参数的公差标注、查表与解释以及几何量的常见检测方法。全书采用新的国家标准，表述通俗易懂，方便自学。本书作为三年制中专和职高的教材，也可供从事机械制造的工人、工艺人员学习参考。

## 图书在版编目（CIP）数据

公差配合与测量技术/黄云清主编. —2 版. —北京：机械工业出版社，2005.1（2018.7 重印）
中等职业技术教育规划教材
ISBN 978-7-111-04876-3

Ⅰ. 公…　Ⅱ. 黄…　Ⅲ. ①公差—配合—专业学校—教材②技术测量—专业学校—教材　Ⅳ. TG801

中国版本图书馆 CIP 数据核字（2005）第 006770 号

机械工业出版社（北京市百万庄大街 22 号　邮政编码 100037）
责任编辑：汪光灿　版式设计：霍永明　责任校对：申春香
责任印制：常天培
北京圣夫亚美印刷有限公司印刷
2018 年 7 月第 2 版·第 29 次印刷
184mm×260mm ·15.5 印张·371 千字
标准书号：ISBN 978-7-111-04876-3
定价：38.00 元

# 第 2 版前言

随着现代经济社会的发展和技术进步，我国经济的快速增长，使社会劳动力市场对初、中级技术人才的就业需求数量越来越大，要求也越来越高。中等职业教育已由培养传统的技术型应用人才向培养技能型与技术型相结合的人才转变。因此，中等职业机电类专业也应根据生产的需要来设置课程，《公差配合与测量技术》正是从这个角度出发所设置的一门技术基础课程。

机械图是生产中工人、工艺人员的技术语言，随着现代工业的发展及产品性能与质量要求的提高，机械图上所标注的几何参数的技术要求也越来越复杂，作为工人、工艺人员不仅要求能正确理解机械图上的技术要求，还要熟悉这些技术要求通过何种检测手段对其进行控制。所以，"公差"与"检测"内容紧密相关不可分割。随着全国大部分中等职业学校的改制（由四年制改为三年制），原四年制中专"公差配合与测量技术"在内容和深度方面已不能再适应三年制中职中专的要求。本书就是在四年制中专教材的基础上对其重新进行了修订。在修订中，注意了中职中专学生的培养特色，同时根据机电类三年制中职"公差配合与测量技术"课程的教学大纲，对全书内容作了精简；全书采用了新的国家标准；并力求表达通俗易懂，以方便读者自学。

本书可作为三年制中专、职高机电类专业的教材，也可供一般从事机械制造的工人、工艺人员学习参考。

本书由重庆工业职业技术学院黄云清主编；西安仪表工业学校张远平、广东省机械学校高锋参编；由重庆市工业学校邓晓文主审。本书绪论，第一、二、三章由黄云清编写；第五、六、八章由张远平编写；第四、七、九章由高锋编写。

由于编者水平有限，书中难免有谬误与错漏之处，恳请广大读者不吝批评指正。

编　者

2004 年 10 月

# 第1版前言

　　本书是中等专业学校机械制造专业与其他机械类专业的必修课教材。系根据机械工业部中等专业学校教材编审"八五"出版规划及机械工业部审定的招收初中毕业生、学制为四年的《公差配合与测量技术》教学大纲组织编写的。本书教学总学时数为 70 学时。

　　针对机械制造专业培养目标和对毕业生的基本要求，本书在编写中，遵循了理论教学以应用为主的原则，本着理论以必须、够用为度，注意了加强实用性内容，突出了常见几何参数公差要求的标注、查表、解释以及对几何量的一般常见检测方法和数据处理的内容，全书采用了新的国家标准，内容尽可能做到少而精。表述上力求通俗、新颖，方便读者自学。

　　本书可作为中专、职工大学、业余大学机械制造专业和其他机械类专业的教材，也可供一般从事机械设计与制造的工程技术人员、工人学习参考。

　　本书由重庆机器制造学校黄云清主编；西安仪表工业学校张远平、广东省机械学校高锋参编；由河北机电学校符锡琦主审。本书绪论，第一、二、三章由黄云清编写；第五、六、八、十章由张远平编写；第四、七、九章由高锋编写。

　　参加本书教学大纲讨论、审稿会及资料整理的还有：福建机电学校陈泽民、邢闽芳、秦立训；北京市机械工业学校林从滋；武汉市机械工业学校朱志恒；哈尔滨机械工业学校李文彬；广西机械学校贾玉蓉；山西长治机电学校赵雪花；沈阳机电学校赵辉；山东省机械工业学校张蔚波；重庆机器制造学校夏小玲；江西省机械工业学校陈舒拉等。谨此表示衷心地感谢。

　　限于编者水平，书中难免谬误与错漏之处，恳切希望广大读者批评指正。

编　者

# 目 录

# 绪　论

## 第一节　技术要求与机械图

随着现代科学技术与生产的发展，对产品与零件的性能要求越来越高，而这些性能要求往往通过技术要求表达在零件图与装配图中。

为了适应我国改革开放的大好形势和现代科学技术的发展，有利于我国同世界各发达国家的技术交流、技术协作和贸易往来，我国已对影响产品与零件性能的各种几何参数颁布了相应的公差配合标准并逐步与国际标准（ISO）并轨，而这些公差配合标准将直接出现在机械图中。

机械图是表达产品与零部件制造的技术语言，作为现代工程技术人员和工人不仅要求能看懂机械图所表达的结构，更重要的是能识别在机械图上所表达的各种技术要求，并能初步掌握对这些技术要求如何进行检测，从而能正确判断产品与零部件的加工质量。

## 第二节　互换性、公差与高质量产品

### 一、市场竞争机制的发展

随着我国科学技术的发展和社会需求的逐渐多样化，在市场经济的激烈竞争中，要求企业的产品要不断地更新换代，这就必然要促使企业增加产品的品种，减小产品生产的批量。目前，我国属于多品种、中小批量生产的企业已越来越多，据不完全统计，已达到80%左右，并正呈上升的趋势。实际上，在美国和日本这样发达的国家，多品种、中小批量生产的企业早已超过80%以上，这是市场产品竞争的必然结果。

### 二、现代机械产品的基本要求—互换性

互换性是指机械产品在装配时，同一规格的零件或部件能够不经选择、不经调整、不经修配，并能保证机械产品使用性能要求的一种特性。机械产品实现了互换性，如果有的零件坏了，可以以新换旧，方便维修，延长机器的使用寿命。从制造来看，互换性可以使企业提高生产率、保证产品的质量和降低制造成本；从设计来看，可以缩短新产品的设计周期，及时满足市场用户的需要。例如：手表在发展新品种时，采取使用具有互换性的统一机芯，不同品种只需进行外观的造型设计。那么，机械产品是如何具有互换性的呢？

### 三、公差的概念

任何一台不论简单或复杂的机械，都不外乎是由若干最基本的零件所构成。这些具有一定尺寸、形状和相互位置几何参数的零件，可以通过各种不同的联接形式而装配成为一个整体。

图 0-1 所示齿轮液压泵的各个零件，便是通过光滑圆柱结合（如图中 $\phi15H7/f6$、$\phi34.42H8/f7$ 等部位）、圆锥结合、键联结、螺纹结合（如图中 M22 × 1.5 部位）、齿轮传动等各种形式而连接成为一个整体。显然，要满足齿轮泵的使用功能，保证装配质量，首先必须控制零件的制造质量。

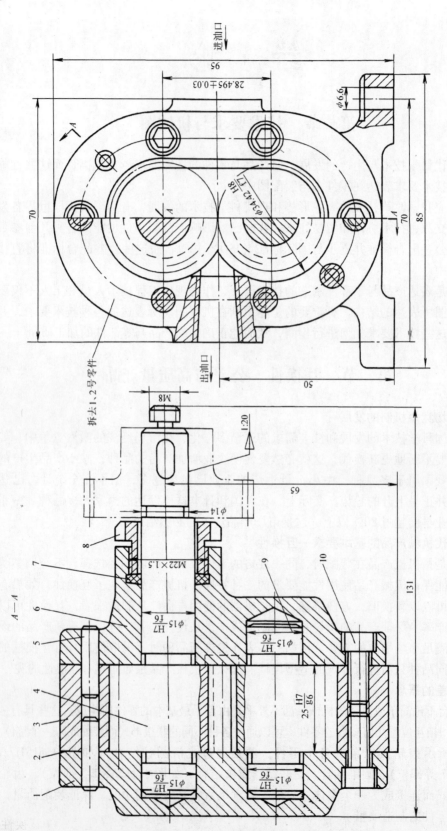

图 0-1 齿轮液压泵

1—泵盖　2—纸垫　3—泵体　4—齿轮轴　5—销　6—泵盖　7—毡圈　8—螺塞　9—齿轮　10—螺钉

由于任何零件都要经过加工的过程，无论设备的精度和操作工人的技术水平多么高，要使加工零件的尺寸、形状和位置做得绝对准确，不但不可能，也是没有必要的。只要将零件加工后各几何参数（尺寸、形状和位置）所产生的误差控制在一定的范围内，就可以保证零件的使用功能，同时这样的零件也具有了互换性。零件几何参数的这种允许的变动量称为公差，它包括尺寸公差、形状公差、位置公差等。

换句话说，我们通过对零件的各个几何参数规定公差，加工时，只要将零件产生的误差严格控制在公差范围内，零件就具有互换性。

以零件的尺寸公差为例：图0-1中齿轮轴4的两端轴颈与两端泵盖（1、6）的孔作间隙配合，由于轴颈要求在泵盖孔中作中速运转，因此配合间隙既不能过大，也不能过小（设计间隙允许范围为 $+0.016 \sim +0.045$mm），为此对两轴颈和两端泵盖的孔分别规定了实际尺寸的变动范围。譬如：轴颈实际尺寸允许在 $\phi14.984 \sim \phi14.973$mm 范围内变化；泵盖孔的实际尺寸允许在 $\phi15.0 \sim \phi15.018$mm 范围内变化。只要制造时，将轴颈与泵盖孔的尺寸误差严格控制在各自的公差范围内（轴颈的公差等于0.011mm 泵盖孔的公差等于0.018mm），就能使配合后的间隙在规定的范围内变化，轴颈与泵盖孔就能在装配时具有互换性。

由于轴颈与泵盖孔加工时，实际尺寸可以在各自的公差范围内变化，因此装配后所得到的间隙也是变化的。从上例可看出：轴颈与泵盖孔的配合间隙变化范围为 $+0.016 \sim +0.045$mm，显然，轴颈与泵盖孔配合间隙处于最大间隙（$+0.045$mm）和处于最小间隙时，工作情况是不一样的。最大间隙时虽然润滑好、发热小，但定心精度相对差些；最小间隙时虽然定心精度高但润滑差、发热相对要大些。如果轴颈与泵盖孔的配合间隙处于中间值（即为 $+0.0305$mm），显然配合的工作性能就比较好，兼顾了定心精度和润滑。所以，随着现代机械产品性能的提高，不但要求产品零件具有互换性，而且要求"平均盈隙性"要好。所谓"平均盈隙性"是指制造的一批零件，任取一件齿轮轴的轴颈与任取的一件泵盖孔相配合时，均能获得接近平均间隙的间隙值。如果产品上所有的结合零件副都能实现"平均盈隙"的互换性装配，便可大大地提高产品的质量，而且可以稳定的进行生产。

要实现一批产品零件的"平均盈隙"装配。惟一的办法就是在制造时，设备和工装如何能够按照齿轮轴轴颈与泵盖孔各自公差所确定的平均尺寸进行快速可靠的调整和控制。

## 第三节　互换性生产的实现

### 一、不同生产方式及其采用的加工手段

要保证互换性生产的实现，首先取决于在不同的生产方式下所采用的加工手段。

1. 大批大量生产方式及其加工手段

大批大量生产零件通常是在固定不变的流水线、生产线或自动线上进行加工，在这些线上的设备和所使用的工艺装备（指夹具、刀具、量具等的总称），一般多采用专用性很强的组合机床、自动机床或高效专用机床，以及专用的夹具、刀具、量具、辅具等工装。加工零件时多采用调整法，根据零件公差范围所确定的平均尺寸反复进行调整。因此，这类生产方式所加工的零件的质量基本上不受人为操作因素的影响，质量稳定，互换性高，

生产率高，"平均盈隙性"较好，但是由于它的专用性很强，因此不能更换产品，加之受设备精度的限制，当零件加工精度要求很高时，往往难以保证。故此种生产类型及其加工手段只适用于那些产品更新换代时间较长（如一汽生产的第一代解放牌汽车，国防企业生产的轻、重武器等）以及一般精度的机械产品。目前，在我国制造业中，属于这类生产的企业所占的比例不大。

2. 中小批量生产方式及其加工手段

在机械制造业中，中小批量生产的企业完全采用传统的方式进行加工的目前已不多见。所谓传统生产方式是指采用通用设备和通用工装的生产。就目前较多的中小批生产企业而言，采用较多的加工手段是通用机床（也有部分专机）加专用夹具、刀具、量具等工装，虽然所生产的产品也具有互换性，也可以实现多品种的加工（通过更换工装），但仍存在加工精度不高、产品质量不稳定、更换产品调整费事等弊端。随着现代科学的发展，使制造业的加工技术发生了翻天覆地的变化，以数控机床（CNC）、加工中心（MC）、柔性制造系统（FMS）以及计算机综合自动化制造系统（CIMS）为代表的最新机械加工技术的问世，为多品种、中小批量的生产的发展，才真正创造了条件。由于这类设备调整方便、快速、自动化程度高、精度高、柔性好（即可变性好），所以特别适用于多品种、高精度、高质量机械产品的加工。

综上所述：要实现多品种、中小批量产品的高质量互换性，必须采用先进的现代加工手段。

**二、公差的标准化**

标准化是指以制定标准和贯彻标准为主要内容的全部活动过程。

标准大都是指技术标准，它是指为产品和工程的技术质量、规格及其检验方法等方面所作的技术规定，是从事生产、建设工作的一种共同技术依据。

标准分为国家标准、行业标准、地方标准和企业标准。

在现代化生产中，标准化是一项重要的技术措施。因为一种机械产品的制造，往往涉及到许多部门和企业，为了适应生产上相互联系的各个部门与企业之间在技术上相互协调的要求。必须有一个共同的技术标准，使独立的、分散的部门和企业之间保持必要的技术统一，使相互联系的生产过程形成一个有机的整体，以达到实现互换性生产的目的。为此，首先必须建立对那些在生产技术活动中最基本的具有广泛指导意义的标准。由于高质量产品与公差的密切关系，所以要实现互换性生产必须建立公差与配合标准、形位公差标准、表面粗糙度等标准。

**三、检测与计量**

先进的公差标准是实现互换性的基础。但是，仅有公差标准而无相应的检测措施还不足以保证实现互换性。必要的检测是保证互换性生产的手段。通过检测，几何参数的误差控制在规定的公差范围内，零件就合格，就能满足互换性要求。反之，零件就不合格，也就不能达到互换的目的。

检测的目的，不仅在于仲裁零件是否合格，还要根据检测的结果，分析产生废品的原因，以便设法减少废品，进而消除废品。

随着生产和科学技术的发展，对几何参数的检测精度和检测效率，提出了越来越高的要求。

要进行检测，还必须从计量上保证长度计量单位的统一，在全国范围内规定严格的量值传递系统及采用相应的测量方法和测量工具，以保证必要的检测精度。

# 第四节　本课程的任务

本课程是从保证产品的高质量和如何实现互换性的角度出发，围绕误差与公差这两个基本概念，讨论如何解决图样要求与制造要求的矛盾。

学生在学习本课程之前，应具有一定的理论知识和初步的生产知识，能读图并懂得图样的标注方法。学生学完本课程后，初步达到：

1）建立互换性、公差与高质量产品的基本概念。

2）了解各种几何参数有关的公差标准的基本内容和主要规定。

3）能正确识读、标注常用的公差配合要求，并能查用有关表格。

4）会正确选择和使用生产现场的常用量具和仪器，能对一般几何量进行综合检测。

5）会设计光滑极限量规。

本课程除课堂教学要讲授检测知识外，为了强化学生的检测技能，建议可考虑安排专用实验周以培养学生的综合检测能力。

## 习　　题

0-1　什么是互换性？

0-2　为什么要规定公差？

0-3　什么是"平均盈隙"？

0-4　大批量生产方式及其采用的加工手段有何优缺点？

0-5　多品种、中小批量的生产为什么必须采用先进的加工技术才有出路？

0-6　什么是标准化？

# 第一章 光滑圆柱的公差与配合

单一尺寸几何参数的光滑圆柱结合为众多联接形式中最基本的形式，在机械中的应用最为广泛。这种尺寸结合形式所规定的公差与配合标准，还适用于零件上的其他表面与结构。

本章在介绍光滑圆柱结合时，将着重讨论光滑圆柱的公差与配合标准的应用。

## 第一节 光滑圆柱公差与配合的基本概念

### 一、有关尺寸的术语定义

尺寸是指用特定单位表示长度值的数字。

长度值包括直径、半径、宽度、深度、高度和中心距等。在机械制图中，图样上的尺寸通常以 mm 为单位，在标注时常将单位省略，仅标注数值。当以其他单位表示尺寸时，则应注明相应的长度单位。

1. 基本尺寸

设计给定的尺寸称为基本尺寸（孔——$D$、轴——$d$）。

设计时，根据使用要求，一般通过强度和刚度计算或由机械结构等方面的考虑来给定尺寸。基本尺寸一般应按照标准尺寸系列选取（见 GB/T 2822—1981）。

2. 实际尺寸

通过测量所得的尺寸。由于测量过程中，不可避免地存在测量误差，同一零件的相同部位用同一量具重复测量多次，其测量的实际尺寸也不完全相同。因此实际尺寸并非尺寸的真值。另外，由于零件形状误差的影响，同一轴截面内，不同部位的实际尺寸也不一定相等，在同一横截面内，不同方向上的实际尺寸也可能不相等，如图 1-1 所示。

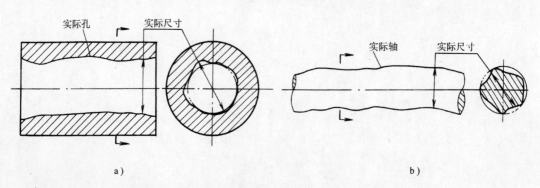

图 1-1 实际尺寸

3. 极限尺寸

允许尺寸变化的两个界限值称为极限尺寸。其中较大的称为最大极限尺寸，较小的称为最小极限尺寸。

极限尺寸是根据设计要求而确定的，其目的是为了限制加工零件的尺寸变动范围。若完工后的零件在任一位置的实际尺寸都在此范围内，即实际尺寸小于或等于最大极限尺寸，大于或等于最小极限尺寸的零件方为合格。否则，为不合格。

4. 实体状态和实体尺寸

实体状态可分为最大实体状态和最小实体状态。

最大实体状态和最大实体尺寸：指孔或轴在尺寸公差范围内，允许占有材料是最多时的状态，在此状态下的尺寸为最大实体尺寸。对于孔为最小极限尺寸，对于轴为最大极限尺寸，如图 1-2 所示。

最小实体状态和最小实体尺寸：概念与上相反，略。

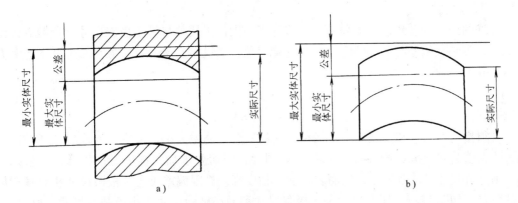

图 1-2　实体尺寸

a）弯曲的孔　b）弯曲的轴

## 二、有关尺寸偏差和公差的术语及定义

1. 尺寸偏差

某一尺寸减其基本尺寸所得的代数差称为尺寸偏差（简称偏差）。孔用 E 表示，轴用 e 表示。偏差可能为正或负，亦可为零。

2. 实际偏差

实际尺寸减其基本尺寸所得的代数差称为实际偏差。

由于实际尺寸可能大于、小于或等于基本尺寸，因此实际偏差可能为正、负或零值，不论书写或计算时必须带上正或负号。

3. 极限偏差

极限尺寸减其基本尺寸所得的代数差称为极限偏差。

上偏差：最大极限尺寸减其基本尺寸所得的代数差称为上偏差。孔用 ES 表示，轴用 es 表示

$$ES = D_{max} - D$$

$$es = d_{max} - d$$

式中　$D_{max}$、$D$——孔的最大极限尺寸和基本尺寸；

　　　$d_{max}$、$d$——轴的最大极限尺寸和基本尺寸。

下偏差：最小极限尺寸减其基本尺寸所得的代数差称为下偏差。孔用 EI 表示，轴用

ei 表示

$$EI = D_{min} - D$$

$$ei = d_{min} - d$$

式中  $D_{min}$——孔的最小极限尺寸；

$d_{min}$——轴的最小极限尺寸。

上、下偏差皆可能为正、负或零。因为最大极限尺寸总是大于最小极限尺寸，所以，上偏差总是大于下偏差。由于在零件图上采用基本尺寸带上、下偏差的标注，可以直观地表示出公差和极限尺寸的大小，加之对基本尺寸相同的孔和轴，使用上下偏差来计算它们之间的相互关系比用极限尺寸更为简便，因此在实际生产中极限偏差应用较广泛。

4. 尺寸公差

允许的尺寸变动量，简称公差。公差等于最大极限尺寸与最小极限尺寸之代数差的绝对值，也等于上偏差与下偏差之代数差的绝对值。若孔的公差用 $T_D$ 表示，轴的公差用 $T_d$ 表示，其关系为：

$$T_D = | D_{max} - D_{min} | = | ES - EI | \tag{1-1}$$

$$T_d = | d_{max} - d_{min} | = | es - ei | \tag{1-2}$$

必须指出：公差和极限偏差是两种不同的概念。公差大小是决定了允许尺寸变动范围的大小，若公差值大，则允许尺寸变动范围大，因而要求加工精度低；相反，若公差值小，则允许尺寸变动范围小，因而要求加工精度高。极限偏差决定了极限尺寸相对基本尺寸的位置。如图 1-3b 所示，轴的最大极限尺寸和最小极限尺寸皆小于基本尺寸，所以上、下偏差皆为负值。

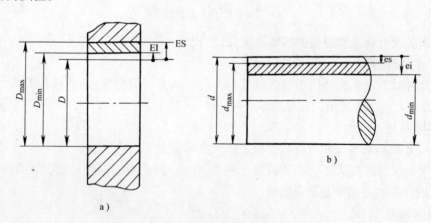

图1-3  基本尺寸、极限尺寸与极限偏差

a）孔  b）轴

以上所述基本尺寸、极限尺寸、极限偏差和公差之间的关系见图1-3。

5. 尺寸公差带

表示零件的尺寸相对其基本尺寸所允许变动的范围，叫做公差带。用图所表示的公差带，称为公差带图（图1-4）。

由于基本尺寸与公差值的大小相差悬殊，不便于用同一比例在图上表示，为了分析问题方便，以零线表示基本尺寸，相对于零线画出上、下偏差，以表示孔或轴的公差带。

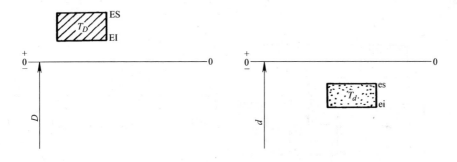

图1-4 公差带图

在公差带图中，零线是确定极限偏差的一条基准线，极限偏差位于零线上方，表示偏差为正；位于零线下方，表示偏差为负；当与零线重合时，表示偏差为零。

上、下偏差之间的宽度表示公差带的大小，即公差值，此值由标准公差确定。公差带相对零线的位置由基本偏差确定。所谓基本偏差，一般为公差带靠近零线的那个偏差（当公差带位于零线的上方时，基本偏差为下偏差；当公差带位于零线的下方时，基本偏差为上偏差），如图1-5所示。

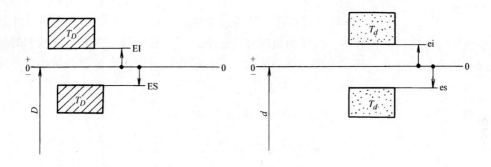

图1-5 基本偏差示意图

必须指出：国标规定的个别基本偏差也有不遵守以上分布规律的，如J，j即是。

### 三、有关配合的术语及定义

所谓配合，是指基本尺寸相同的，相互结合的孔和轴公差带之间的关系。

#### 1. 间隙或过盈

孔的尺寸减去相配合的轴的尺寸所得的代数差。此差值为正时是间隙，为负时是过盈。

#### 2. 间隙配合

具有间隙（包括最小间隙等于零）的配合，称为间隙配合。此时，孔的公差带在轴的公差带之上（图1-6）。由于孔和轴的实际尺寸在各自的公差带内变动，因此装配后每对孔、轴间的间隙也是变动的。当孔制成最大极限尺寸、轴制成最小极限尺寸时，装配后得到最大间隙；当孔制成最小极限尺寸、轴制成最大极限尺寸时，装配后便得到最小间隙。即

最大间隙 $\qquad\qquad X_{\max} = D_{\max} - d_{\min} = \mathrm{ES} - \mathrm{ei}$ (1-3)

最小间隙
$$X_{\min} = D_{\min} - d_{\max} = \text{EI} - \text{es} \tag{1-4}$$

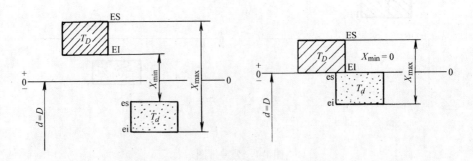

图1-6　间隙配合

间隙配合的平均松紧程度称为平均间隙，它是最大间隙与最小间隙的平均值，即平均间隙

$$X_{\text{av}} = \frac{1}{2}(X_{\max} + X_{\min}) \tag{1-5}$$

**3. 过盈配合**

具有过盈（包括最小过盈等于零）的配合，称为过盈配合。此时孔的公差带在轴的公差带之下，如图1-7所示。同样，每对孔、轴的过盈也是变化的。孔的最大极限尺寸减轴的最小极限尺寸所得的代数差，其值为负时称为最小过盈。孔的最小极限尺寸减轴的最大极限尺寸所得的代数差，其值为负时称为最大过盈。平均过盈为最大过盈和最小过盈的平均值，即

最小过盈
$$Y_{\min} = D_{\max} - d_{\min} = \text{ES} - \text{ei} \tag{1-6}$$

最大过盈
$$Y_{\max} = D_{\min} - d_{\max} = \text{EI} - \text{es} \tag{1-7}$$

平均过盈
$$Y_{\text{av}} = \frac{1}{2}(Y_{\max} + Y_{\min}) \tag{1-8}$$

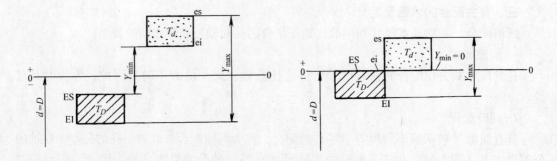

图1-7　过盈配合

**4. 过渡配合**

可能具有间隙或过盈的配合，称为过渡配合。此时，孔的公差带与轴的公差带相互交叠，如图1-8所示。过渡配合中，每对孔、轴间的间隙或过盈也是变化的。当孔制成最大

极限尺寸、轴制成最小极限尺寸时，配合后得到最大间隙；当孔制成最小极限尺寸、轴制成最大极限尺寸时，配合后得到最大过盈。过渡配合的平均松紧程度，可能是平均间隙，也可能是平均过盈。当相互交叠的孔的公差带高于轴的公差带时，为平均间隙；当相互交叠的孔的公差带低于轴的公差带时，为平均过盈。

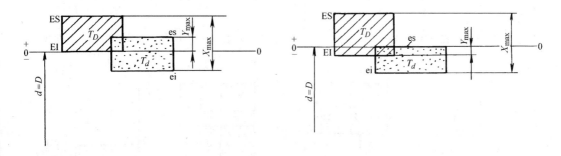

图 1-8　过渡配合

在过渡配合中，平均间隙或平均过盈为最大间隙与最大过盈的平均值，所得值为正，则为平均间隙；为负则为平均过盈，即

$$X_{av}(Y_{av}) = \frac{1}{2}(X_{max} + Y_{max}) \tag{1-9}$$

### 5. 配合公差

允许间隙或过盈的变动量，称为配合公差。它表明配合松紧程度的变化范围。在间隙配合中，最大间隙与最小间隙之差为配合公差。在过盈配合中，最小过盈与最大过盈之差为配合公差。在过渡配合中，配合公差等于最大间隙与最大过盈之差，即

间隙配合　　　　　　　　　　　$T_f = |X_{max} - X_{min}|$

过盈配合　　　　　　　　　　　$T_f = |Y_{min} - Y_{max}|$

过渡配合　　　　　　　　　　　$T_f = |X_{max} - Y_{max}|$

上述三类配合的配合公差亦为孔公差与轴公差之和，即

$$T_f = T_D + T_d \tag{1-10}$$

式（1-10）的结论说明配合件的装配精度与零件的加工精度有关。若要提高装配精度，使配合后间隙或过盈的变化范围减小，则应减小零件的公差，即需要提高零件的加工精度。

用直角坐标表示出相配合的孔与轴的间隙或过盈的变动范围的图形叫做配合公差带图。如表 1-1 中图所示 0 坐标线上方表示间隙，下方表示过盈。图上左侧表示 $\phi30\frac{H7}{g6}$ 间隙配合的配合公差带，右侧表示 $\phi30\frac{H7}{k6}$ 过渡配合的配合公差带，中间表示 $\phi30\frac{H7}{p6}$ 过盈配合的配合公差带。

间隙配合、过盈配合与过渡配合通过实例进行综合比较的情况，可参看表 1-1。

## 表1-1 三大类配合综合比较表

| 配合类型 / 项目 | 间隙配合 | 过盈配合 | 过渡配合 |
|---|---|---|---|
| 定义：一批合格轴孔按互换性原则组成 | 具有间隙（包括最小间隙等于零）的配合 | 具有过盈（包括最小过盈等于零）的配合 | 可能具有间隙或过盈的配合 |
| 轴孔公差带关系：实例 | 孔公差带在轴公差带之上 $\phi30\dfrac{H7\,(^{+0.021}_{0})}{g6\,(^{-0.007}_{-0.020})}$ $\phi30\dfrac{H7}{g6}$ | 孔公差带在轴公差带之下 $\phi30\dfrac{H7\,(^{+0.021}_{0})}{p6\,(^{+0.035}_{+0.022})}$ $\phi30\dfrac{H7}{p6}$ | 孔公差带与轴公差带交叠 $\phi30\dfrac{H7\,(^{+0.021}_{0})}{k6\,(^{+0.015}_{+0.002})}$ $\phi30\dfrac{H7}{k6}$ |

| 配合松紧的特征参数 | | 间隙配合 | 过盈配合 | 过渡配合 |
|---|---|---|---|---|
| | 可能最紧配合状态下的极限盈隙 /mm | 孔轴均处于最大实体尺寸：$D_{min} - d_{max} = EI - es$ | | |
| | | $X_{min} = 0 - (-0.007)$ $= +0.007$ | $Y_{max} = 0 - (+0.035)$ $= -0.035$ | $Y_{max} = 0 - (+0.015)$ $= -0.015$ |
| | 可能最松配合状态下的极限盈隙 /mm | 孔轴均处于最小实体尺寸：$D_{max} - d_{min} = ES - ei$ | | |
| | | $X_{max} = +0.021 - (-0.020)$ $= +0.041$ | $Y_{min} = +0.021 - (+0.021)$ $= -0.001$ | $X_{max} = +0.021 - (+0.002)$ $= +0.019$ |
| | 平均间隙（或平均过盈） | $X_{av} = (X_{max} + X_{min})/2$ | $Y_{av} = (Y_{max} + Y_{min})/2$ | $X_{av}\ (Y_{av}) = (Y_{max} + X_{max})/2$ |
| | 配合松紧变化程度特征参数 | $|X_{max} - X_{min}|$ | $|Y_{min} - Y_{max}|$ | $|X_{max} - Y_{max}|$ |
| | 配合公差 $T_f$ | $T_f = T_D + T_d$ | | |

| 配合公差带图 | |
|---|---|

## 第二节 公差与配合标准的主要内容简介

### 一、基准制

从前述三类配合的公差带图可知，变更孔、轴公差带的相对位置，可以组成不同性质、不同松紧的配合。但为简化起见，无需将孔、轴公差带同时变动，只要固定一个，变更另一个，便可满足不同使用性能要求的配合，且获得良好的技术经济效益。因此，公差与配合标准对孔与轴公差带之间的相互位置关系，规定了两种基准制，即基孔制与基轴制。

#### 1. 基孔制

基孔制是指基本偏差为一定的孔的公差带，与不同基本偏差的轴的公差带所形成的各种配合的一种制度，如图 1-9a 所示。

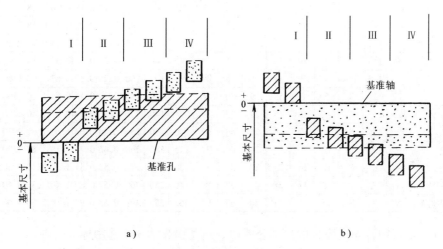

a)　　　　　　　　　　　　　　　b)

图 1-9　基准制配合
a) 基孔制　b) 基轴制
Ⅰ—间隙配合　Ⅱ—过渡配合　Ⅲ—过渡配合或过盈配合　Ⅳ—过盈配合

注：1. 图中所有孔、轴公差带未封口者表示该位置待定，取决于公差值的大小。
　　2. 基准件公差画有两条虚线，一个表示精度较低，一个表示精度较高。当精度较高时，过渡配合将可能成为过盈配合，如 $\phi25H7/n6$ 本为过渡配合，当高精度时 $\phi25H6/n5$ 则为过盈配合。

基孔制中的孔称为基准孔，用 H 表示，基准孔以下偏差为基本偏差，且数值为零。其公差带偏置在零线上侧。

基孔制配合中的轴为非基准轴，由于有不同的基本偏差，使它们的公差带和基准孔公差带形成不同的相对位置。根据不同的相对位置可以判断其配合类别，如图 1-9a 所示。

#### 2. 基轴制

基轴制是指基本偏差为一定的轴的公差带，与不同基本偏差的孔的公差带形成各种配合的一种制度，如图 1-9b 所示。

基轴制中的轴称为基准轴，用 h 表示，基准轴的上偏差为基本偏差且等于零。公差带偏置在零线的下侧。孔为非基准件，不同基本偏差的孔和基准轴可以形成不同类别的配合，如图 1-9b 所示。

## 二、标准公差系列

### （一）公差等级

公差等级是指确定尺寸精确程度的等级。由于不同零件和零件上不同部位的尺寸对精确程度的要求往往不相同，为了满足生产的需要，国家标准设置了 20 个公差等级。各级标准公差的代号为 IT01、IT0、IT1 至 IT18，其中 IT01 精度最高，其余依次降低，IT18 精度最低。其相应的标准公差在基本尺寸相同的条件下，随公差等级的降低而依次增大，见表 1-2。

表 1-2 标准公差数值（摘自 GB/T 1800.3—1998）

| 基本尺寸 /mm | | 公 差 等 级 | | | | | | | | | | | | | | | | | | | |
|---|---|---|---|---|---|---|---|---|---|---|---|---|---|---|---|---|---|---|---|---|---|
| | | IT01 | IT0 | IT1 | IT2 | IT3 | IT4 | IT5 | IT6 | IT7 | IT8 | IT9 | IT10 | IT11 | IT12 | IT13 | IT14 | IT15 | IT16 | IT17 | IT18 |
| 大于 | 至 | μm | | | | | | | | | | | | | mm | | | | | | |
| — | 3 | 0.3 | 0.5 | 0.8 | 1.2 | 2 | 3 | 4 | 6 | 10 | 14 | 25 | 40 | 60 | 0.10 | 0.14 | 0.25 | 0.40 | 0.60 | 1.0 | 1.4 |
| 3 | 6 | 0.4 | 0.6 | 1 | 1.5 | 2.5 | 4 | 5 | 8 | 12 | 18 | 30 | 48 | 75 | 0.12 | 0.18 | 0.30 | 0.48 | 0.75 | 1.2 | 1.8 |
| 6 | 10 | 0.4 | 0.6 | 1 | 1.5 | 2.5 | 4 | 6 | 9 | 15 | 22 | 36 | 58 | 90 | 0.15 | 0.22 | 0.36 | 0.58 | 0.90 | 1.5 | 2.2 |
| 10 | 18 | 0.5 | 0.8 | 1.2 | 2 | 3 | 5 | 8 | 11 | 18 | 27 | 43 | 70 | 110 | 0.18 | 0.27 | 0.43 | 0.70 | 1.10 | 1.8 | 2.7 |
| 18 | 30 | 0.6 | 1 | 1.5 | 2.5 | 4 | 6 | 9 | 13 | 21 | 33 | 52 | 84 | 130 | 0.21 | 0.33 | 0.52 | 0.84 | 1.30 | 2.1 | 3.3 |
| 30 | 50 | 0.6 | 1 | 1.5 | 2.5 | 4 | 7 | 11 | 16 | 25 | 39 | 62 | 100 | 160 | 0.25 | 0.39 | 0.62 | 1.00 | 1.60 | 2.5 | 3.9 |
| 50 | 80 | 0.8 | 1.2 | 2 | 3 | 5 | 8 | 13 | 19 | 30 | 46 | 74 | 120 | 190 | 0.30 | 0.46 | 0.74 | 1.20 | 1.90 | 3.0 | 4.6 |
| 80 | 120 | 1 | 1.5 | 2.5 | 4 | 6 | 10 | 15 | 22 | 35 | 54 | 87 | 140 | 220 | 0.35 | 0.54 | 0.87 | 1.40 | 2.20 | 3.5 | 5.4 |
| 120 | 180 | 1.2 | 2 | 3.5 | 5 | 8 | 12 | 18 | 25 | 40 | 63 | 100 | 160 | 250 | 0.40 | 0.63 | 1.00 | 1.60 | 2.50 | 4.0 | 6.3 |
| 180 | 250 | 2 | 3 | 4.5 | 7 | 10 | 14 | 20 | 29 | 46 | 72 | 115 | 185 | 290 | 0.46 | 0.72 | 1.15 | 1.85 | 2.90 | 4.6 | 7.2 |
| 250 | 315 | 2.5 | 4 | 6 | 8 | 12 | 16 | 23 | 32 | 52 | 81 | 130 | 210 | 320 | 0.52 | 0.81 | 1.30 | 2.10 | 3.20 | 5.2 | 8.1 |
| 315 | 400 | 3 | 5 | 7 | 9 | 13 | 18 | 25 | 36 | 57 | 89 | 140 | 230 | 360 | 0.57 | 0.89 | 1.40 | 2.30 | 3.60 | 5.7 | 8.9 |
| 400 | 500 | 4 | 6 | 8 | 10 | 15 | 20 | 27 | 40 | 63 | 97 | 155 | 250 | 400 | 0.63 | 0.97 | 1.55 | 2.50 | 4.00 | 6.3 | 9.7 |

在生产实践中，规定零件的尺寸公差时，应尽量按表 1-2 选用标准公差。

### （二）公差单位和公差等级系数

表 1-2 所列的标准公差是按公式计算后，根据一定规则圆整尾数后而确定的。

常用尺寸段（基本尺寸至 500mm）的标准公差计算公式可见表 1-3。

表 1-3 标准公差的计算公式

| 公差等级 | 公 式 | 公差等级 | 公 式 | 公差等级 | 公 式 |
|---|---|---|---|---|---|
| IT01 | $0.3 + 0.008D$ | IT6 | $10i$ | IT13 | $250i$ |
| IT0 | $0.5 + 0.012D$ | IT7 | $16i$ | IT14 | $400i$ |
| IT1 | $0.8 + 0.020D$ | IT8 | $25i$ | IT15 | $640i$ |
| IT2 | $(IT1)(IT5/IT1)^{1/4}$ | IT9 | $40i$ | IT16 | $1000i$ |
| IT3 | $(IT1)(IT5/IT1)^{2/4}$ | IT10 | $64i$ | IT17 | $1600i$ |
| IT4 | $(IT1)(IT5/IT1)^{3/4}$ | IT11 | $100i$ | IT18 | $2500i$ |
| IT5 | $7i$ | IT12 | $160i$ | | |

从表 1-3 可见，常用公差等级 IT5 ~ IT18，其计算公式可归纳为一般通式：

$$IT = ia$$

式中　IT——标准公差；

　　$i$——公差单位；

　　$a$——公差等级系数。

#### 1. 公差单位

公差单位是计算标准公差的基本单位。由大量的试验和统计分析得知，在一定工艺条件的情况下，加工基本尺寸不同的轴或孔，其加工误差和测量误差按一定规律随基本尺寸的增大而增大。由于公差是用来控制误差的，所以，公差和基本尺寸之间也应符合这个规律。这个规律在公差单位计算公式中表达为

$$i = 0.45\sqrt[3]{D(d)} + 0.001D(d)$$

式中　$D$（$d$）——孔（轴）的基本尺寸（mm）；

　　　　$i$——公差单位（μm）。

公式右边第一项反映了加工误差与基本尺寸之间呈立方抛物线关系；第二项是补偿主要由温度的影响而引起的测量误差，此项和基本尺寸呈线性关系。

#### 2. 公差等级系数

公差等级系数 $a$ 是 IT5～IT18 各级标准公差所包含的公差单位数，在此等级内不论基本尺寸的大小，各等级标准公差都有一个相对应的 $a$ 值，且 $a$ 值是标准公差分级的惟一指标。从表1-3 可见，$a$ 的数值符合 R5 优先数系（IT5 基本符合）。所以表1-2 中每个横行其标准公差从 IT5～IT18 是按公比 $q = \sqrt[5]{10} \approx 1.6$ 递增。从 IT6 开始每增加 5 个等级，公差值增加到 10 倍。

高精度的 IT01、IT0、IT1，其标准公差与基本尺寸呈线性关系。

#### （三）尺寸分段

如按公式计算标准公差值，则有每一个基本尺寸 $D$（$d$）就有一个相对应的公差值。由于基本尺寸繁多，这样将使所编制的公差值表格庞大，且使用亦不方便。实际上，对同一公差等级当基本尺寸相近按公式所计算的公差值，相差甚微，此时取相同值对实用的影响很小。为此，标准将常用尺寸段分为 13 个主尺寸段，以简化公差表格。

分段后的标准公差计算公式中的基本尺寸 $D$ 或 $d$ 应按每一尺寸分段首尾两尺寸的几何平均值代入计算。实际工作中，标准公差用查表法确定。

### 三、基本偏差系列

如前所述，基本偏差是确定公差带的位置参数，原则上与公差等级无关。为了满足各种不同配合的需要，必须将孔和轴的公差带位置标准化，为此，对应不同的基本尺寸，标准对孔和轴各规定了 28 个公差带位置，分别由 28 个基本偏差来确定。

#### （一）代号

基本偏差代号用拉丁字母表示。小写代表轴，大写代表孔。以轴为例，它们的排列顺序基本上从 a 依次到 z，拉丁字母中，除去与其他代号易混淆的 5 个字母 i、l、o、q、w，增加了 7 个双字母代号 cd、ef、fg、js、za、zb、zc 共 28 个。其排列顺序如图1-10 所示。孔的 28 个基本偏差代号，除大写外，其余与轴完全相同。

#### （二）基本偏差系列图及其特征

图1-10 是基本偏差系列图，它表示基本尺寸相同的 28 种轴、孔基本偏差相对零线的位置。图中画的基本偏差是"开口"公差带，这是因为基本偏差只表示公差带的位置，而

不表示公差带的大小。图中只画出公差带基本偏差的一端，另一端开口则表示将由公差等级来决定。

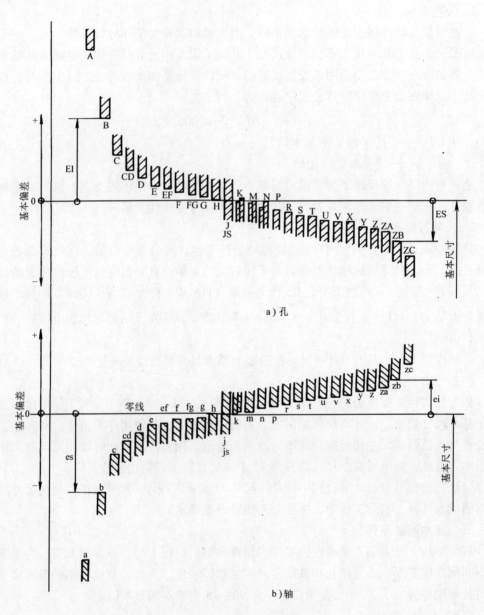

图 1-10　孔和轴的基本偏差系列

由图 1-10 可看出，轴、孔的各基本偏差图形是基本对称的，它们的性质和关系可归纳于表 1-4 中。

（三）基本偏差数值

1. 轴的基本偏差数值

表 1-5 中轴的基本偏差数值是以基孔制配合为基础，按照各种配合要求，再根据生产实践经验和统计分析结果得出的一系列公式经计算后圆整尾数而得出的列表值。

表 1-4  基本偏差的性质与关系

| 类别 | 基本偏差代号 | 偏差性质 | 基本或部分倒影关系 | 倒影关系 |
|---|---|---|---|---|
| 轴<br>（小写） | a ~ g<br>h<br>js<br>k ~ zc | es = -<br>es = 0<br>es(ei) = + IT/2( - IT/2)<br>ei = + | | |
| 孔<br>（大写） | K ~ ZC<br>JS<br>H<br>A ~ G | ES = -<br>EI(ES) = - IT/2( + IT/2)<br>EI = 0<br>EI = + | | |

**2. 孔的基本偏差数值的确定**

根据表 1-4 中轴、孔基本偏差的倒影关系和基本或部分倒影关系，按一定规则换算后可得到孔的基本偏差数值表，见表 1-6。但在查孔的基本偏差表时，应注意以下两种情况：

（1）直接查表（倒影关系）

当　　　　　　　　A ~ H 时：EI = - es

$$\left.\begin{array}{l} J \sim N（>IT8）时 \\ P \sim ZC（>IT7）时 \end{array}\right\} ES = - ei$$

上式中的 es，ei 是指待求孔的基本偏差相对应的同尺寸、同名轴的基本偏差如（$\phi72G7$——$\phi72g7$）。所谓倒影关系，是将轴的基本偏差双变号（上、下偏差变，数值正负变号）即得待求孔的基本偏差。

（2）查表加值（基本或部分倒影关系）

对　　　　　　$\left.\begin{array}{l} K、M、N（\leqslant IT8） \\ P \sim ZC（当 \leqslant IT7） \end{array}\right\} ES = - ei + \Delta$

孔的公差等级在上述规定范围之内时，孔的基本偏差等于上述双变号基础上加上 $\Delta$ 值，$\Delta$ 值可在表 1-6 中 "$\Delta$" 栏中查出（$\Delta = IT_n - IT_{n-1}$，$n$ 指待求孔的公差等级）。

**3. 轴、孔基本偏差数值的查表和另一极限偏差的确定**

**例 1-1**  查表确定 $\phi35j6$、$\phi72K8$、$\phi90R7$ 的基本偏差与另一极限偏差。

**解：**

$\phi35j6$：查表 1-2  IT6 时，$T_d = 16\mu m$

查表 1-5  $ei = -5\mu m$，则 $es = ei + T_d = 11\mu m$

即 $\phi35j6 \rightarrow \phi35^{+0.011}_{-0.005}$ mm

$\phi72K8$：查表 1-2  IT8 时，$T_D = 46\mu m$

查表 1-6  $ES = -2\mu m + \Delta = (-2+16)\mu m = 14\mu m$

$EI = ES - T_D = (14-46)\mu m = -32\mu m$

即 $\phi72K8 \rightarrow \phi72^{+0.014}_{-0.032}$ mm

$\phi90R7$：查表 1-2  IT7 时  $T_D = 35\mu m$

查表 1-6  $ES = -51\mu m + \Delta = (-51+13)\mu m = -38\mu m$

$EI = ES - T_D = (-38-35)\mu m = -73\mu m$

即　　　　　$\phi90R7 \rightarrow \phi90^{-0.038}_{-0.073}$ mm

孔轴的各种基本偏差与极限偏差的关系，可看图 1-11。

表 1-5　尺寸≤500mm 的轴

| 基本尺寸/mm | 上偏差（es） a | b | c | cd | d | e | ef | f | fg | g | h | js | 基本 j (5~6) | j (7) | j (8) |
|---|---|---|---|---|---|---|---|---|---|---|---|---|---|---|---|
| | 所有公差等级 | | | | | | | | | | | | | | |
| ≤3 | -270 | -140 | -60 | -34 | -20 | -14 | -10 | -6 | -4 | -2 | 0 | | -2 | -4 | -6 |
| >3~6 | -270 | -140 | -70 | -46 | -30 | -20 | -14 | -10 | -6 | -4 | 0 | | -2 | -4 | — |
| >6~10 | -280 | -150 | -80 | -56 | -40 | -25 | -18 | -13 | -8 | -5 | 0 | | -2 | -5 | |
| >10~14 | -290 | -150 | -95 | — | -50 | -32 | — | -16 | — | -6 | 0 | | -3 | -6 | |
| >14~18 | -290 | -150 | -95 | — | -50 | -32 | — | -16 | — | -6 | 0 | | -3 | -6 | |
| >18~24 | -300 | -160 | -110 | — | -65 | -40 | — | -20 | — | -7 | 0 | | -4 | -8 | |
| >24~30 | -300 | -160 | -110 | — | -65 | -40 | — | -20 | — | -7 | 0 | | -4 | -8 | |
| >30~40 | -310 | -170 | -120 | | -80 | -50 | — | -25 | — | -9 | 0 | | -5 | -10 | |
| >40~50 | -320 | -180 | -130 | | -80 | -50 | — | -25 | — | -9 | 0 | | -5 | -10 | |
| >50~65 | -340 | -190 | -140 | | -100 | -60 | — | -30 | — | -10 | 0 | 偏差等于±IT/2 | -7 | -12 | |
| >65~80 | -360 | -200 | -150 | | -100 | -60 | — | -30 | — | -10 | 0 | | -7 | -12 | |
| >80~100 | -380 | -220 | -170 | | -120 | -72 | — | -36 | — | -12 | 0 | | -9 | -15 | |
| >100~120 | -410 | -240 | -180 | | -120 | -72 | — | -36 | — | -12 | 0 | | -9 | -15 | — |
| >120~140 | -460 | -260 | -200 | | -145 | -85 | — | -43 | — | -14 | 0 | | -11 | -18 | |
| >140~160 | -520 | -280 | -210 | — | -145 | -85 | — | -43 | — | -14 | 0 | | -11 | -18 | |
| >160~180 | -580 | -310 | -230 | | -145 | -85 | — | -43 | — | -14 | 0 | | -11 | -18 | |
| >180~200 | -660 | -340 | -240 | | -170 | -100 | — | -50 | — | -15 | 0 | | -13 | -21 | |
| >200~225 | -740 | -380 | -260 | — | -170 | -100 | — | -50 | — | -15 | 0 | | -13 | -21 | — |
| >225~250 | -820 | -420 | -280 | | -170 | -100 | — | -50 | — | -15 | 0 | | -13 | -21 | |
| >250~280 | -920 | -480 | -300 | | -190 | -110 | — | -56 | — | -17 | 0 | | -16 | -26 | |
| >280~315 | -1050 | -540 | -330 | | -190 | -110 | — | -56 | — | -17 | 0 | | -16 | -26 | |
| >315~355 | -1200 | -600 | -360 | | -210 | -125 | — | -62 | — | -18 | 0 | | -18 | -38 | |
| >355~400 | -1350 | -680 | -400 | — | -210 | -125 | — | -62 | — | -18 | 0 | | -18 | -38 | |
| >400~450 | -1500 | -760 | -440 | | -230 | -135 | — | -68 | — | -20 | 0 | | -20 | -32 | |
| >450~500 | -1650 | -840 | -480 | — | -230 | -135 | — | -68 | — | -20 | 0 | | -20 | -32 | — |

注：1. 基本尺寸小于1mm时，各级的 a 和 b 均不采用。

　　2. js 的数值：对 IT7~IT11，若 IT 的数值（μm）为奇数，则取 $js = \pm \dfrac{IT-1}{2}$。

**的基本偏差数值**（GB/T 1800.3—1998）

| 偏差 /μm | | | | | | | | | | | | | | | |
|---|---|---|---|---|---|---|---|---|---|---|---|---|---|---|---|
| 下偏差 ei | | | | | | | | | | | | | | | |
| k | | m | n | p | r | s | t | u | v | x | y | z | za | zb | zc |
| 4~7 | ≤3 / >7 | 所有公差等级 | | | | | | | | | | | | | |
| 0 | 0 | +2 | +4 | +6 | +10 | +14 | — | +18 | — | +20 | — | +26 | +32 | +40 | +60 |
| +1 | 0 | +4 | +8 | +12 | +15 | +19 | — | +23 | — | +28 | — | +35 | +42 | +50 | +80 |
| +1 | 0 | +6 | +10 | +15 | +19 | +23 | — | +28 | — | +34 | — | +42 | +52 | +67 | +97 |
| +1 | 0 | +7 | +12 | +18 | +23 | +28 | — | +33 | — | +40 | — | +50 | +64 | +90 | +130 |
| | | | | | | | | | +39 | +45 | — | +60 | +77 | +108 | +150 |
| +2 | 0 | +8 | +15 | +22 | +28 | +35 | — | +41 | +47 | +54 | +63 | +73 | +98 | +136 | +188 |
| | | | | | | | +41 | +48 | +55 | +64 | +75 | +88 | +118 | +160 | +218 |
| +2 | 0 | +9 | +17 | +26 | +34 | +43 | +48 | +60 | +68 | +80 | +94 | +112 | +148 | +200 | +274 |
| | | | | | | | +54 | +70 | +81 | +97 | +114 | +136 | +180 | +242 | +325 |
| +2 | 0 | +11 | +20 | +32 | +41 | +53 | +66 | +87 | +102 | +122 | +144 | +172 | +226 | +300 | +405 |
| | | | | | +43 | +59 | +75 | +102 | +120 | +146 | +174 | +210 | +274 | +360 | +480 |
| +3 | 0 | +13 | +23 | +37 | +51 | +71 | +91 | +124 | +146 | +178 | +214 | +258 | +335 | +445 | +585 |
| | | | | | +54 | +79 | +104 | +144 | +172 | +210 | +256 | +310 | +400 | +525 | +690 |
| +3 | 0 | +15 | +27 | +43 | +63 | +92 | +122 | +170 | +202 | +248 | +300 | +365 | +470 | +620 | +800 |
| | | | | | +65 | +100 | +134 | +190 | +228 | +280 | +340 | +415 | +535 | +700 | +900 |
| | | | | | +68 | +108 | +146 | +210 | +252 | +310 | +380 | +465 | +600 | +780 | +1000 |
| +4 | 0 | +17 | +31 | +50 | +77 | +122 | +166 | +236 | +284 | +350 | +425 | +520 | +670 | +880 | +1150 |
| | | | | | +80 | +130 | +180 | +258 | +310 | +385 | +470 | +575 | +740 | +960 | +1250 |
| | | | | | +84 | +140 | +196 | +284 | +340 | +425 | +520 | +640 | +820 | +1050 | +1350 |
| +4 | 0 | +20 | +34 | +56 | +94 | +158 | +218 | +315 | +385 | +475 | +580 | +710 | +920 | +1200 | +1550 |
| | | | | | +98 | +170 | +240 | +350 | +425 | +525 | +650 | +790 | +1000 | +1300 | +1700 |
| +4 | 0 | +21 | +37 | +62 | +108 | +190 | +268 | +390 | +475 | +590 | +730 | +900 | +1150 | +1500 | +1900 |
| | | | | | +114 | +208 | +294 | +435 | +530 | +660 | +820 | +1000 | +1300 | +1650 | +2100 |
| +5 | 0 | +23 | +40 | +68 | +126 | +232 | +330 | +490 | +595 | +740 | +920 | +1100 | +1450 | +1850 | +2400 |
| | | | | | +132 | +252 | +360 | +540 | +660 | +820 | +1000 | +1250 | +1600 | +2100 | +2600 |

表1-6　尺寸≤500mm 的孔

下偏差 EI（所有的公差等级）　　上偏差 ES　　基本

| 基本尺寸/mm | A | B | C | CD | D | E | EF | F | FG | G | H | JS | J 6 | J 7 | J 8 | K ≤8 | K >8 | M ≤8 | M >8 |
|---|---|---|---|---|---|---|---|---|---|---|---|---|---|---|---|---|---|---|---|
| ≤3 | +270 | +140 | +60 | +34 | +20 | +14 | +10 | +6 | +4 | +2 | 0 | ±IT/2 | +2 | +4 | +6 | 0 | 0 | -2 | -2 |
| >3~6 | +270 | +140 | +70 | +46 | +30 | +20 | +14 | +10 | +6 | +4 | 0 | ±IT/2 | +5 | +6 | +10 | -1+Δ | — | -4+Δ | -4 |
| >6~10 | +280 | +150 | +80 | +56 | +40 | +25 | +18 | +13 | +8 | +5 | 0 | ±IT/2 | +5 | +8 | +12 | -1+Δ | — | -6+Δ | -6 |
| >10~14 | +290 | +150 | +95 | — | +50 | +32 | — | +16 | — | +6 | 0 | ±IT/2 | +6 | +10 | +15 | -1+Δ | — | -7+Δ | -7 |
| >14~18 | +290 | +150 | +95 | — | +50 | +32 | — | +16 | — | +6 | 0 | ±IT/2 | +6 | +10 | +15 | -1+Δ | — | -7+Δ | -7 |
| >18~24 | +300 | +160 | +110 | — | +65 | +40 | — | +20 | — | +7 | 0 | ±IT/2 | +8 | +12 | +20 | -2+Δ | — | -8+Δ | -8 |
| >24~30 | +300 | +160 | +110 | — | +65 | +40 | — | +20 | — | +7 | 0 | ±IT/2 | +8 | +12 | +20 | -2+Δ | — | -8+Δ | -8 |
| >30~40 | +310 | +170 | +120 | — | +80 | +50 | — | +25 | — | +9 | 0 | ±IT/2 | +10 | +14 | +24 | -2+Δ | — | -9+Δ | -9 |
| >40~50 | +320 | +180 | +130 | — | +80 | +50 | — | +25 | — | +9 | 0 | ±IT/2 | +10 | +14 | +24 | -2+Δ | — | -9+Δ | -9 |
| >50~60 | +340 | +190 | +140 | — | +100 | +60 | — | +30 | — | +10 | 0 | ±IT/2 | +13 | +18 | +28 | -2+Δ | — | -11+Δ | -11 |
| >65~80 | +360 | +200 | +150 | — | +100 | +60 | — | +30 | — | +10 | 0 | ±IT/2 | +13 | +18 | +28 | -2+Δ | — | -11+Δ | -11 |
| >80~100 | +380 | +220 | +170 | — | +120 | +72 | — | +36 | — | +12 | 0 | ±IT/2 | +16 | +22 | +34 | -3+Δ | — | -13+Δ | -13 |
| >100~120 | +410 | +240 | +180 | — | +120 | +72 | — | +36 | — | +12 | 0 | ±IT/2 | +16 | +22 | +34 | -3+Δ | — | -13+Δ | -13 |
| >120~140 | +460 | +260 | +200 | — | +145 | +85 | — | +43 | — | +14 | 0 | ±IT/2 | +18 | +26 | +41 | -3+Δ | — | -15+Δ | -15 |
| >140~160 | +520 | +280 | +210 | — | +145 | +85 | — | +43 | — | +14 | 0 | ±IT/2 | +18 | +26 | +41 | -3+Δ | — | -15+Δ | -15 |
| >160~180 | +580 | +310 | +230 | — | +145 | +85 | — | +43 | — | +14 | 0 | ±IT/2 | +18 | +26 | +41 | -3+Δ | — | -15+Δ | -15 |
| >180~200 | +660 | +340 | +240 | — | +170 | +100 | — | +50 | — | +15 | 0 | ±IT/2 | +22 | +30 | +47 | -4+Δ | — | -17+Δ | -17 |
| >200~225 | +740 | +380 | +260 | — | +170 | +100 | — | +50 | — | +15 | 0 | ±IT/2 | +22 | +30 | +47 | -4+Δ | — | -17+Δ | -17 |
| >225~250 | +820 | +420 | +280 | — | +170 | +100 | — | +50 | — | +15 | 0 | ±IT/2 | +22 | +30 | +47 | -4+Δ | — | -17+Δ | -17 |
| >250~280 | +920 | +480 | +300 | — | +190 | +110 | — | +56 | — | +17 | 0 | ±IT/2 | +25 | +36 | +55 | -4+Δ | — | -20+Δ | -20 |
| >280~315 | +1050 | +540 | +330 | — | +190 | +110 | — | +56 | — | +17 | 0 | ±IT/2 | +25 | +36 | +55 | -4+Δ | — | -20+Δ | -20 |
| >315~355 | +1200 | +600 | +360 | — | +210 | +125 | — | +62 | — | +18 | 0 | ±IT/2 | +29 | +39 | +60 | -4+Δ | — | -21+Δ | -21 |
| >355~400 | +1350 | +680 | +400 | — | +210 | +125 | — | +62 | — | +18 | 0 | ±IT/2 | +29 | +39 | +60 | -4+Δ | — | -21+Δ | -21 |
| >400~450 | +1500 | +760 | +440 | — | +230 | +135 | — | +68 | — | +20 | 0 | ±IT/2 | +33 | +43 | +66 | -5+Δ | — | -23+Δ | -23 |
| >450~500 | +1650 | +840 | +480 | — | +230 | +135 | — | +68 | — | +20 | 0 | ±IT/2 | +33 | +43 | +66 | -5+Δ | — | -23+Δ | -23 |

注：1. 基本尺寸小于 1mm 时，各级的 A 和 B 及大于 8 级的 N 均不采用。

2. 特殊情况，当基本尺寸大于 250~315mm 时，M6 的 ES 等于 -9（不等于 -11）。

**的基本偏差数值**（GB/T 1800.3—1998）

| 偏差 /μm | | | | | | | | | | | | | | | Δ/μm | | | | | |
|---|---|---|---|---|---|---|---|---|---|---|---|---|---|---|---|---|---|---|---|---|
| | | | 上偏差 ES | | | | | | | | | | | | | | | | | |
| N | | P~ZC | P | R | S | T | U | V | X | Y | Z | ZA | ZB | ZC | | | | | | |
| ≤8 | >8* | ≤7 | | | | | | | | | | | | | 3 | 4 | 5 | 6 | 7 | 8 |
| −4 | −4 | | −6 | −10 | −14 | — | −18 | — | −20 | — | −26 | −32 | −40 | −60 | Δ=0 | | | | | |
| +8 +Δ | 0 | | −12 | −15 | −19 | — | −23 | — | −28 | — | −35 | −42 | −50 | −80 | 1 | 1.5 | 1 | 3 | 4 | 6 |
| −10 +Δ | 0 | | −15 | −19 | −23 | | −28 | | −34 | | −42 | −52 | −67 | −97 | 1 | 1.5 | 2 | 3 | 6 | 7 |
| −12 +Δ | 0 | 同一直径比大于7级的增加一个Δ值 | −18 | −23 | −28 | — | −33 | — | −40 | · | −50 | −64 | −90 | −130 | 1 | 2 | 3 | 3 | 7 | 9 |
| | | | | | | −39 | −45 | — | −60 | −77 | −108 | −150 | | | | | | | | |
| −15 +Δ | 0 | | −22 | −28 | −35 | — | −41 | −47 | −54 | −65 | −73 | −98 | −136 | −188 | 1.5 | 2 | 3 | 4 | 8 | 12 |
| | | | | | | −41 | −48 | −55 | −64 | −75 | −88 | −118 | −160 | −218 | | | | | | |
| −17 +Δ | 0 | | −26 | −34 | −43 | −48 | −60 | −68 | −80 | −94 | −112 | −148 | −200 | −274 | 1.5 | 3 | 4 | 5 | 9 | 14 |
| | | | | | | −54 | −70 | −81 | −95 | −114 | −136 | −180 | −242 | −325 | | | | | | |
| −20 +Δ | 0 | | −32 | −41 | −53 | −66 | −87 | −102 | −122 | −144 | −172 | −226 | −300 | −400 | 2 | 3 | 5 | 6 | 11 | 16 |
| | | | | −43 | −59 | −75 | −102 | −120 | −146 | −174 | −210 | −274 | −360 | −480 | | | | | | |
| −23 +Δ | 0 | | −37 | −51 | −71 | −91 | −124 | −146 | −178 | −214 | −258 | −335 | −445 | −585 | 2 | 4 | 5 | 7 | 13 | 19 |
| | | | | −54 | −79 | −104 | −144 | −172 | −210 | −254 | −310 | −400 | −525 | −690 | | | | | | |
| −27 +Δ | 0 | | −43 | −63 | −92 | −122 | −170 | −202 | −248 | −300 | −365 | −470 | −620 | −800 | 3 | 4 | 6 | 7 | 15 | 23 |
| | | | | −65 | −100 | −134 | −190 | −228 | −280 | −340 | −415 | −535 | −700 | −900 | | | | | | |
| | | | | −68 | −108 | −146 | −210 | −252 | −310 | −380 | −465 | −600 | −770 | −1000 | | | | | | |
| −31 +Δ | 0 | | −50 | −77 | −122 | −166 | −236 | −284 | −350 | −425 | −520 | −670 | −880 | −1150 | 3 | 4 | 6 | 9 | 17 | 26 |
| | | | | −80 | −130 | −180 | −258 | −310 | −385 | −470 | −575 | −740 | −960 | −1250 | | | | | | |
| | | | | −84 | −140 | −196 | −284 | −340 | −425 | −520 | −640 | −820 | −1050 | −1350 | | | | | | |
| −34 +Δ | 0 | | −56 | −94 | −158 | −218 | −315 | −385 | −475 | −580 | −710 | −920 | −1200 | −1550 | 4 | 4 | 7 | 9 | 20 | 29 |
| | | | | −98 | −170 | −240 | −350 | −425 | −525 | −650 | −790 | −1000 | −1300 | −1700 | | | | | | |
| −37 +Δ | 0 | | −62 | −108 | −190 | −268 | −390 | −475 | −590 | −730 | −900 | −1150 | −1500 | −1900 | 4 | 5 | 7 | 11 | 21 | 32 |
| | | | | −114 | −208 | −294 | −435 | −530 | −660 | −820 | −1000 | −1300 | −1650 | −2100 | | | | | | |
| −40 +Δ | 0 | | −68 | −126 | −232 | −330 | −490 | −595 | −740 | −920 | −1100 | −1450 | −1850 | −2400 | 5 | 5 | 7 | 13 | 23 | 34 |
| | | | | −132 | −252 | −360 | −540 | −660 | −820 | −1000 | −1250 | −1600 | −2100 | −2600 | | | | | | |

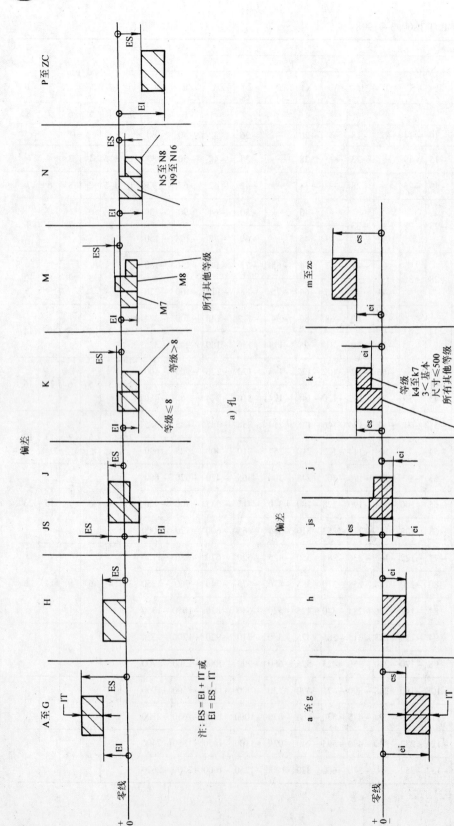

图 1-11 孔和轴的偏差

#### 四、公差与配合在图样上的标注

（一）公差带代号与配合代号

**1. 公差带代号**

如前所述，一个确定的公差带应由基本偏差和公差等级组合而成。孔、轴的公差带代号由基本偏差代号和公差等级数字组成。例如 H8、F7、K7、P7 等为孔的公差带代号；h7、f6、r6、p6 等为轴的公差带代号。

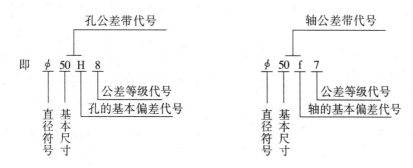

即

**2. 配合代号**

用孔、轴公差带的组合表示，写成分数形式，分子为孔的公差带代号，分母为轴的公差带代号，如 $\frac{H7}{f6}$ 或 H7/f6。如指某基本尺寸的配合，则基本尺寸标在配合代号之前，如 $\phi25\frac{H7}{f6}$ 或 $\phi25$H7/f6。

（二）零件图中尺寸公差带的三种标注形式

（1）标注基本尺寸和公差带代号　此种标注适用于大批量生产的产品零件如图 1-12a 所示。

（2）标注基本尺寸和极限偏差值　如图 1-12b 所示，此种标注一般在单件或小批生产的产品零件图样上采用，应用较广泛。

（3）标注基本尺寸、公差带代号和极限偏差值　如图 1-12c 所示，此种标注适用于中小批量生产的产品零件。

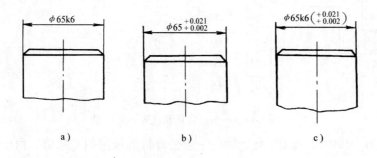

图 1-12　尺寸公差带的标注

（三）装配图中配合的三种标注方法

配合的标注方法如图 1-13 所示。其中，图 1-13b 所示标注方法应用最广泛。

### 五、常用和优先的公差带与配合

GB/T 1800.4—1999 规定了 20 个公差等级和 28 种基本偏差，其中基本偏差 j 仅保留 j5 至 j8，J 仅保留 J6 至 J8，即 j 限于 4 个公差等级，J 限于 3 个公差等级。由此可以得到

轴公差带 $(28-1)\times20+4=544$ 种，

孔公差带 $(28-1)\times20+3=543$ 种。

这么多公差带如都应用，显然是不经济的。因此，GB/T 1801—1999 对孔、轴规定了一般、常用和优先公差带。

图 1-14 中，列出孔的一般公差带 105 种，方框内为常用公差带 44 种，圆圈内为优先公差带 13 种。

图 1-15 中，列出轴的一般公差带 116 种，方框内为常用公差带 59 种，圆圈内为优先公差带 13 种。

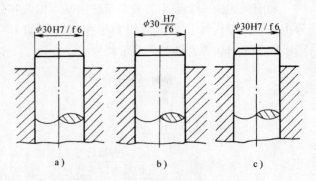

图 1-13　配合的标注方法

选用公差带时，应按优先、常用、一般公差带的顺序选取。若一般公差带中也没有满足要求的公差带，则按 GB/T 1800.3—1998 中规定的标准公差和基本偏差组成的公差带来选取，还可考虑用延伸和插入的方法来确定新的公差带。

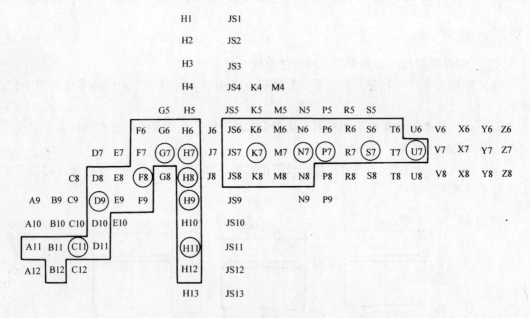

图 1-14　一般、常用和优先孔公差带

GB/T 1801—1999 中列出了孔、轴的一般公差带的极限偏差数值。由于可从表 1-5 与表 1-6 中查得孔、轴的基本偏差和从表 1-2 中查得标准公差 IT，故轴、孔任一公差带的极限偏差数值可以加以确定（基本偏差为下偏差时加 IT 便可求出上偏差；基本偏差为上偏差时减 IT 便可求出下偏差），故本书不再列出孔、轴一般与优先的公差带的极限偏差数值。

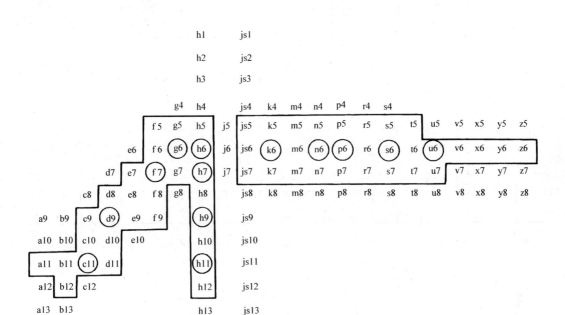

图 1-15 一般、常用和优先轴公差带

GB/T 1801—1999 又规定基孔制常用配合 59 种，优先配合 13 种（表 1-7）；基轴制常用配合 47 种，优先配合 13 种（表 1-8）。

GB/T 1801—1999 中还列出了基孔制与基轴制常用配合的极限间隙和极限过盈数值。

必须指出，在实际生产中，如因特殊需要或其他的充分理由，也允许采用非基准制的配合，即非基准孔和非基准轴相配合，如 G8／m7、F7／n6 等。这种配合，习惯上也称混合配合。

### 表 1-7 基孔制优先、常用配合

（GB/T 1801—1999）

| 基准孔 | 轴 | | | | | | | | | | | | | | | | | | | |
|---|---|---|---|---|---|---|---|---|---|---|---|---|---|---|---|---|---|---|---|---|
| | a | b | c | d | e | f | g | h | js | k | m | n | p | r | s | t | u | v | x | y | z |
| | 间隙配合 | | | | | | | | 过渡配合 | | | | 过盈配合 | | | | | | | | |
| H6 | | | | | | $\frac{H6}{f5}$ | $\frac{H6}{g5}$ | $\frac{H6}{h5}$ | $\frac{H6}{js5}$ | $\frac{H6}{k5}$ | $\frac{H6}{m5}$ | $\frac{H6}{n5}$ | $\frac{H6}{p5}$ | $\frac{H6}{r5}$ | $\frac{H6}{s5}$ | $\frac{H6}{t5}$ | | | | | |
| H7 | | | | | | $\frac{H7}{f6}$ | $\frac{H7}{g6}$ | $\frac{H7}{h6}$ | $\frac{H7}{js6}$ | $\frac{H7}{k6}$ | $\frac{H7}{m6}$ | $\frac{H7}{n6}$ | $\frac{H7}{p6}$ | $\frac{H7}{r6}$ | $\frac{H7}{s6}$ | $\frac{H7}{t6}$ | $\frac{H7}{u6}$ | $\frac{H7}{v6}$ | $\frac{H7}{x6}$ | $\frac{H7}{y6}$ | $\frac{H7}{z6}$ |
| H8 | | | | $\frac{H8}{e7}$ | $\frac{H8}{f7}$ | $\frac{H8}{g7}$ | $\frac{H8}{h7}$ | $\frac{H8}{js7}$ | $\frac{H8}{k7}$ | $\frac{H8}{m7}$ | $\frac{H8}{n7}$ | $\frac{H8}{p7}$ | $\frac{H8}{r7}$ | $\frac{H8}{s7}$ | $\frac{H8}{t7}$ | $\frac{H8}{u7}$ | | | | |
| | | | | $\frac{H8}{d8}$ | $\frac{H8}{e8}$ | $\frac{H8}{f8}$ | | $\frac{H8}{h8}$ | | | | | | | | | | | | |
| H9 | | | $\frac{H9}{c9}$ | $\frac{H9}{d9}$ | $\frac{H9}{e9}$ | $\frac{H9}{f9}$ | | $\frac{H9}{h9}$ | | | | | | | | | | | | |

（续）

| 基准孔 | 轴 | | | | | | | | | | | | | | | | | | | | |
|---|---|---|---|---|---|---|---|---|---|---|---|---|---|---|---|---|---|---|---|---|---|
| | a | b | c | d | e | f | g | h | js | k | m | n | p | r | s | t | u | v | x | y | z |
| | 间隙配合 | | | | | | | | 过渡配合 | | | | 过盈配合 | | | | | | | | |
| H10 | | | $\frac{H10}{c10}$ | $\frac{H10}{d10}$ | | | | $\frac{H10}{h10}$ | | | | | | | | | | | | | |
| H11 | $\frac{H11}{a11}$ | $\frac{H11}{b11}$ | $\frac{H11}{c11}$▼ | $\frac{H11}{d11}$ | | | | $\frac{H11}{h11}$▼ | | | | | | | | | | | | | |
| H12 | | $\frac{H12}{b12}$ | | | | | | $\frac{H12}{h12}$ | | | | | | | | | | | | | |

注：1. $\frac{H6}{n5}$、$\frac{H7}{p6}$ 在基本尺寸小于或等于3mm和 $\frac{H8}{r7}$ 在基本尺寸小于或等于100mm时，为过渡配合。

2. 带▼的配合为优先配合。

### 表1-8　基轴制优先、常用配合
（GB/T 1801—1999）

| 基准轴 | 孔 | | | | | | | | | | | | | | | | | | | | |
|---|---|---|---|---|---|---|---|---|---|---|---|---|---|---|---|---|---|---|---|---|---|
| | A | B | C | D | E | F | G | H | JS | K | M | N | P | R | S | T | U | V | X | Y | Z |
| | 间隙配合 | | | | | | | | 过渡配合 | | | | 过盈配合 | | | | | | | | |
| h5 | | | | | | $\frac{F6}{h5}$ | $\frac{G6}{h5}$ | $\frac{H6}{h5}$ | $\frac{JS6}{h5}$ | $\frac{K6}{h5}$ | $\frac{M6}{h5}$ | $\frac{N6}{h5}$ | $\frac{P6}{h5}$ | $\frac{R6}{h5}$ | $\frac{S6}{h5}$ | $\frac{T6}{h5}$ | | | | | |
| h6 | | | | | | $\frac{F7}{h6}$▼ | $\frac{G7}{h6}$▼ | $\frac{H7}{h6}$▼ | $\frac{JS7}{h6}$ | $\frac{K7}{h6}$▼ | $\frac{M7}{h6}$ | $\frac{N7}{h6}$▼ | $\frac{P7}{h6}$▼ | $\frac{R7}{h6}$ | $\frac{S7}{h6}$▼ | $\frac{T7}{h6}$ | $\frac{U7}{h6}$▼ | | | | |
| h7 | | | | | $\frac{E8}{h7}$ | $\frac{F8}{h7}$ | | $\frac{H8}{h7}$▼ | $\frac{JS8}{h7}$ | $\frac{K8}{h7}$ | $\frac{M8}{h7}$ | $\frac{N8}{h7}$ | | | | | | | | | |
| h8 | | | | $\frac{D8}{h8}$ | $\frac{E8}{h8}$ | $\frac{F8}{h8}$ | | $\frac{H8}{h8}$ | | | | | | | | | | | | | |
| h9 | | | | $\frac{D9}{h9}$▼ | $\frac{E9}{h9}$ | $\frac{F9}{h9}$ | | $\frac{H9}{h9}$▼ | | | | | | | | | | | | | |
| h10 | | | | $\frac{D10}{h10}$ | | | | $\frac{H10}{h10}$ | | | | | | | | | | | | | |
| h11 | $\frac{A11}{h11}$ | $\frac{B11}{h11}$ | $\frac{C11}{h11}$▼ | $\frac{D11}{h11}$ | | | | $\frac{H11}{h11}$▼ | | | | | | | | | | | | | |
| h12 | | $\frac{B12}{h12}$ | | | | | | $\frac{H12}{h12}$ | | | | | | | | | | | | | |

注：带▼的配合为优先配合。

### 六、一般公差——线形尺寸的未注公差

对机器零件上各要素提出的尺寸、形状或各要素间的位置等要求，取决于它们的功能。无功能要求的要素是不存在的。因此，零件在图样上表达的所有要素都有一定的公差要求。但是，当对某些在功能上无特殊要求的要素，则可给出一般公差。新颁布的 GB/T

1804—1992《一般公差 线性尺寸的未注公差》用以代替 GB 1804—79《公差与配合 未注公差尺寸的极限偏差》。新标准所规定的一般公差可应用于线性尺寸、角度尺寸、形状和位置等几何要素中。

当零件上的要素采用一般公差时，在图样上不单独注出公差，而是在图样上、技术文件或标准中作出总的说明。

（一）线性尺寸的一般公差的概念

线性尺寸的一般公差是在车间普通工艺条件下，机床设备一般加工能力可保证的公差。在正常维护和操作情况下，它代表经济加工精度。

线性尺寸的一般公差主要用于较低精度的非配合尺寸。当功能上允许的公差等于或大于一般公差时，均应采用一般公差。只有当要素的功能允许一个比一般公差大的公差，而该公差比一般公差更为经济时（例如装配时所钻的盲孔深度），其相应的极限偏差要在尺寸后注出。当两个表面分别由不同类型的工艺（例如切削和铸造）加工时，它们之间线性尺寸的一般公差，应按规定的两个一般公差数值中的较大者为准。当采用一般公差时，在正常车间精度保证的条件下，尺寸一般可以不进行检验（如冲压件的一般公差由模具保证时；短轴端面对外圆轴线的垂直度采用一般公差，如果外圆和端面在一次装夹中车成，则其垂直度由机床保证时）。

（二）一般公差的作用

零件图样应用一般公差后，可带来以下好处：

1）简化制图，使图样清晰易读。

2）节省图样设计时间。设计人员只要熟悉和应用一般公差的规定，可以不必逐一考虑其公差值。

3）明确了哪些要素可由一般工艺水平保证，可简化对这些要素的检验要求而有助于质量管理。

4）突出了图样上注出公差的要素，这些要素大多是重要的且需要控制的，以便在加工和检验时引起重视。

5）由于明确了图样上要素的一般公差要求，便于供需双方达成加工和销售合同协议，交货时也可避免不必要的争议。

（三）线性尺寸的一般公差标准

1. 适用范围

线性尺寸的一般公差标准既适用于金属切削加工的尺寸，也适用于一般的冲压加工的尺寸。非金属材料和其他工艺方法加工的尺寸也可参照采用。GB/T 1804—1992 规定的极限偏差适用于非配合尺寸。

2. 公差等级与数值

线性尺寸的一般公差，规定了四个等级，即 f（精密级）、m（中等级）、c（粗糙级）和 v（最粗级）。其中 f 级最高，逐渐降低，v 级最低。线性尺寸的极限偏差数值见表 1-9；倒圆半径和倒角高度尺寸的极限偏差数值见表 1-10。

在规定图样上线性尺寸的未注公差时，应考虑车间的一般加工精度，选取标准规定的公差等级，由相应的技术文件或标准作出具体规定。

表 1-9  线性尺寸的极限偏差数值　　　　　　　（mm）

| 公差等级 | 尺　寸　分　段 | | | | | | | |
|---|---|---|---|---|---|---|---|---|
| | 0.5 ~ 3 | >3 ~ 6 | >6 ~ 30 | >30 ~ 120 | >120 ~ 400 | >400 ~ 1000 | >1000 ~ 2000 | >2000 ~ 4000 |
| f（精密级） | ±0.05 | ±0.05 | ±0.1 | ±0.15 | ±0.2 | ±0.3 | ±0.5 | — |
| m（中等级） | ±0.1 | ±0.1 | ±0.2 | ±0.3 | ±0.5 | ±0.8 | ±1.2 | ±2 |
| c（粗糙级） | ±0.2 | ±0.3 | ±0.5 | ±0.8 | ±1.2 | ±2 | ±3 | ±4 |
| v（最粗级） | — | ±0.5 | ±1 | ±1.5 | ±2.5 | ±4 | ±6 | ±8 |

表 1-10  倒圆半径与倒角高度尺寸的极限偏差数值　　　　（mm）

| 公差等级 | 尺　寸　分　段 | | | |
|---|---|---|---|---|
| | 0.5 ~ 3 | >3 ~ 6 | >6 ~ 30 | >30 |
| f（精密级） | ±0.2 | ±0.5 | ±1 | ±2 |
| m（中等级） | | | | |
| c（粗糙级） | ±0.4 | ±1 | ±2 | ±4 |
| v（最粗级） | | | | |

注：倒圆半径与倒角高度的含义参见国家标准 GB/T 6403.4—1986《零件倒圆与倒角》。

3. 线性尺寸的一般公差的表示方法

可在图样上、技术文件或标准中用线性尺寸的一般公差标准号和公差等级符号表示。

例如，当一般公差选用中等级时，可在零件图样上（标题栏上方）标明：未注公差尺寸按 GB/T 1804—1992—m。

### 七、标准温度

标准规定的数值均为标准温度 20℃时的数值。当使用条件偏离标准温度而导致影响工作性能时，应予以修正。

### 八、公差表格

为便于使用，标准根据表 1-2 与表 1-5、表 1-6 将一般、常用、优先公差带的上下偏差和两种基准制的常用、优先配合的极限盈隙一一查算出来，列成表格，供直接查用。本书受篇幅限制，未予列出，读者在实际工作中需使用时，可查阅有关标准或手册。

## 第三节　公差配合选择

设计时，确定了孔、轴的基本尺寸后，还需进行尺寸精度设计。尺寸精度设计包括下列内容：选择基准制、公差等级和配合种类。

选择的原则是在满足使用要求的前提下，获得最佳的技术经济效益。

公差配合的选择一般有三种方法：类比法、计算法与试验法。类比法就是通过对类似的机器和零部件进行调查研究、分析对比后，根据前人的经验（和教训）来选取公差与配合。这是目前应用最多、也是主要的一种方法。计算法是按照一定的理论和公式来确定需要的间隙或过盈。这种方法虽然麻烦，但比较科学，只是有时将条件理论化、简单化了，使得计算结果不完全符合实际。试验法是通过试验或统计分析来确定间隙或过盈。这种方法合理、可靠，只是代价较高，因而只用于重要产品重要的配合。

本节讨论公差配合的选择，主要采用类比法。

**一、基准制的选择**

1. 优先选用基孔制

采用基孔制可以减少定值刀、量具的规格数目，有利于刀、量具的标准化、系列化，因而经济合理，使用方便。

2. 有明显经济效益时选用基轴制

例如用冷拉钢材做轴时，由于本身的精度（可达 IT8）已能满足设计要求，故不再加工。又如在同一基本尺寸的轴上需要装配几个具有不同配合的零件时可选用基轴制。否则，将会造成轴加工困难，甚至无法加工。图 1-16 中所示为活塞、活塞销和连杆的连接。按照使用要求，活塞销与连杆头衬套孔的配合应为间隙配合，而活塞销与活塞的配合应为过渡配合。两种配合的直径相同，如果采用基孔制配合，三个孔的公差带虽然一样，但活塞销必须做成两头大而中间小的阶梯形，如图 1-17a 所示。这样，活塞销两头直径大于连杆头衬套孔径，要挤过衬套孔壁不仅困难，而且要刮伤孔的表面。另外，这种阶梯形的（直径相差很小）活塞销比无阶梯的（直径相同）活塞销，加工要困难

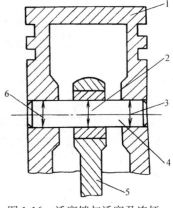

图 1-16 活塞销与活塞及连杆
头衬套孔的配合
1—活塞 2—间隙配合
3、6—过渡配合 4—活塞销
5—连杆

得多。此种情况下如果采用基轴制，如图 1-17b 所示，活塞销可采用无阶梯结构，衬套孔与活塞孔可分别采用不同的公差带，显然，既可满足使用要求，又可减少加工工作量，使加工成本降低，还可方便装配。

3. 根据标准件选择基准制

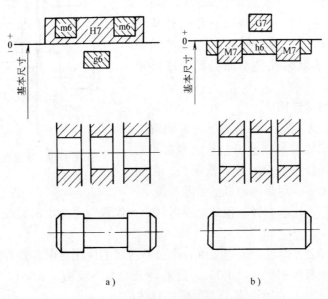

a )                    b )

图 1-17 活塞销配合基准制的选用
a）采用基孔制 b）采用基轴制

当设计的零件与标准件相配时，基准制的选择应依标准件而定。例如，与滚动轴承内圈相配的轴应选用基孔制，而与滚动轴承外圈配合的孔应选用基轴制。

4. 特殊情况下可采用混合配合

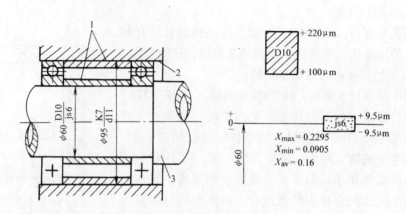

图 1-18  非基准制混合配合
1—隔套  2—主轴箱孔  3—齿轮轴筒

为了满足配合的特殊要求，允许采用任一孔、轴公差带组成配合。例如，图 1-18 所示为 C616 车床主轴箱的一部分。由于齿轮轴筒 3 与两个轴承孔相配合，已选定为 $\phi60js6$，隔套 1 只起间隔两个轴承的作用。松套在齿轮轴筒上，定心精度要求不高，因而选用 $\phi60D10$ 与齿轮轴筒相配；又如图 1-19 所示轴承端盖与孔的配合为 $\phi110J7/f9$，挡环孔与轴的配合 $\phi50F8/k6$ 两处皆为非基准制混合配合。原因是此二处从功能分析，定心要求低，为方便装配应选用间隙配合，而选用基轴制的孔是不能满足上述要求的。

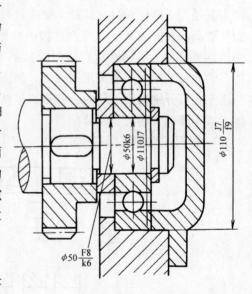

图 1-19  非基准制混合配合

## 二、公差等级的选择

合理地选择公差等级，就是为了更好地解决机械零、部件使用要求与制造工艺及成本之间的矛盾。因此，选择公差等级的基本原则是，在满足使用要求的前提下，尽量选取低的公差等级。

公差等级可用类比法选择，也就是参考从生产实践中总结出来的经验资料，进行比较选择。

用类比法选择公差等级时，应掌握各个公差等级的应用范围和各种加工方法所能达到的公差等级，以便有所依据。表 1-11 为公差等级的大体应用，表 1-12 为各种加工方法可能达到的公差等级，表 1-13 为各公差等级的具体应用。

表 1-11　公差等级的应用

| 应用 | 公差等级（IT） | | | | | | | | | | | | | | | | | | |
|---|---|---|---|---|---|---|---|---|---|---|---|---|---|---|---|---|---|---|---|
| | 01 | 0 | 1 | 2 | 3 | 4 | 5 | 6 | 7 | 8 | 9 | 10 | 11 | 12 | 13 | 14 | 15 | 16 | 17 | 18 |
| 量　块 | — | — | — | | | | | | | | | | | | | | | | | |
| 量　规 | | | — | — | — | — | — | — | — | | | | | | | | | | | |
| 配合尺寸 | | | | | | | — | — | — | — | — | — | — | — | | | | | | |
| 特别精密的配合 | | | | — | — | — | — | | | | | | | | | | | | | |
| 非配合尺寸 | | | | | | | | | | | | | | — | — | — | — | — | — | — |
| 原材料尺寸 | | | | | | | | | | — | — | — | — | — | — | | | | | |

表 1-12　各种加工方法可能达到的公差等级

| 加工方法 | 公差等级（IT） | | | | | | | | | | | | | | | | | | |
|---|---|---|---|---|---|---|---|---|---|---|---|---|---|---|---|---|---|---|---|
| | 01 | 0 | 1 | 2 | 3 | 4 | 5 | 6 | 7 | 8 | 9 | 10 | 11 | 12 | 13 | 14 | 15 | 16 | 17 | 18 |
| 研　磨 | — | — | — | — | — | — | — | | | | | | | | | | | | | |
| 珩 | | | | | — | — | — | — | | | | | | | | | | | | |
| 圆　磨 | | | | | | | — | — | — | — | | | | | | | | | | |
| 平　磨 | | | | | | | — | — | — | — | | | | | | | | | | |
| 金刚石车 | | | | | | | — | — | — | | | | | | | | | | | |
| 金刚石镗 | | | | | | | — | — | — | | | | | | | | | | | |
| 拉　削 | | | | | | | — | — | — | | | | | | | | | | | |
| 铰　孔 | | | | | | | | — | — | — | — | | | | | | | | | |
| 车 | | | | | | | | — | — | — | — | — | | | | | | | | |
| 镗 | | | | | | | | — | — | — | — | — | | | | | | | | |
| 铣 | | | | | | | | | — | — | — | — | | | | | | | | |
| 刨、插 | | | | | | | | | | | | — | — | | | | | | | |
| 钻 | | | | | | | | | | | | — | — | — | — | | | | | |
| 滚压、挤压 | | | | | | | | | | | | — | — | | | | | | | |
| 冲　压 | | | | | | | | | | | | — | — | — | — | — | | | | |
| 压　铸 | | | | | | | | | | | | | — | — | — | — | | | | |
| 粉末冶金成形 | | | | | | | | — | — | — | | | | | | | | | | |
| 粉末冶金烧结 | | | | | | | | | — | — | — | | | | | | | | | |
| 砂型铸造、气割 | | | | | | | | | | | | | | | | | | — | — | — |
| 锻　造 | | | | | | | | | | | | | | | | | — | — | | |

表 1-13　公差等级的主要应用范围

| 公差等级 | 主　要　应　用　范　围 |
|---|---|
| IT01、IT0、IT1 | 一般用于精密标准量块。IT1 也用于检验 IT6、IT7 级轴用量规的校对量规 |
| IT2～IT7 | 用于检验工件 IT5～IT16 的量规的尺寸公差 |
| IT3、IT5（孔的 IT6） | 用于精度要求很高的重要配合，例如，机床主轴与精密滚动轴承的配合；发动机活塞销与连杆孔和活塞孔的配合<br>配合公差很小，对加工要求很高，应用较少 |
| IT6（孔的 IT7） | 用于机床、发动机和仪表中的重要配合。例如，机床传动机构中的齿轮与轴的配合；轴与轴承的配合；发动机中活塞与气缸、曲轴与轴承、气门杆与导套等的配合<br>配合公差较小，一般精密加工能够实现，在精密机械中广泛应用 |
| IT7、IT8 | 用于机床和发动机中的次要配合上，也用于重型机械、农业机械、纺织机械、机车车辆等的重要配合上。例如，机床上操纵杆的支承配合；发动机中活塞环与活塞环槽的配合；农业机械中齿轮与轴的配合等<br>配合公差中等，加工易于实现，在一般机械中广泛应用 |
| IT9、IT10 | 用于一般要求，或长度精度要求较高的配合。某些非配合尺寸的特殊要求，例如飞机机身的外壳尺寸，由于重量限制，要求达到 IT9 或 IT10 |
| IT11、IT12 | 用于不重要的配合处，多用于各种没有严格要求，只要求便于连接的配合。例如螺栓和螺孔、铆钉和孔等的配合 |
| IT12～IT18 | 用于未注公差的尺寸和粗加工的工序尺寸上，例如手柄的直径、壳体的外形、壁厚尺寸、端面之间的距离等 |

用类比法选择公差等级时，除参考以上各表外，还应考虑以下问题：

（1）联系孔和轴的工艺等价性　孔和轴的工艺等价性是指孔和轴加工难易程度应相同。

在公差等级≤8 级时，中小尺寸的孔加工，从目前来看，比相同尺寸相同等级的轴加工要困难，加工成本也要高些，其工艺是不等价的。为了使组成配合的孔、轴工艺等价，其公差等级应按优先常用配合（表 1-7、表 1-8）孔、轴相差一级选用，这样就可保证孔轴工艺等价。当然在实践中如有必要仍允许同级组成配合。按工艺等价选择公差等级可参看表 1-14 实例。

表 1-14　按工艺等价性选择轴的公差等级

| 要求配合 | 条件：孔的公差等级 | 轴应选的公差等级 | 实　例 |
|---|---|---|---|
| 间隙配合<br>过渡配合 | ≤IT8 | 轴比孔高一级 | H7/f6 |
|  | >IT8 | 轴与孔同级 | H9/d9 |
| 过盈配合 | ≤IT7 | 轴比孔高一级 | H7/p6 |
|  | >IT7 | 轴与孔同级 | H8/s8 |

（2）联系相关件和相配件的精度　例如，齿轮孔与轴的配合，它们的公差等级决定于相关件齿轮的精度等级。见齿坯公差（GB/T 10095—1988）。与滚动轴承相配合的外壳孔和轴颈的公差等级决定于相配件滚动轴承的公差等级。

（3）联系配合与成本　相配合的孔、轴公差等级的选择，应在满足使用要求的前提下，为了降低成本，应尽可能取低等级。例如，图 1-18 所示隔套和轴取 $\phi 60 \dfrac{D10}{js6}$，图 1-19 所示端盖和孔取 $\phi 110 \dfrac{J7}{f9}$。此两例使用上只要求保证其轴向定位，而无定心要求，为利于装配，宜取较大间隙。与其相配轴、孔因为与滚动轴承相配的公差等级已定，故它们的公差等级比相配轴、孔低 2~4 级。

再例如，基本尺寸为 $\phi 10\text{mm}$ 的配合，其间隙允许的变动量为 $X_{\max} = +38\mu\text{m}$，$X_{\min} = +13\mu\text{m}$，若要求按优先常用配合选取轴、孔的公差等级时，可先计算其配合公差

$$T_f = \mid X_{\max} - X_{\min} \mid = \mid +38 - (+13) \mid \mu\text{m} = 25\mu\text{m}$$

因
$$T_f = T_D + T_d = 25\mu\text{m}$$

从满足使用要求考虑，所选孔、轴应 $T_D + T_d \leqslant T_f$；从降低成本考虑，应选用公差等级最低的组合。

查表 1-2，得 $IT5 = 6\mu\text{m}$，$IT6 = 9\mu\text{m}$，$IT7 = 15\mu\text{m}$，$IT8 = 22\mu\text{m}$。显然，要符合上述要求应使孔取 IT7、轴取 IT6（$T_D + T_d = 24\mu\text{m} \leqslant 25\mu\text{m}$），IT8 孔和 IT7 轴 $T_D + T_d$ 超过 $25\mu\text{m}$，不能满足使用要求。如采用高等级的孔、轴组合（例 IT6 与 IT5），因此时 $T_D + T_d = 15\mu\text{m}$，显然不符合经济性要求，会使成本增加。

### 三、配合的选择

前述基准制和公差等级的选择，确定了基准孔或基准轴的公差带，以及相应的非基准轴或非基准孔公差带的大小，因此选择配合种类实质上就是确定非基准轴或非基准孔公差带的位置，也就是选择非基准轴或非基准孔的基本偏差代号。因此，各种代号的非基准轴或孔的基本偏差，在一定条件下代表了各种不同的配合，故选择配合，就是如何选择基本偏差的问题。

设计时，通常多采用类比法选择配合种类。为此首先必须掌握各种基本偏差的特点，并了解它们的应用实例。然后，再根据具体要求情况加以选择。

（一）各类配合选择的大体方向

选择配合时，应首先根据配合的具体要求，参照表 1-15 从大体方向上确定应选的配合类别。即从宏观的角度初定配合大类。

（二）各种基本偏差的特点及应用

**表 1-15　配合类别选择的大体方向**

| | | | |
|---|---|---|---|
| 无相对运动 | 要传递转矩 | 要精确同轴 | 永久结合　过盈配合 |
| | | | 可拆结合　过渡配合或基本偏差为 H（h）[2] 的间隙配合加紧固件[1] |
| | | 不要精确同轴 | 间隙配合加紧固件[1] |
| | 不需要传递转矩 | | 过渡配合或轻的过盈配合 |
| 有相对运动 | 只有移动 | | 基本偏差为 H（h）、G（g）[2] 等间隙配合 |
| | 转动或转动和移动复合运动 | | 基本偏差 A~F（a~f）[2] 等间隙配合 |

① 紧固件指键、销钉和螺钉等。

② 指非基准件的基本偏差代号。

在明确所选配合大类的基础上，了解与对照各种基本偏差的特点及应用，对正确选择配合是十分必要的，可参看表 1-16。

**表 1-16　各种基本偏差的应用实例**

| 配合 | 基本偏差 | 特 点 及 应 用 实 例 |
|---|---|---|
| 间隙配合 | a（A）b（B） | 可得到特别大的间隙，应用很少。主要用于工作时温度高、热变形大的零件的配合，如发动机中活塞与缸套的配合为 H9/a9 |
| | c（C） | 可得到很大的间隙。一般用于工作条件较差（如农业机械）、工作时受力变形大及装配工艺性不好的零件的配合，也适用于高温工作的间隙配合，如内燃机排气阀杆与导管的配合为 H8/c7 |
| | d（D） | 与 IT7～IT11 对应，适用于较松的间隙配合（如滑轮、空转的带轮与轴的配合），以及大尺寸滑动轴承与轴颈的配合（如涡轮机、球磨机等的滑动轴承）。活塞环与活塞槽的配合可用 H9/d9 |
| | e（E） | 与 IT6～IT9 对应，具有明显的间隙，用于大跨距及多支点的转轴与轴承的配合，以及高速、重载的大尺寸轴与轴承的配合，如大型电动机、内燃机的主要轴承处的配合为 H8/e7 |
| | f（F） | 多与 IT6～IT8 对应，用于一般转动的配合，受温度影响不大、采用普通润滑油的轴与滑动轴承的配合，如齿轮箱、小电动机、泵等的转轴与滑动轴承的配合为 H7/f6。 |
| | g（G） | 多与 IT5、IT6、IT7 对应，形成配合的间隙较小，用于轻载精密装置中的转动配合，用于插销的定位配合，滑阀、连杆销等处的配合，钻套孔多用 G |
| | h（H） | 多与 IT4～IT11 对应，广泛用于无相对转动的配合、一般的定位配合。若没有温度、变形的影响，也可用于精密滑动轴承，如车床尾座孔与滑动套筒的配合为 H6/h5 |
| 过渡配合 | js（JS） | 多用于 IT4～IT7 具有平均间隙的过渡配合，用于略有过盈的定位配合，如联轴节，齿圈与轮毂的配合，滚动轴承外圈与外壳孔的配合多用 JS7。一般用手或木槌装配 |
| | k（K） | 多用于 IT4～IT7 平均间隙接近零的配合，用于定位配合，如滚动轴承的内、外圈分别与轴颈、外壳孔的配合。用木槌装配 |
| | m（M） | 多用于 IT4～IT7 平均过盈较小的配合，用于精密定位的配合，如蜗轮的青铜轮缘与轮毂的配合为 H7/m6 |
| | n（N） | 多用于 IT4～IT7 平均过盈较大的配合，很少形成间隙。用于加键传递较大转矩的配合，如冲床上齿轮与轴的配合。用槌子或压力机装配 |
| 过盈配合 | p（P） | 用于小过盈配合。与 H6 或 H7 的孔形成过盈配合，而与 H8 的孔形成过渡配合。碳钢和铸铁制零件形成的配合为标准压入配合，如绞车的绳轮与齿圈的配合为 H7/p6。合金钢制零件的配合需要小过盈时可用 p（或 P） |
| | r（R） | 用于传递大转矩或受冲击负荷而需要加键的配合，如蜗轮与轴的配合为 H7/r6。H8/r8 配合在基本尺寸 <100mm 时，为过渡配合 |
| | s（S） | 用于钢和铸铁零件的永久性和半永久性结合，可产生相当大的结合力，如套环压在轴、阀座上用 H7/s6 配合 |
| | t（T） | 用于钢和铸铁制零件的永久性结合，不用键可传递扭矩，需用热套法或冷轴法装配，如联轴节与轴的配合为 H7/t6 |
| | u（U） | 用于大过盈配合，最大过盈需验算。用热套法进行装配。如火车轮毂和轴的配合为 H6/u5 |
| | v（V），x（X）y（Y），z（Z） | 用于特大过盈配合，目前使用的经验和资料很少，须经试验后才能应用。一般不推荐 |

**（三）各类配合的选择**

**1. 间隙配合的选择**

（1）各种间隙配合的间隙程度　a～h（或 A～H）11 种基本偏差与基准孔（或基准轴）形成间隙配合，其中，a（或 A）形成的配合间隙最大，间隙依次减小，由 h（或 H）形成的配合间隙最小，该配合的最小间隙为零，见表 1-17。

**表 1-17　各种间隙配合间隙程度与摩擦类型**

| 基本偏差代号 | a、b（A、B） | c（C） | d（D） | e（E） | f（F） | g（G） | h（H） |
|---|---|---|---|---|---|---|---|
| 间隙程度摩擦类型 | 特大间隙　很大间隙<br>紊流液体摩擦 | | 大间隙　中等间隙　小间隙　较小间隙<br>层流液体摩擦 | | | | 很小间隙<br>（$X_{min}=0$）<br>半液体摩擦 |

注：1. f（F）、g（G）、h（H）可用于要求不高的定心配合。

　　2. g（G）、h（H）也可用于需拆卸的静连接配合。

（2）按相对运动的不同情况选择间隙配合的基本偏差　间隙配合多用于孔与轴的相对运动。孔与轴的相对运动要保持持久的工作，必须在配合面间加入润滑油，使配合面间形成油膜，以减少摩擦。所以其选用条件，主要看运动的速度、承受载荷、定心要求和润滑要求。相对运动速度高，工作温度高，则间隙应选大一些；相对运动速度低，如一般只作低速的相对运动，则间隙可选小一些。间隙配合的基本偏差可参照表 1-18 进行选择。

表 1-18　按相对运动不同情况选择间隙配合

| 相对运动情况 | 无定心要求的慢速转动 | 高速转动 | 中速转动 | 精密低速转动或移动（或手动移动） | |
|---|---|---|---|---|---|
| 选择的基本偏差 | c（C） | d（D）或 e（E） | f（F） | g（G） | h（H） |

（3）修正间隙配合　根据不同的具体工作情况对所选择的间隙配合进行修正（参见表 1-19）。

表 1-19　不同工作情况对选择间隙配合的影响

| 具体情况 | | 间隙的增大或减小 | 具体情况 | 间隙的增大或减小 |
|---|---|---|---|---|
| 工作温度 | 孔高于轴时 | 减小 | 两支承距离较大或多支承时 | 增大 |
| | 轴高于孔时 | 增大 | | |
| 表面粗糙度值较大时 | | 减小 | 支承间同轴度误差大时 | 增大 |
| 润滑油粘度较大时 | | 增大 | 生产类型 单件小批生产时 | 增大 |
| | | | 大批大量生产时 | 减小 |
| 定心精度较低时 | | 增大 | | |

2. 过盈配合的选择

（1）根据传递转矩的大小、是否加紧固件与拆卸困难程度等综合因素选择过盈配合 参看表 1-20，过盈配合的轴孔表面因过盈而产生弹性变形结合力，可以传递转矩和轴向力。无紧固件的过盈配合，其最小过盈量产生的结合力应保证能传递所需的转矩和轴向力；而最大过盈量产生的内应力不许超出材料的屈服强度。这就要求过盈量变化不能过大，所以过盈配合公差等级应较高（≤IT7）。当传递的载荷增加，过盈量也应增加，如果过盈量受到限制不能增加时（有两种可能，一是装配或拆卸需要；二是受零件材料强度和结构限制），这时只能选用允许的小过盈配合加紧固件。过盈配合的基本偏差的选择可参见表 1-20。

表 1-20　各种过盈配合基本偏差的比较与选择

| 过盈程度 选择根据 | 较小与小的过盈 | 中等与大的过盈 | 很大过盈 | 特大过盈 |
|---|---|---|---|---|
| 传递转矩的大小 | 加紧固件传递一定的转矩与轴向力，属轻型过盈配合。不加紧固件可用于准确定心仅传递小转矩需轴向定位部位 | 不加紧固件传递较小的转矩与轴向力（属中型） | 不加紧固件可传递大的转矩和动载荷（属重型） | 需传递特大转矩和动载荷时（属特重型） |
| 装卸情况 | 用于需要拆卸时，装入时使用压力机 | 用于很少拆卸时 | 用于不拆卸时 | 用于不拆卸时 |

（续）

| 过盈程度<br>选择根据 | 较小与小的过盈 | 中等与大的过盈 | 很大过盈 | 特大过盈 |
|---|---|---|---|---|
| 应选择的<br>基本偏差 | p（P）、r（R） | s（S）、t（T） | u（U）、v（V） | x（X）y（Y）z（Z）<br>一般不推荐，选用时需经试验后才可应用 |

注：p（P）与 r（R）在特殊情况下可能为过渡配合，如当基本尺寸小于 3mm 时，H7/p6 为过渡配合，当基本尺寸小于 100mm 时，H8/r7 为过渡配合。

（2）修正过盈配合　根据不同的具体工作情况对所选择的过盈配合进行修正（见表 1-21）。

表 1-21　对选择的过盈配合的修正

| 具　体　情　况 | 过盈的增或减 | 具　体　情　况 | 过盈的增或减 |
|---|---|---|---|
| 材料强度小时 | 减 | 配合长度较大时 | 减 |
| 经常拆卸 | 减 | 配合面形位误差较大时 | 减 |
| 有冲击载荷 | 增 | 装配时可能歪斜 | 减 |
| 工作时温度 { 孔高于轴时 | 增 | 转速很高时 | 增 |
| 　　　　　 { 轴高于孔时 | 减 | 表面粗糙度值较大时 | |

3. 过渡配合的选择

根据定心要求与拆卸情况选择过渡配合。

过渡配合多用于作为定位配合和定心配合。选用主要考虑定心对中要求和保证装拆、调整的方便程度，以及载荷的性质和大小。对于定位配合，要保证不松动，如需要传递转矩，则还需加键、销等紧固件，因为配合中的过盈只是保证连接的对中性。过渡配合基本偏差的选择可参见表 1-22。

表 1-22　各种过渡配合基本偏差的盈隙比较与选择

| 盈隙情况 | 过盈率很小<br>稍有平均间隙 | 过盈率中等<br>平均盈隙接近为零 | 过盈率较大<br>平均过盈较小 | 过盈率大<br>平均过盈稍大 |
|---|---|---|---|---|
| 定心要求 | 要求较好定心时 | 要求定心精度较高时 | 要求精密定心时 | 要求更精密定心时 |
| 装配与<br>拆卸情况 | 木锤装配<br>拆卸方便 | 木锤装配<br>拆卸比较方便 | 最大过盈时需相当的压入力　可以拆卸 | 用锤或压力机装配<br>拆卸较困难 |
| 应选择的<br>基本偏差 | js（JS） | k（K） | m（M） | n（N） |

注：1. 一般定心时，可选间隙配合中的 h（H）或定心精度不高时可选间隙配合中的 g（G）。

　　2. 承受重负荷或冲击、振动大时，应选较紧配合。

## 四、公差配合选择综合示例

例 1-2　图 0-1 所示齿轮液压泵为润滑用的低压小流量泵，为了防止泄漏，提高效率，两齿轮轴端面与两端泵盖的配合尺寸为 25mm，轴向间隙要求保持 0.01～0.04mm；为避免齿轮受到不平衡的径向力作用，使齿顶和泵体内壁相碰，要求齿轮齿顶与泵体孔的径向间隙保持在 0.13～0.16mm；为避免转速过高造成吸油不足，两齿轮轴的转速 $n = 900r/min$，试选择两轴的四个轴颈与两端泵盖对应轴承孔的配合（基本尺寸为 $\phi 15mm$）和两齿轮端面与两端泵盖端面的配合（基本尺寸为 25mm）。

**解：**

1. 选择四处轴颈与泵盖轴承孔的配合

（1）确定基准制 因此液压泵结构无特殊要求，故一般情况下采用基孔制。

（2）确定孔、轴的公差等级 根据表 1-11，查配合尺寸公差等级推荐为 5~13 级；由表 1-13 知机构中的重要配合可取 6~7 级；考虑到内孔的加工工艺性，取孔的公差等级为 7 级较好，即 $T_D = IT7$。根据孔和轴的工艺等价性，按表 1-14 取轴的公差等级为 IT6。

（3）确定非基准件轴的基本偏差 根据使用要求，轴与孔要作相对转动，由表 1-15 可知，轴的基本偏差应在 a~f 内选取；再参考表 1-16，为了保证轴、孔的定心精度，间隙不宜过大，由于轴、孔处于较高转速下运转，为使其形成层流液体摩擦状态以减少径向力引起的磨损，故轴的基本偏差应选 f 为宜。故四处轴颈与泵盖轴承孔的配合应为 $\phi 15H7/f6$。

2. 选择两齿轮端面与两端泵盖端面配合

（1）确定基准制 与前述相同，仍采用基孔制。

（2）确定孔、轴公差等级 因齿轮液压泵已提出使用功能要求，轴向配合间隙要求保证 0.01~0.04mm，故

配合公差    $T_f = |X_{max} - X_{min}| = (0.04 - 0.01)$ mm

$$T_f = T_D + T_d = 0.03mm = 30\mu m$$

查表 1-2    $IT7 = 21\mu m \quad IT6 = 13\mu m \quad IT5 = 9\mu m$

第一方案    $\begin{cases} 孔公差等级取 IT7 \quad T_D = 21\mu m \\ 轴公差等级取 IT6 \quad T_d = 13\mu m \end{cases}$

第二方案    $\begin{cases} 孔公差等级取 IT6 \quad T_D = 13\mu m \\ 轴公差等级取 IT5 \quad T_d = 9\mu m \end{cases}$

分析：若采用第二方案，显然精度过高，不利于加工和成本的降低；采用第一方案虽然比计算所得值稍大，根据表 1-13 可知 IT7 与 IT6 可用于一般机构中的重要配合，故定孔为 IT7 级，轴为 IT6 级。

（3）确定非基准件轴的偏差代号 根据使用要求，可采取计算，求得轴的上偏差（基孔制间隙配合）。

基准孔    $ES = +T_D = +21\mu m; \quad EI = 0$

$$T_d = 13\mu m \text{（基本尺寸 25mm、IT6）}$$

$$X_{min} = EI - es$$

故    $es = EI - X_{min} = (0 - 10) \mu m = -10\mu m$

查表 1-5 可知，计算的 $es = -10\mu m$ 与尺寸段（24~30）mm 的基本偏差 $g = -7\mu m$ 相近，故可确定轴的基本偏差为 g。

这样，两齿轮端面与两端泵盖的配合为：25H7/g6。

验算：    25H7/g6  孔 $ES = +21\mu m \quad EI = 0$

轴 $es = -7\mu m \quad ei = -20\mu m$

$$X_{\max} = \text{ES} - \text{ei} = \left[ +21 - (-20) \right] \mu m = +41 \mu m$$

$$X_{\min} = \text{EI} - \text{es} = \left[ 0 - (-7) \right] \mu m = +7 \mu m$$

与使用要求轴向间隙为 0.01 ~ 0.04mm 基本符合。

**例1-3** 图 1-20 所示活塞（铝合金）与气缸内壁（钢制）工作时作高速往复运动，要求间隙在 0.1 ~ 0.2mm 范围内，若活塞与气缸配合的直径为 $\phi135mm$，气缸工作温度 $t_H = 110℃$，活塞工作温度 $t_s = 180℃$，气缸和活塞材料的线膨胀系数分别为 $\alpha_H = 12 \times 10^{-6}/K$，$\alpha_s = 24 \times 10^{-6}/K$。试确定活塞与气缸孔的尺寸偏差。

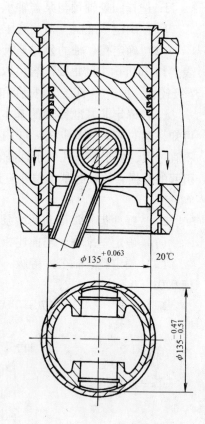

**解：**

1. 确定基准制

因为一般情况，可选用基孔制。

2. 确定孔、轴公差等级

由于

$$T_f = |X_{\max} - X_{\min}| = (0.2 - 0.1)mm = 100 \mu m$$

又 $T_f = T_D + T_d = 100 \mu m$

查表 1-2，与计算的相近值为

$$\begin{cases} 孔: \text{IT8} \quad T_D = 63 \mu m \\ 轴: \text{IT7} \quad T_d = 40 \mu m \end{cases}$$

则 $T_D = 63 \mu m$ $T_d = 40 \mu m$ （因为题意为 (0.1 ~ 0.2) mm，故 $T_D + T_d$ 稍大于 $100 \mu m$ 是允许的）。

故基准孔 $\text{ES} = +63 \mu m$ $\text{EI} = 0$

3. 计算热变形所引起的间隙变化量

图 1-20 活塞与气缸孔的配合

$$\Delta X = 135 \left[ 12 \times 10^{-6} (110 - 20) - 24 \times 10^{-6} (180 - 20) \right] mm = -0.37mm = -370 \mu m$$

以上计算结果为负值，说明由于活塞热膨胀系数大于气缸孔的热膨胀系数，会使工作时的间隙减小 0.37mm，为了保证使用要求（即要求工作间隙为 0.1 ~ 0.2mm），应在确定轴的极限偏差时，考虑热变形的补偿值。

4. 确定非基准件轴的基本偏差

因基准孔 $\text{ES} = +63 \mu m$ $\text{EI} = 0$

$$X_{\min} = \text{EI} - \text{es} = 100 \mu m$$

故 $\text{es} = -X_{\min} = -100 \mu m$

$$\text{ei} = \text{es} - T_d = (-100 - 40) \mu m = -140 \mu m$$

为了补偿热变形，在计算的轴的上下偏差中加入补偿值 $\Delta X$，即

$$\text{es}' = \text{es} + \Delta X = (-100 - 370) \mu m = -470 \mu m$$

$$\text{ei}' = \text{ei} + \Delta X = (-140 - 370) \mu m = -510 \mu m$$

故 气缸孔的尺寸偏差应为 $\phi135^{+0.063}_{0}mm$

活塞的尺寸偏差应为 $\phi135^{-0.47}_{-0.51}$mm

**例 1-4** 图 1-21 所示为钻模的一部分。钻模板 4 上有衬套 2，快换钻套 1 在工作中要求能迅速更换，当快换钻套 1 以其铣成的缺边对正钻套螺钉 3 后可以直接装入衬套 2 的孔中，再顺时针旋转一个角度，钻套螺钉 3 的下端面就盖住钻套 1 的另一缺口面（见主视图）。这样钻削时，钻套 1 便不会因为切屑排出产生的摩擦力而使其退出衬套 2 的孔外，当钻孔后更换钻套 1 时，可将钻套 1 反时针旋转一个角度后直接取下，换上另一个孔径不同的快换钻套而不必将钻套螺钉 3 取下。

如果图 1-21 所示钻模现需加工工件上的 $\phi12$mm 孔时，试选如图衬套 2 与钻模板 4 的公差配合、钻孔时快换钻套 1 与衬套 2 以及内孔与钻头的公差配合（基本尺寸见图）。

**解：**

（1）基准制的选择 对衬套 2 与钻模板 4 的配合以及钻套 1 与衬套 2 的配合，因结构无特殊要求，按国标规定，应优先选用基孔制。

对钻头与钻套 1 内孔的配合，因钻头属标准刀具，可视为标准件，故与钻套 1 的内孔配合应采用基轴制。

（2）公差等级的选择 参看表 1-11，钻模夹具各元件的连接，可按用于配合尺寸的 IT5 ～ IT8 级选用。

参看表 1-13，重要的配合尺寸，对轴可选 IT6，对孔可选 IT7。本例中钻模板 4 的孔、衬套 2 的孔、钻套的孔统一按 IT7 选用。而衬套 2 的外圆、钻套 1 的外圆则按 IT6 选用。

（3）配合种类的选择 衬套 2 与钻模板 4 的配合，要求连接牢靠，在轻微冲击和负荷下不用连接件也不会发生松动，即使衬套内孔磨损了，需更换时拆卸的次数也不多。因此参看表 1-22 可选平均过盈率大的过渡配合 n，本例配合选为 $\phi25\dfrac{H7}{n6}$。

钻套 1 与衬套 2 的配合，要求经常性用手更换，故需一定间隙保证更换迅速。但因又要求有准确的定心，间隙不能过大，为此参看表 1-18 可选精密手动移动的配合 g。本例中选为 $\phi18\dfrac{H7}{g6}$。

至于钻套 1 内孔，因要引导旋转着的刀具进

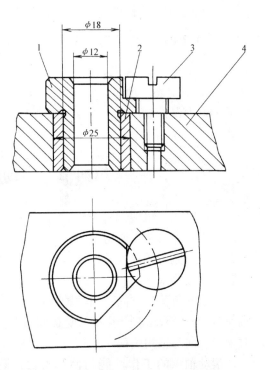

图 1-21 钻模上的钻模板、衬套与钻套
1—快换钻套 2—衬套
3—钻套螺钉 4—钻模板

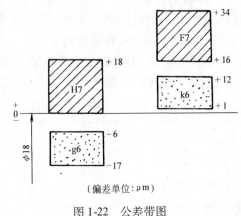

（偏差单位：μm）

图 1-22 公差带图

给，既要保证一定的导向精度，又要防止间隙过小而被卡住。根据钻孔切削速度多为中速，参看表 1-18 应选中速转动的配合 F（本例选为 $\phi12F7$）。

必须指出：对与钻套 1 配合的衬套 2 的内孔，根据上面分析本应选 $\phi18\dfrac{H7}{g6}$，考虑到 JB/T 8045.4—1995（夹具标准）为了统一钻套内孔与衬套内孔的公差带，规定了统一选用 F7，以利制造。所以，在衬套 2 内孔公差带为 F7 的前提下，选用相当于 H7/g6 类配合的 F7/k6 非基准制配合。具体对比见图 1-22 公差带图。从图上可见，两者的极限间隙基本相同。

# 第四节　滚动轴承的公差与配合

滚动轴承是机械制造业中应用极为广泛的一种标准部件，它一般由外圈 1、内圈 2、滚动体 3 和保持架 4 所组成（图 1-23）。外圈与外壳体孔配合，内圈与传动轴的轴颈配合，属于典型的光滑圆柱连接。但由于它的结构特点和功能要求所决定，其公差配合与一般光滑圆柱连接要求不同。

按承受负荷的方向，滚动轴承可分为平底推力球轴承（承受轴向负荷）、深沟球轴承（承受径向负荷）和角接触球轴承（同时承受径向与轴向负荷）

滚动轴承的工作性能与使用寿命，既取决于本身的制造精度，也与箱体外壳孔、传动轴轴颈的配合尺寸精度、形位精度以及表面粗糙度等有关。

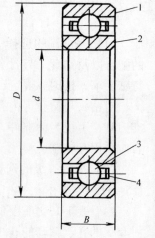

图 1-23　滚动轴承

## 一、滚动轴承公差

### 1. 滚动轴承的公差等级

根据轴承的结构尺寸、公差等级和技术性能等特征产品的符号，滚动轴承国家标准 GB/T 272—1993《滚动轴承代号》将滚动轴承公差等级分为 P2、P4、P5、P6、P0 五级，其中 P2 级最高，依次降低，P0 级最低（只有深沟球轴承有 P2 级；圆锥滚子轴承有 P6x 级而无 P6 级）。

P0 级为普通精度，在机器制造业中的应用最广。它用于旋转精度要求不高的机构中，例如，卧式车床变速箱和进给箱，汽车、拖拉机变速箱，普通电动机、水泵、压缩机和涡轮机等。

除 P0 级外，其余各级统称高精度轴承，主要用于高的线速度或高的旋转精度的场合，这类精度的轴承在各种金属切削机床上应用较多，可参见表 1-23。

表 1-23　机床主轴轴承精度等级

| 轴承类型 | 精度等级 | 应　用　情　况 |
| --- | --- | --- |
| 深沟球轴承 | P4 | 高精度磨床、丝锥磨床、螺纹磨床、磨齿机、插齿刀磨床 |
| 角接触球轴承 | P5 | 精密镗床、内圆磨床、齿轮加工机床 |
|  | P6 | 卧式车床、铣床 |

（续）

| 轴承类型 | 精度等级 | 应 用 情 况 |
|---|---|---|
| 单列圆柱滚子轴承 | P4 | 精密丝杆车床、高精度车床、高精度外圆磨床 |
| | P5 | 精密车床、精密铣床、转塔车床、普通外圆磨床、多轴车床、镗床 |
| | P6 | 卧式车床、自动车床、铣床、立式车床 |
| 向心短圆柱滚子轴承、调心滚子轴承 | P6 | 精密车床及铣床的后轴承 |
| 圆锥滚子轴承 | P2、P4 | 坐标镗床（P2级）、磨齿机（P4级） |
| | P5 | 精密车床、精密铣床、镗床、精密转塔车床、滚齿机 |
| | P6 | 铣床、车床 |
| 推力球轴承 | P6 | 一般精度机床 |

2. 滚动轴承内径、外径公差带及特点

国标对轴承内径（$d$）与外径（$D$）规定了两种公差：一是 $d$（或 $D$）的最大值与最小值；二是轴承套圈任一横截面内量得的最大直径 $d_{实max}$（或 $D_{实max}$）与最小直径 $d_{实min}$（或 $D_{实min}$）的平均值 $d_m$（或 $D_m$）的公差。

由于滚动轴承为标准部件，因此轴承内径与轴颈的配合应为基孔制，轴承外径与外壳孔的配合应为基轴制。但这种基孔制与基轴制与普通光滑圆柱结合又有所不同，这是由滚动轴承配合的特殊需要所决定的。

轴承内圈通常与轴一起旋转，为防止内圈和轴颈的配合产生相对滑动而磨损，影响轴承的工作性能，因此要求配合面间具有一定的过盈，但过盈量不能太大。如果作为基准孔的轴承内圈仍采用基本偏差为 H 的公差带，轴颈也选用光滑圆柱结合国家标准中的公差带，则这样在配合时，无论选过渡配合（过盈量偏小）或过盈配合（过盈量偏大）都不能满足轴承工作的需要。若轴颈采用非标准的公差带，则又违反了标准化与互换性的原则。为此，国家标准 GB/T 307.1—1994 规定：内圈基准孔公差带位于以公称内径 $d$ 为零线的下方。因而这种特殊的基准孔公差带与 GB/T 1801—1999 中基孔制的各种轴公差带构成的配合的性质，相应地比这些轴公差带的基本偏差代号所表示的配合性质有不同程度的变紧。

轴承外圈因安装在外壳孔中，通常不旋转，考虑到工作时温度升高会使轴热胀，而产生轴向移动，因此两端轴承中有一端应是游动支承，可使外圈与外壳孔的配合稍为松一点，使之能补偿轴的热胀伸长量，不然轴产生弯曲会被卡住，就会影响正常运转。为此，规定轴承外圈公差带位于公称外径 $D$ 为零线的下方，与基本偏差为 h 的公差带相类似，但公差值不同。轴承外圈采取这样的基准轴公差带与 GB/T 1801—1999 中基轴制配合的孔公差带所组成的配合，基本上保持了 GB/T 1801—1999 的配合性质。

因滚动轴承的内圈和外圈皆为薄壁零件，在制造与保管过程中极易变形（如变成椭圆形），但当轴承内圈与轴或外圈与外壳孔装配后，如果这种变形不大，极易得到纠正。因此，对滚动轴承套圈任一横截面内测得的最大与最小直径平均值对公称直径的偏差，只要在内、外径公差带内，就认为合格。为了控制轴承的形状误差，滚动轴承还规定了其他的技术要求。

滚动轴承内径与外径的公差带如图 1-24 所示。

3. 轴颈和外壳孔公差带的种类

由于轴承内径和外径公差带在制造时已确定，因此，它们分别与外壳孔、轴颈的配合，要由外壳孔和轴颈的公差带决定。故选择轴承的配合也就是确定轴颈和外壳孔的公差带。国家标准所规定的轴颈和外壳孔的公差带如图 1-25 所示。由图可见，轴承内圈与轴颈的配合比 GB/T 1801—1999 中基孔制同名配合紧一些，g5、g6、h5、h6 轴颈与轴承内圈的配合已变成过渡配合，k5、k6、m5、m6 已变成过盈配合，其余也都有所变紧。

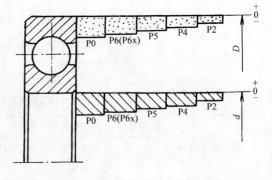

图 1-24　轴承内、外径公差带

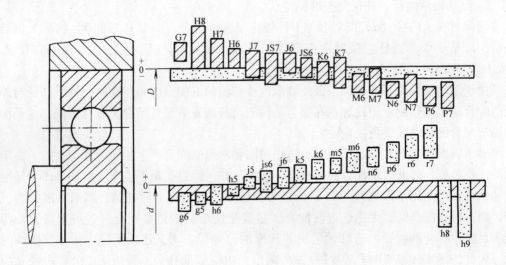

图 1-25　轴颈和外壳孔公差带

轴承外圈与外壳孔的配合与 GB/T 1801—1999 中基轴制的同名配合相比较，虽然尺寸公差有所不同，但配合性质基本相同。

**二、滚动轴承配合的选择**

正确地选择配合，对保证滚动轴承的正常运转，延长其使用寿命关系极大。为了使轴承具有较高的定心精度，一般在选择轴承两个套圈的配合时，都偏向紧密。但要防止太紧，因内圈的弹性胀大和外圈的收缩会使轴承内部间隙减小甚至完全消除并产生过盈，不仅影响正常运转，还会使套圈材料产生较大的应力，以致降低轴承的使用寿命。

故选择轴承配合时，要全面地考虑各个主要因素，应以轴承的工作条件、结构类型和尺寸、精度等级为依据，查表确定轴颈和外壳孔的尺寸公差带、形位公差和表面粗糙度。本书表 1-24 至表 1-30 适用于：

1）轴承精度等级为 P0、P6 级。

2）轴为实体或厚壁空心件。

3）轴颈和外壳孔材料为钢和铸铁。

4）轴承应是具有基本组的径向游隙，另有注解的除外。

（一）查表确定轴承配合的主要依据

1. 套圈与负荷方向的关系

表1-24　安装向心轴承和角接触轴承的轴颈公差带

| 内圈工作条件 | | 应用举例 | 深沟球轴承和角接触球轴承 | 圆柱滚子轴承和圆锥滚子轴承 | 调心滚子轴承 | 轴颈公差带 |
|---|---|---|---|---|---|---|
| 旋转状态 | 负荷类型 | | 轴承公称内径/mm | | | |
| 圆　柱　孔　轴　承 | | | | | | |
| 内圈相对于负荷方向旋转或摆动 | 轻负荷 | 电器、仪表、机床主轴、精密机械、泵、通风机、传送带 | ≤18 | — | | h5 |
| | | | >18~100 | ≤40 | ≤40 | j6[1] |
| | | | >100~200 | >40~143 | >40~100 | k6[1] |
| | | | — | >140~200 | >100~200 | m6[1] |
| | 正常负荷 | 一般机械、电动机、涡轮机、泵、内燃机、变速箱、木工机械 | ≤18 | | | j5 |
| | | | >18~100 | ≤40 | ≤40 | k5[2] |
| | | | >100~140 | >40~100 | >40~65 | m5[2] |
| | | | >140~200 | >100~140 | >65~100 | m6 |
| | | | >200~280 | >140~200 | >100~140 | n6 |
| | | | — | >200~400 | >140~280 | p6 |
| | | | | | >280~500 | r6 |
| | | | | | >500 | r7 |
| | 重负荷 | 铁路车辆和电车的轴箱、牵引电动机、轧机、破碎机等重型机械 | — | >50~140 | >50~100 | n6[3] |
| | | | | >140~200 | >100~140 | p6[3] |
| | | | | >200 | >140~200 | r6[3] |
| | | | | | >200 | r7[3] |
| 内圈相对于负荷方向静止 | 各类负荷 | 静止轴上的各种轮子内圈必须在轴向容易移动 | 所有尺寸 | | | g6[1] |
| | | 张紧滑轮、绳索轮内圈不需在轴向移动 | 所有尺寸 | | | h6[1] |
| 纯轴向负荷 | | 所有应用场合 | 所有尺寸 | | | j6 或 js6 |
| 圆锥孔轴承（带锥形套） | | | | | | |
| 所有负荷 | | 火车和电车的轴箱 | 装在退卸套上的所有尺寸 | | | h8（IT5）[4] |
| | | 一般机械或传动轴 | 装在紧定套上的所有尺寸 | | | h9（IT7）[5] |

① 对精度有较高要求的场合，应选用 j5、k5、…等分别代替 j6、k6、…等。

② 单列圆锥滚子轴承和单列角接触球轴承的内部游隙的影响不甚重要，可用 k6 和 m6 分别代替 k5 和 m5。

③ 应选用轴承径向游隙大于基本组游隙的滚子轴承。

④ 凡有较高的精度或转速要求的场合，应选用 h7，轴颈形状公差为 IT5。

⑤ 尺寸≥500mm，轴颈形状公差为 IT7。

表1-25　安装向心轴承和角接触轴承的外壳孔公差带

| 外　圈　工　作　条　件 | | | | 应用举例 | 外壳孔公差带[2] |
|---|---|---|---|---|---|
| 旋转状态 | 负荷类型 | 轴向位移的限度 | 其他情况 | | |
| 外圈相对于负荷方向静止 | 轻、正常和重负荷 | 轴向容易移动 | 轴处于高温场合 | 烘干筒、有调心滚子轴承的大电动机 | G7 |
| | | | 剖分式外壳 | 一般机械、铁路车辆轴箱 | H7[1] |
| | 冲击负荷 | 轴向能移动 | 整体式或剖分式外壳 | 铁路车辆轴箱轴承 | J7[1] |
| 外圈相对于负荷方向摆动 | 轻和正常负荷 | | | 电动机、泵、曲轴主轴承 | J7[1] |
| | 正常和重负荷 | | | 电动机、泵、曲轴主轴承 | K7[1] |
| | 重冲击负荷 | | 整体式外壳 | 牵引电动机 | M7[1] |
| 外圈相对于负荷方向旋转 | 轻负荷 | 轴向不移动 | | 张紧滑轮 | M7[1] |
| | 正常和重负荷 | | | 装有球轴承的轮 | N7[1] |
| | 重冲击负荷 | | 薄壁，整体式外壳 | 装有滚子轴承的轮毂 | P7[1] |

① 对精度有较高要求的场合，应选用 P6、N6、M6、K6、J6 和 H6 分别代替 P7、N7、M7、K7、J7 和 H7，并应同时选用整体式外壳。

② 对于轻合金外壳应选择比钢或铸铁外壳较紧的配合。

表1-26　安装推力轴承的轴颈公差带

| 轴圈工作条件 | | 推力球和圆柱滚子轴承 | 推力调心滚子轴承 | 轴颈公差带 |
|---|---|---|---|---|
| | | 轴承公称内径/mm | | |
| 纯轴向负荷 | | 所有尺寸 | 所有尺寸 | j6 或 js6 |
| 径向和轴向联合负荷 | 轴圈相对于负荷方向静止 | — | ≤250 | j6 |
| | | — | >250 | js6 |
| | 轴圈相对于负荷方向旋转或摆动 | — | ≤200 | k6 |
| | | — | >200 ~ 400 | m6 |
| | | — | >400 | n6 |

表1-27　安装推力轴承的外壳孔公差带

| 座　圈　工　作　条　件 | | 轴承类型 | 外壳孔公差带 |
|---|---|---|---|
| 纯轴向负荷 | | 推力球轴承 | H8 |
| | | 推力圆柱滚子轴承 | H7 |
| | | 推力调心滚子轴承 | ① |
| 径向和轴向联合负荷 | 座圈相对于负荷方向静止或摆动 | 推力调心滚子轴承 | H7 |
| | 座圈相对于负荷方向旋转 | | M7 |

① 外壳孔与座圈间的配合间隙为 0.0001D，D 为外壳孔直径。

（1）套圈相对于负荷方向静止　此种情况是指，当方向固定不变的定向负荷（如齿轮传动力、传动带拉力、车削时的径向切削力）作用于静止的套圈时。如图 1-26a 所示不旋转的外圈和图 1-26b 所示不旋转的内圈皆受到方向始终不变的 $F_r$ 的作用。减速器转轴两端轴承外圈、汽车与拖拉机前轮（从动轮）轴承内圈受力就是典型的例子。此时套圈相对于负荷方向静止的受力特点是负荷集中作用，套圈滚道局部容易产生磨损。

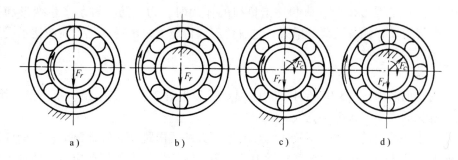

图 1-26　轴承套圈与负荷的关系

a) 定向负荷、内圈转动　b) 定向负荷、外圈转动　c) 旋转负荷、内圈转动　d) 旋转负荷、外圈转动

（2）套圈相对于负荷方向旋转　此种情况是指旋转负荷（如旋转工件上的惯性离心力、旋转镗杆上作用的径向切削力等）依次作用在套圈的整个滚道上。如图 1-26a$F_r$ 对旋转内圈和图 1-26b$F_r$ 对旋转外圈的作用，上述减速器转轴两端轴承内圈、汽车与拖拉机前轮轮毂中轴承外圈的受力也是典型例子。此时套圈相对于负荷方向旋转的受力特点是负荷呈周期性作用，套圈滚道产生均匀磨损。

（3）套圈相对于负荷方向摆动　当由定向负荷与旋转负荷所组成的合成径向负荷作用在套圈的部分滚道上时，该套圈便相对于负荷方向摆动。如图 1-26c 和图 1-26d 所示。轴承套圈受到定向负荷 $F_r$ 和旋转负荷 $F_c$ 的同时作用，二者的合成负荷将由小到大，再由大到小地周期性变化。当 $F_r > F_c$ 时（图 1-27），合成负荷就在 $\overset{\frown}{AB}$ 区域内摆动，不旋转的套圈就相对于负荷方向摆动，而旋转的套圈则相对于负荷方向旋转。当 $F_r < F_c$ 时，合成负荷沿着圆周变动，不旋转的套圈就相对于负荷方向旋转，而旋转的套圈则相对于负荷方向摆动。

由上分析可知，套圈相对于负荷方向的状态不同（静止、旋转、摆动），负荷作用的性质亦不相同。相对静止状态呈局部负荷作用；相对旋转状态呈循环负荷作用；相对摆动状态则呈摆动负荷作用。一般来说，受循环负荷作用的套圈与轴颈（或外壳孔）的配合应选得较紧一些；而承受局部负荷作用的套圈与外壳孔（或轴颈）的配合应选得松一些（既可使轴承避免局部磨损，又可使装配拆卸方便）；而承受摆动负荷的套圈与承受循环负荷作用的套圈在配合要求上可选得相同或选得稍松一点。

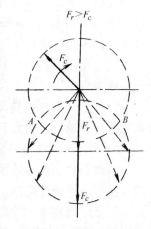

图 1-27　相对于负荷摆动的区域

2. 负荷的大小

选择滚动轴承与轴颈和外壳孔的配合还与负荷的大小有关。GB/T 275—1993 根据当量径向动负荷 $P$ 与轴承产品样本中规定的额定负荷 $C$ 的比值大小，分为了轻、正常和重负荷三种类型（见表 1-28），选择配合时，

表 1-28　当量径向动负荷 $P$ 的类型

| 负荷类型 | $P$ 值的大小 |
| --- | --- |
| 轻负荷 | $P \leqslant 0.07C$ |
| 正常负荷 | $0.07C < P \leqslant 0.15C$ |
| 重负荷 | $P > 0.15C$ |

应逐渐较紧。这是因为在重负荷和冲击负荷的作用时，为了防止轴承产生变形和受力不匀，引起配合松动，随着负荷的增大，过盈量应选得越大，承受变化负荷应比承受平稳负荷的配合选得较紧一些。

3. 径向游隙

轴承的径向游隙按 GB/T 4604—1993 规定，分为第 2 组、基本组、第 3 组、第 4 组、第 5 组。游隙的大小依次由小到大。

游隙大小必须合适，过大不仅使转轴发生较大的径向跳动和轴向窜动，还会使轴承产生较大的振动和噪声。过小又会使轴承滚动体与套圈产生较大的接触应力，使轴承摩擦发热而降低寿命，故游隙大小应适度。

在常温状态下工作的具有基本组径向游隙的轴承（供应的轴承无游隙标记，即是基本组游隙），按表选取轴颈和外壳孔公差带一般都能保证有适度的游隙。但如因重负荷轴承内径选取过盈量较大的配合（见表 1-24 注③），则为了补偿变形引起的游隙过小，应选用大于基本组游隙的轴承。

4. 其他因素

（1）温度的影响　因轴承摩擦发热和其他热源的影响而使轴承套圈的温度高于相配件的温度时，内圈与轴颈的配合将会变松，外圈与外壳孔的配合将会变紧，故当轴承工作温度高于 100℃时，应对所选用的配合适当修正（减小外圈与外壳孔的配合过盈，增加内圈与轴颈的配合过盈）。

（2）转速的影响　对于转速高又承受冲击动负荷作用的滚动轴承，轴承与轴颈和外壳孔的配合应选用过盈配合。

（3）公差等级的协调　选择轴承和外壳孔公差等级时应与轴承公差等级协调。如 P0 级轴承配合轴颈一般为 IT6，外壳孔则为 IT7；对旋转精度和运动平稳性有较高要求的场合（如电动机），轴颈为 IT5 时，外壳孔选为 IT6。

采取类比法选择轴颈和外壳孔的公差带时，可参考表 1-24、表 1-25、表 1-26、表 1-27，按照表列条件选择。

对于滚针轴承，外壳孔材料为钢或铸铁时，尺寸公差带可选用 N5（或 N6），为轻合金时选用 N5（或 N6）略松的公差带。轴颈尺寸公差有内圈时选用 k5（或 j6），无内圈时选用 h5（或 h6）。

（二）轴颈和外壳孔的形位公差与表面粗糙度

可参照表 1-29 和表 1-30 选择，必须强调：轴颈或外壳孔为避免套圈安装后产生变形，轴颈、外壳孔应采用包容要求，并规定更严的圆柱度公差。轴肩和外壳孔肩端面应规定端面圆跳动公差。

（三）滚动轴承配合选择实例

图 1-28a 所示为直齿圆柱齿轮减速器输出轴轴颈的部分装配图，已知该减速器的功率为 5kW，从动轴转速为 83r/min，其两端的轴承为 211 深沟球轴承（$d=55mm$，$D=100mm$），齿轮的模数为 3mm，齿数为 79。试确定轴颈和外壳孔的公差带代号（尺寸极限偏差）、形位公差值和表面粗糙度参数值，并将它们分别标注在装配图和零件图上。

**表 1-29　轴颈和外壳孔的形位公差**（摘自 GB/T 275—1993）

| 轴承公称内、外径/mm | 圆 柱 度 | | | | 端 面 圆 跳 动 | | | |
|---|---|---|---|---|---|---|---|---|
| | 轴 颈 | | 外 壳 孔 | | 轴 肩 | | 外壳孔肩 | |
| | 轴 承 精 度 等 级 | | | | | | | |
| | P0 | P6 | P0 | P6 | P0 | P6 | P0 | P6 |
| | 公 差 值/μm | | | | | | | |
| >18~30 | 4 | 2.5 | 6 | 4 | 10 | 6 | 15 | 10 |
| >30~50 | 4 | 2.5 | 7 | 4 | 12 | 8 | 20 | 12 |
| >50~80 | 5 | 3 | 8 | 5 | 15 | 10 | 25 | 15 |
| >80~120 | 6 | 4 | 10 | 6 | 15 | 10 | 25 | 15 |
| >120~180 | 8 | 5 | 12 | 8 | 20 | 12 | 30 | 20 |
| >180~250 | 10 | 7 | 14 | 10 | 20 | 12 | 30 | 20 |

**表 1-30　轴颈和外壳孔的表面粗糙度**（摘自 GB/T 275—1993）

| 配合表面 | 轴承精度等级 | 配合面的尺寸公差等级 | 轴承公称内、外径/mm | |
|---|---|---|---|---|
| | | | ≤80 | >80~500 |
| | | | 表面粗糙度参数 $R_a$ 值/μm（按 GB 1031—1995） | |
| 轴颈 | P0 | IT6 | ≤1 | ≤1.6 |
| 外壳孔 | | IT7 | ≤1.6 | ≤2.5 |
| 轴颈 | P6 | IT5 | ≤0.63 | ≤1 |
| 外壳孔 | | IT6 | ≤1 | ≤1.6 |
| 轴和外壳孔肩端面 | P0 | — | ≤2 | ≤2.5 |
| | P6 | | ≤1.25 | ≤2 |

注：轴承装在紧定套或退卸套上时，轴颈表面的表面粗糙度参数 $R_a$ 值不应大于 2.5μm。

**解：**

1）减速器属于一般机械，轴的转速不高，所以选用 P0 级轴承。

2）该轴承承受定向负荷的作用，内圈与轴一起旋转，外圈安装在剖分式壳体中，不旋转。因此，内圈相对于负荷方向旋转，它与轴颈的配合应较紧；外圈相对于负荷方向静止，它与外壳孔的配合应较松。

3）按该轴承的工作条件，由经验计算公式[⊖]，并经单位换算，求得该轴承的当量径向负荷 $P$ 为 883N，查得 211 球轴承的额定动负荷 $C$ 为 33354N。所以 $P$ 等于 0.03$C$，小于 0.07$C$。故轴承的负荷类型属于轻负荷。

4）按轴承工作条件从表 1-24 和表 1-25 选取轴颈公差带为 $\phi$55j6（基孔制配合），外壳孔公差带为 $\phi$100H7（基轴制配合）。

5）按表 1-29 选取形位公差值；轴颈圆柱度公差 0.005mm，轴肩端面圆跳动公差 0.015mm；外壳孔圆柱度公差 0.01mm。

---

⊖ 由《机械零件》教材和《机械工程手册第 29 篇　轴承》手册的计算公式。

6）按表 1-30 选取轴颈和外壳孔的表面粗糙度参数值：轴颈 $R_a \leqslant 1\mu m$，轴肩端面 $R_a \leqslant$ $2\mu m$；外壳孔 $R_a \leqslant 2.5\mu m$。

7）将确定好的上述公差标注在图样上，见图 1-28b、c。

由于滚动轴承是外购的标准部件，因此，在装配图上只需注出轴颈和外壳孔的公差带代号（见图 1-28a）。轴和外壳上的标注如图 1-28b、c 所示。

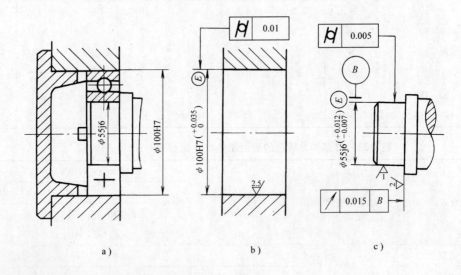

a）　　　　　　　　b）　　　　　　　　c）

图 1-28　轴颈和外壳孔公差在图样上的标注示例

a）装配图　b）外壳图样　c）轴图样

# 习　题

1-1　判断下列各种说法是否正确，并简述理由。

1）基本尺寸是设计给定的尺寸，因此零件的实际尺寸越接近基本尺寸，则其精度越高。

2）最小实体尺寸是孔、轴最小极限尺寸的统称。

3）公差，可以说是零件尺寸允许的最大偏差。

4）孔的基本偏差即下偏差，轴的基本偏差即上偏差。

5）过渡配合可能具有间隙或过盈，因此过渡配合可能是间隙配合或是过盈配合。

6）某孔的实际尺寸小于与其结合的轴的实际尺寸，则形成过盈配合。

1-2　按表中给出的数值，计算表中空格的数值，并将计算结果填入相应的空格内（表中数值单位为 mm）

| 基本尺寸 | 最大极限尺寸 | 最小极限尺寸 | 上偏差 | 下偏差 | 公　差 |
|---|---|---|---|---|---|
| 孔 $\phi 8$ | 8.040 | 8.025 | | | |
| 轴 $\phi 60$ | | | − 0.060 | | 0.046 |
| 孔 $\phi 30$ | | 30.020 | | | 0.100 |
| 轴 $\phi 50$ | | | − 0.050 | − 0.112 | |

1-3 试根据下表中的数值，计算并填写该表空格中的数值（单位为 mm）。

| 基本尺寸 | 孔 | | | 轴 | | | 最大间隙或最小过盈 | 最小间隙或最大过盈 | 平均间隙或过盈 | 配合公差 | 配合性质 |
|---|---|---|---|---|---|---|---|---|---|---|---|
| | 上偏差 | 下偏差 | 公差 | 上偏差 | 下偏差 | 公差 | | | | | |
| $\phi25$ | | 0 | | | | 0.021 | +0.074 | | +0.057 | | |
| $\phi14$ | | 0 | | | | 0.010 | | −0.012 | +0.0025 | | |
| $\phi45$ | | | 0.025 | 0 | | | | −0.050 | −0.0295 | | |

1-4 绘出下列三对孔、轴配合的公差带图，并分别计算出它们的最大、最小与平均间隙（$X_{max}$、$X_{min}$、$X_{av}$）或过盈（$Y_{max}$、$Y_{min}$、$Y_{av}$）及配合公差（$T_f$）（单位均为 mm）。

1）孔 $\phi20^{+0.033}_{0}$ mm 轴 $\phi20^{-0.065}_{-0.098}$ mm

2）孔 $\phi35^{+0.007}_{-0.018}$ mm 轴 $\phi35^{0}_{-0.016}$ mm

3）孔 $\phi55^{+0.030}_{0}$ mm 轴 $\phi55^{+0.060}_{+0.040}$ mm

1-5 说明下列配合符号所表示的基准制、公差等级和配合类别（间隙配合、过渡配合或过盈配合），并查表计算其极限间隙或极限过盈，画出其尺寸公差带图。

1）$\phi25H7/g6$ 　　2）$\phi40K7/h6$

3）$\phi15JS8/g7$ 　　4）$\phi50S8/h8$

1-6 试通过查表和计算确定下列孔、轴配合的极限偏差。然后将这些基孔（轴）制的配合改换成相同配合性质的基轴（孔）制配合，并算出改变后的各配合相应的极限偏差。

1）$\phi60H9/d9$ 　　2）$\phi30H8/f7$

3）$\phi50K7/h6$ 　　4）$\phi80H7/u6$

1-7 设孔、轴配合的基本尺寸 D 和使用要求如下：

1）$D=40mm$，$X_{max}=+0.068mm$，$X_{min}=+0.025mm$；

2）$D=25mm$，$X_{max}=+0.096mm$，$X_{min}=+0.038mm$；

3）$D=35mm$，$Y_{max}=-0.099mm$，$Y_{min}=-0.021mm$；

4）$D=60mm$，$Y_{max}=-0.062mm$，$Y_{min}=-0.013mm$。

试按配合公差的公式 $T_f=X_{max}-X_{min}=Y_{min}-Y_{max}$ 和 GB/T 1800—1998 及 GB/T 1801—1999 中的公差表格确定其基准制，孔、轴的公差等级和基本偏差代号以及它们的极限偏差。

1-8 设有一基本尺寸为 $\phi60mm$ 的配合，经计算确定其间隙应为（25～110）$\mu m$，若已决定采用基孔制，试确定此配合的孔、轴公差带代号，并画出其尺寸公差带图。

1-9 设有一基本尺寸为 $\phi110mm$ 的配合，经计算确定，为保证连接可靠，其过盈不得小于 40$\mu m$；为保证装配后不发生塑性变形，其过盈不得大于 110$\mu m$。若已决定采用基轴制，试确定此配合的孔、轴公差带代号，并画出其尺寸公差带图。

1-10 设有一基本尺寸为 $\phi25mm$ 的配合，为保证装拆方便和对中心的要求，其最大间隙和最大过盈均不得大于 20$\mu m$。试确定此配合的孔、轴公差带代号（含基准制的选择分析），并画出其尺寸公差带图。

1-11 试验确定，在工作时活塞与气缸壁的间隙应在（0.04～0.097）mm 范围内，假设在工作时活塞的温度 $t_s=150℃$，气缸的温度 $t_H=100℃$，装配温度 $t=20℃$。气缸的线膨胀系数为 $\alpha_H=22\times10^{-6}/K$，活塞的线膨胀系数，$\alpha_s=22\times10^{-6}/K$，活塞与气缸的基本尺寸为 95mm。试求活塞与气缸的装配间隙等于多少？根据装配间隙确定合适的配合及孔、轴的极限偏差。

1-12　有一成批生产的开式直齿轮减速器转轴上安装 6209/P0 深沟（向心）球轴承，承受的当量径向动负荷为1500N，工作温度 $t<60℃$，内圈与轴旋转。试选择与轴、外壳孔结合的公差带（类比法），形位公差及表面粗糙度。并标注在装配图和零件图上（装配图自己设计）。

1-13　北京吉普车齿轮变速箱输出轴前轴承用轻系列向心球轴承，$d=50mm$，试用类比法确定滚动轴承的精度等级、型号，与轴、外壳孔结合的公差带，并画出配合公差带图。

# 第二章 测量技术基础

## 第一节 概　述

### 一、测量与检验的概念

要实现互换性，除了合理地规定公差外，还需要在加工过程中进行正确的测量或检验，只有测量或检验合格的零件，才具有互换性。本课程的测量技术主要研究对零件的几何量（包括长度、角度、表面粗糙度、几何形状和相互位置等）进行测量或检验。

"测量"是指确定被测对象量值为目的的全部操作。实质上是将被测几何量与作为计量单位的标准量进行比较，从而确定被测几何量是计量单位的倍数或分数的过程。一个完整的测量过程应包括被测对象、计量单位、测量方法（指测量时采用的方法、计量器具和测量条件的综合）和测量精度等四个方面。

"检验"是指为确定被测几何量是否在规定的极限范围之内，从而判断是否合格，不一定得出具体的量值。

测量技术包括"测量"和"检验"。对测量技术的基本要求是：合理地选用计量器具与测量方法，保证一定的测量精度，具有高的测量效率、低的测量成本，通过测量分析零件的加工工艺，积极采取预防措施，避免废品的产生。

测量技术的发展与机械加工精度的提高有着密切的关系。例如有了比较仪，才使加工精度达到 $1\mu m$；由于光栅、磁栅、感应同步器用作传感器以及激光干涉仪的出现，才又使加工精度达到了 $0.01\mu m$ 的水平。随着机械工业的发展，数字显示与微型计算机进入了测量技术的领域。数显技术的应用，减少了人为的影响因素，提高了读数精度与可靠性；计算机主要用于测量数据的处理，因而进一步提高了测量的效率。计算机和量仪的联用，还可用于控制测量操作程序，实现自动测量或通过计算机对程控机床发出对零件的加工指令，将测量结果用于控制加工工艺，从而使测量、加工合二为一，组成工艺系统的整体。

### 二、计量单位与长度基准

#### （一）计量单位

我国规定的法定计量单位中长度计量单位为米（m），平面角的角度计量单位为弧度（rad）及度（°）、分（′）、秒（″）。

机械制造中常用的长度计量单位为毫米（mm），$1mm = 10^{-3}m$。在精密测量中，长度计量单位采用微米（$\mu m$），$1\mu m = 10^{-3}mm$。在超精密测量中，长度计量单位采用纳米（nm），$1nm = 10^{-3}\mu m$。

机械制造中常用的角度计量单位为弧度、微弧度（$\mu rad$）和度、分、秒。$1\mu rad = 10^{-6}rad$，$1° = 0.0174533rad$。度、分、秒的关系采用 60 等分制，即 $1° = 60′$，$1′ = 60″$。

#### （二）长度基准

按 1983 年第十七届国际计量大会的决议，规定米的定义为：米是光在真空中（1/299792458）s 的时间间隔内所经过的距离。

米定义的复现主要采用稳频激光。我国使用碘吸收稳定的 $0.633\mu m$ 氦氖激光辐射作为波长标准。

### 三、长度量值传递系统

用光波波长作为长度基准，不便于生产中直接应用。为了保证量值统一，必须把长度基准的量值准确地传递到生产中应用的计量器具和工件上去。为此，在技术上，从基准谱线开始，长度量值通过两个平行的系统向下传递，如图 2-1 所示。其中一个是端面量具（量块）系统，另一个是刻线量具（线纹尺）系统。

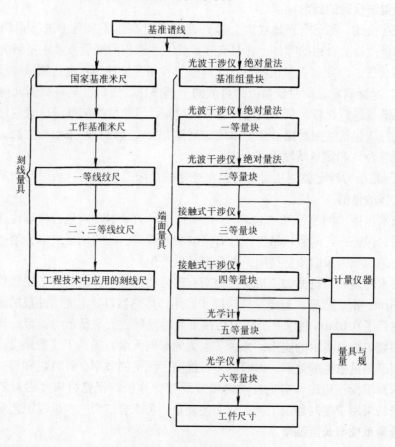

图 2-1　长度量值传递系统

### 四、量块

量块是没有刻度的平面平行端面量具，用特殊合金钢制成，具有线膨胀系数小、不易变形、耐磨性好等特点。量块的应用颇为广泛，除了作为量值传递的媒介以外，还用于调整计量器具和机床、工具及其他设备，也用于直接测量工件。

量块上有两个平行的测量面，通常制成长方形六面体，如图 2-2 所示。量块的两个测量面极为光滑、平整，具有研合性。这两个测量面间具有精确尺寸。量块一个测量面上的一点至与此量块另一测量面相研合的辅助体表面之间的垂直距离称为量块长度。量块一个测量面上任意一点的量块长度称为量块任意点长度 $L_i$。量块一个测量面上中心点的量块长度称为量块中心长度 $L$。量块测量面上最大与最小量块长度之差称为量块长度变动量，量块上标出的尺寸称为量块标称长度。

为了满足各种不同的应用场合，对量块规定了若干精度等级。国家标准 GB/T 6093—2001《量块》对量块的制造精度规定了五级：00、0、1、2、（3）级。其中00 级最高，精度依次降低，（3）级最低。（3）级根据订货供应。此外，还规定了校准级——K 级。国家计量局标准 JJG100—81《量块检定规程》对量块的检定精度规定了六等：1、2、3、4、5、6 等，其中 1 等最高，精度依次降低，6 等最低。

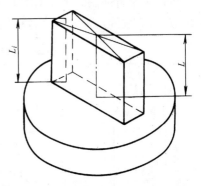

图 2-2　量块及相研合的辅助体

量块分"级"的主要依据是量块长度极限偏差和长度变动量的允许值（见表2-1）。量块分"等"的主要依据是中心长度测量的极限偏差和平面平行性允许偏差（见表2-2）。

**表 2-1　各级量块的精度指标**（摘自 GB/T 6093—2001）　　　　（μm）

| 标称长度/mm | 00 级 | | 0 级 | | 1 级 | | 2 级 | | 3 级 | | 标准级 K | |
|---|---|---|---|---|---|---|---|---|---|---|---|---|
| | ① | ② | ① | ② | ① | ② | ① | ② | ① | ② | ① | ② |
| ~10 | 0.06 | 0.05 | 0.12 | 0.10 | 0.20 | 0.16 | 0.45 | 0.30 | 1.0 | 0.50 | 0.20 | 0.05 |
| >10~25 | 0.07 | 0.05 | 0.14 | 0.10 | 0.30 | 0.16 | 0.60 | 0.30 | 1.2 | 0.50 | 0.30 | 0.05 |
| >25~50 | 0.10 | 0.06 | 0.20 | 0.10 | 0.40 | 0.18 | 0.80 | 0.30 | 1.6 | 0.55 | 0.40 | 0.06 |
| >50~75 | 0.12 | 0.06 | 0.25 | 0.12 | 0.50 | 0.18 | 1.00 | 0.35 | 2.0 | 0.55 | 0.50 | 0.06 |
| >75~100 | 0.14 | 0.07 | 0.30 | 0.12 | 0.60 | 0.20 | 1.20 | 0.35 | 2.5 | 0.60 | 0.60 | 0.07 |
| >100~150 | 0.20 | 0.08 | 0.40 | 0.14 | 0.80 | 0.20 | 1.60 | 0.40 | 3.0 | 0.65 | 0.80 | 0.08 |

① 量块长度的极限偏差（±）。

② 长度变动量允许值。

**表 2-2　各等量块的精度指标**（摘自 JJG100—81）　　　　（μm）

| 标称长度/mm | 1 等 | | 2 等 | | 3 等 | | 4 等 | | 5 等 | | 6 等 | |
|---|---|---|---|---|---|---|---|---|---|---|---|---|
| | ① | ② | ① | ② | ① | ② | ① | ② | ① | ② | ① | ② |
| ~10 | 0.05 | 0.10 | 0.07 | 0.10 | 0.10 | 0.20 | 0.20 | 0.20 | 0.5 | 0.4 | 1.0 | 0.4 |
| >10~18 | 0.06 | 0.10 | 0.08 | 0.10 | 0.15 | 0.20 | 0.25 | 0.20 | 0.6 | 0.4 | 1.0 | 0.4 |
| >18~35 | 0.06 | 0.10 | 0.09 | 0.10 | 0.15 | 0.20 | 0.30 | 0.20 | 0.6 | 0.4 | 1.0 | 0.4 |
| >30~50 | 0.07 | 0.12 | 0.10 | 0.12 | 0.20 | 0.25 | 0.35 | 0.25 | 0.7 | 0.5 | 1.5 | 0.5 |
| >50~80 | 0.08 | 0.12 | 0.12 | 0.12 | 0.25 | 0.25 | 0.45 | 0.25 | 0.8 | 0.6 | 1.5 | 0.5 |

① 中心长度测量的极限误差±。

② 平面平行性允许偏差。

量块按"级"使用时，应以量块的标称长度作为工作尺寸，该尺寸包含了量块的制造误差。量块按"等"使用时，应以经过检定后所给出的量块中心长度的实际尺寸作为工作尺寸，该尺寸排除了量块制造误差的影响，仅包含检定时较小的测量误差。因此，量块按"等"使用的测量精度比按"级"使用的高。

每块量块只有一个确定的工作尺寸。为了满足一定尺寸范围内的不同尺寸的需要，可以将量块组合使用。根据 GB/T 6093—2001 的规定，我国生产的成套量块有 91 块、83 块、46 块、38 块等几种规格。各种规格量块的级别、尺寸系列、间隔和块数见表 2-3。

表 2-3　成套量块尺寸表（摘自 GB/T 6093—2001）

| 套别 | 总块数 | 级别 | 尺寸系列/mm | 间隔/mm | 块数 |
|---|---|---|---|---|---|
| 1 | 91 | 00, 0, 1 | 0.5 | | 1 |
| | | | 1 | | 1 |
| | | | 1.001, 1.002, …, 1.009 | 0.001 | 9 |
| | | | 1.01, 1.02, …, 1.49 | 0.01 | 49 |
| | | | 1.5, 1.6, …, 1.9 | 0.1 | 5 |
| | | | 2.0, 2.5, …, 9.5 | 0.5 | 16 |
| | | | 10, 20, …, 100 | 10 | 10 |
| 2 | 83 | 00, 0, 1 2, (3) | 0.5 | | 1 |
| | | | 1 | | 1 |
| | | | 1.005 | | 1 |
| | | | 1.01, 1.02, …, 1.49 | 0.01 | 49 |
| | | | 1.5, 1.6, …, 1.9 | 0.1 | 5 |
| | | | 2.0, 2.5, …, 9.5 | 0.5 | 16 |
| | | | 10, 20, …, 100 | 10 | 10 |
| 3 | 46 | 0, 1, 2 | 1 | | 1 |
| | | | 1.001, 1.002, …, 1.009 | 0.001 | 9 |
| | | | 1.01, 1.02, …, 1.09 | 0.01 | 9 |
| | | | 1.1, 1.2, …, 1.9 | 0.1 | 9 |
| | | | 2, 3, …, 9 | 1 | 8 |
| | | | 10, 20, …, 100 | 10 | 10 |
| 4 | 38 | 0, 1, 2 (3) | 1 | | 1 |
| | | | 1.005 | | 1 |
| | | | 1.01, 1.02, …, 1.09 | 0.01 | 9 |
| | | | 1.1, 1.2, …, 1.9 | 0.1 | 9 |
| | | | 2, 3, …, 9 | 1 | 8 |
| | | | 10, 20, …, 100 | 10 | 10 |

使用量块时，为了减少量块组合的累积误差，应尽量减少使用的块数。选取量块时，从消去组合尺寸的最小尾数开始，逐一选取。例如，从 83 块一套的量块中选取尺寸为 36.375mm 的量块组，则可分别选用 1.005mm、1.37mm、4mm 和 30mm 等四块量块。

**五、计量器具和测量方法的分类**

（一）计量器具的分类

计量器具按结构特点可分为量具、量规、量仪和计量装置等四类。

1. 量具

量具是指以固定形式复现量值的计量器具，分单值量具和多值量具两种。单值量具是指复现几何量的单个量值的量具，如量块、直角尺等。多值量具是指复现一定范围内的一系列不同量值的量具，如线纹尺等。

2. 量规

量规是指没有刻度的专用计量器具，用以检验零件要素实际尺寸和形位误差的综合结果。检验结果只能判断被测几何量合格与否，而不能获得被测几何量的具体数值，如用光滑极限规、位置量规和螺纹量规等检验工件。

3. 量仪

量仪是指能将被测几何量的量值转换成可直接观测的指示值（示值）或等效信息的计

量器具。按原始信号转换原理，量仪分为机械式量仪、光学式量仪、电动式量仪和气动式量仪等几种。

（1）机械式量仪　机械式量仪是指用机械方法实现原始信号转换的量仪，如指示表、杠杆比较仪和扭簧比较仪等。这种量仪结构简单、性能稳定、使用方便。

（2）光学式量仪　光学式量仪是指用光学方法实现原始信号转换的量仪，如光学比较仪、测长仪、工具显微镜、光学分度头、干涉仪等。这种量仪精度高、性能稳定。

（3）电动式量仪　电动式量仪是指将原始信号转换为电量形式的信息的量仪，如电感比较仪、电容比较仪、电动轮廓仪、圆度仪等。这种量仪精度高、易于实现数据自动处理和显示，还可实现计算机辅助测量和自动化。

（4）气动式量仪　气动式量仪是指以压缩空气为介质，通过气动系统流量或压力的变化来实现原始信号转换的量仪，如水柱式气动量仪、浮标式气动量仪等。这种量仪结构简单，可进行远距离测量，也可对难于用其他转换原理测量的部位（如深孔部位）进行测量，但示值范围小，对不同的被测参数需要不同的测头。

4. 计量装置

计量装置是指为确定被测几何量量值所必需的计量器具和辅助设备的总体。它能够测量较多的几何量和较复杂的零件，有助于实现检测自动化或半自动化，如连杆、滚动轴承的零件可用计量装置来测量。

（二）测量方法的分类

测量方法可以从不同角度进行分类。

1. 按所测的几何量是否为欲测的几何量分类

（1）直接测量　不必测量与被测量有函数关系的其他量，而能直接得到被测量值的测量方法。

（2）间接测量　通过测量与被测量有函数关系的其他量，才能得到被测量值的测量方法。

例如图2-3所示，对孔心距 $y$ 的测量，是用游标卡尺测出 $x_1$ 值和 $x_2$ 值，然后按下式求出 $y$ 值

$$y = \frac{x_1 + x_2}{2}$$

为了减少测量误差，一般都采用直接测量，必要时可采用间接测量。

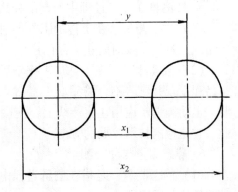

图2-3　间接测量孔心距

2. 按示值是否为被测几何量的整个量值分类

（1）绝对测量　计量器具显示或指示的示值是被测几何量的整个量值。例如用游标卡尺、千分尺测量轴径或孔径。

（2）微差测量（比较测量）　将被测量与同它只有微小差别的已知同种量相比较，通过测量这两个量值间的差值以确定被测量值的测量方法。例如，如图2-4所示的机械比较仪测量轴径，测量时先用量块调整零位，该比较仪指示出的示值为被测轴径相对于量块尺寸的微差。

3. 按测量时被测表面与计量器具的测头是否接触分类

（1）接触测量 测量时计量器具的测头与被测表面接触，并有机械作用的测量力。例如，用机械比较仪测量轴径。

（2）非接触测量 测量时计量器具的测头不与被测表面接触。例如，用光切显微镜测量表面粗糙度值。

接触测量会引起被测表面和计量器具有关部分产生弹性变形，因而影响测量精度。非接触测量则无此影响。

4. 按工件上同时测量被测几何量的多少分类

（1）单项测量 对工件上每一几何量分别进行测量。例如，用工具显微镜分别测量螺纹单一中径、螺距和牙型半角的实际值，并分别判断它们各自是否合格。

（2）综合测量（综合检验） 同时测量工件上几个有关几何量的综合结果，以判断综合结果是否合格，而不要求知道有关单项值。例如，用螺纹通规检验螺纹单一中径、螺距和牙型半角实际值的综合结果（作用中径）是否合格。

就工件整体来说，单项测量的效率比综合测量低。单项测量便于进行工艺分析。综合测量适用于只要求判断合格与否，而不需要得到具体的误差值的场合。

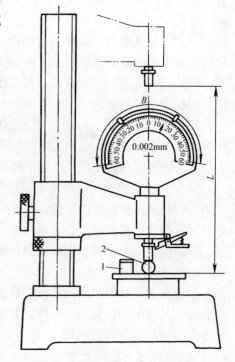

图 2-4 机械比较仪部分计量参数
1—量块 2—被测工件

5. 按测量在加工过程中所起的作用分类

（1）主动测量 在工件加工的同时，对被测几何量进行测量。其测量结果可直接用以控制加工过程，及时防止废品的产生。

（2）被动测量 在工件加工完毕后对被测几何量进行测量。其测量结果仅限于通过合格品和发现并剔除不合格品。

主动测量常应用在生产线上，使检验与加工过程紧密结合，充分发挥检测的作用。因此，它是检测技术发展的方向。

6. 静态测量与动态测量

（1）静态测量 是指在测量过程中，计量器具的测头与被测零件处于静止状态，被测量的量值是固定的。

（2）动态测量 是指在测量过程中，计量器具的测头与被测零件处于相对运动状态，被测量的量值是变化的。例如用圆度仪测量圆度误差，用电动轮廓仪测量表面粗糙度值等。

**六、计量器具的基本计量参数**

计量器具的计量参数是表征计量器具技术性能和功用的指标，也是选择和使用计量器具的依据。

1. 标尺间距

沿着标尺长度的线段测得的任何两个相邻标尺标记之间的距离，一般取为 1~2.5mm。

## 2. 分度值

分度值也称刻度值，是指标尺或刻度盘上每一标尺间距所代表的量值。在几何量测量中，常用的分度值有 0.1mm、0.05mm、0.02mm、0.01mm、0.002mm 和 0.001mm 等几种。图 2-4 中机械比较仪的分度值为 0.002mm。对于没有标尺或刻度盘的量具或量仪就不称分度值，而称分辨力。分辨力是指指示装置对紧密相邻量值有效辨别的能力。数字式指示装置的分辨力为末位的字码。一般说来，计量器具的分度值越小，则该计量器具的精度就越高。

## 3. 示值范围

由计量器具所指示的被测量值的最低值到最高值的范围（或起始值到终止值）。例如图 2-4 所示，机械比较仪所能指示的最低值为 $-60\mu m$，最高值为 $+60\mu m$，因此示值范围 $B$ 为 $-60\mu m ~ +60\mu m$。

## 4. 测量范围

测量范围是指使计量器具的误差处于允许极限内的一组被测量值的范围。标称范围的上下限之差的模称为量程。例如图 2-4 所示，机械比较仪的测量范围 $L$ 为 0~180mm，量程为 180mm。

## 5. 灵敏度

计量仪器的响应变化除以相应的激励变化。如果被测量的激励变化为 $\Delta x$，计量仪器的响应变化为 $\Delta L$，则灵敏度 $S$ 为

$$S = \frac{\Delta L}{\Delta x}$$

在上式中分子和分母皆为同一类量的情况下，灵敏度也称放大倍数。对于具有等分刻度的标尺或刻度盘的量仪，放大倍数 $K$ 等于标尺间距 $a$ 与分度值 $i$ 之比，即

$$K = \frac{a}{i}$$

一般地说，分度值越小，则灵敏度就越高。

## 6. 鉴别力

计量仪器对激励值微小变化的响应能力。

## 7. 示值误差

量具的标称值或计量仪器的示值与被测量（约定）真值之差。如测长仪示值为 0.125mm，若实际值为 0.126mm，则示值误差 $\Delta = -0.001mm$。计量器具的示值误差是通过对计量器具的检定得到的。检定时，常用标准量的实际值作为真值。计量器具产品中规定的示值误差为其极限值。分度值相同的各种计量器具，它们的示值误差并不一定相同。示值误差是表征计量器具精度的指标。一般地说，计量器具的示值误差越小，则该计算器具的精度就越高。

## 8. 修正值

修正值是指为了消除系统误差，用代数法加到示值上以得到正确结果的数值，其大小与示值误差的绝对值相等，而符号相反。例如，示值误差为 -0.004mm，则修正值为 +0.004mm。

9. 测量的重复性

在实际相同测量条件下，对同一被测量进行连续多次测量时，其测量结果之间的一致性。一般以测量重复性误差的极限值（正、负偏差）来表示。

# 第二节　生产中常用长度量具与量仪

## 一、游标卡尺

游标卡尺是一种应用游标原理所制成的量具，由于其结构简单、使用方便、测量范围较大等特点，在生产中最为常用。游标尺按所测位置的尺寸分为普通长度游标卡尺、深度游标尺和高度游标尺。

（1）普通游标卡尺结构　可见图 2-5。

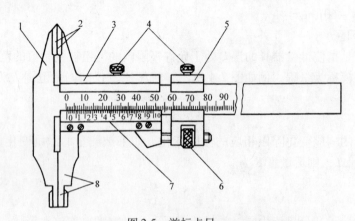

图 2-5　游标卡尺

1—尺身　2—上量爪　3—尺框　4—锁紧螺钉　5—微动装置
6—微动螺母　7—游标刻度值　8—下量爪

（2）读数原理　读数装置由主尺和游标两部分组成，主尺用于读取被测数值的整数部分；而小于 1mm 的小数部分则由游标读取。设主尺每格刻线间距为 $a$（一般 $a=1\text{mm}$），游标每格刻线间距为 $b$，游标上的刻度线数为 $n$。

若令

$$(n-1)a = nb$$

则

$$a - b = a/n$$

因主尺 $a=1\text{mm}$　　故　　　　　　　　　$a - b = 1/n$

上式说明主尺上每格与游标上的每格刻线间距不相同，即始终有一差量，其值等于 $1/n$，参看图 2-6。

图 2-6a 中　$n=10$ 时　$a-b=1/10\text{mm}$（此时 $b=0.9\text{mm}$）

图 2-6b 中　$n=20$ 时　$a-b=1/20\text{mm}$（此时 $b=0.95\text{mm}$）

图 2-6c 中　$n=50$ 时　$a-b=1/50\text{mm}$（此时 $b=0.98\text{mm}$）

由上可知，当游标上的刻线数 $n$ 增多时，由于 $a-b$ 差值较小，不便于观察，为了看得清楚，有的便将游标刻度加宽，此时尺身刻度与游标刻度之间的关系，按下式确定：

$$\gamma a - b = 1/n \qquad （\gamma \text{称游标系数,一般取为} 2）$$

尺身上 $a$ 仍为 1mm，$n$ 仍规定为 10、20、50。

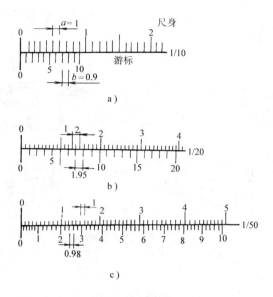

图 2-6　游标读数原理

a）刻度值 0.1　b）刻度值 0.05　c）刻度值 0.02

（3）读数方法　以图 2-7 为例，图中被测数值 $x$ 由两部分组成，其中整数部分可由尺身读出（图中为 15mm），而小数部分（$y$）则由游标读出，从游标零线向右看，找到与尺身上相重合的线（第 4 条线），我们不难发现一个规律：从游标与尺身相重合的线（第 4 条线）向左看，要读的小数值 $y$ 正好为尺身每格与游标每格差值的累积值。所以要读的被测数值为

$$x = 15 + 4 \times 0.1 \text{mm}$$

不过在游标上已经将 $4 \times 0.1$ 直接刻出了，不用再去数有多少格（对不同 $n$ 值在游标的刻线下都已直接给出）。

为了帮助读者快速读数，下面介绍一个简单方法：

1）先看与游标零线靠近的尺身刻线（零线以左）读出整数值，如上图中的 15mm。

2）估计 $y$ 值占尺身上 15mm 与 16mm 之间的几分之几，如 4/10 ～ 5/10

3）迅速看游标上 4 与 5 间哪条线重合，再准确读出 $y$ 值。

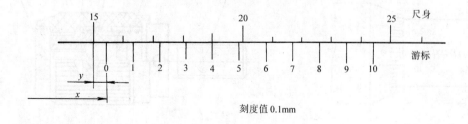

刻度值 0.1mm

图 2-7　游标卡尺读数示例

## 二、千分尺

千分尺是应用螺旋传动原理制成的量具，分为外径千分尺、内径千分尺与深度千分

尺。

（1）结构　见图2-8

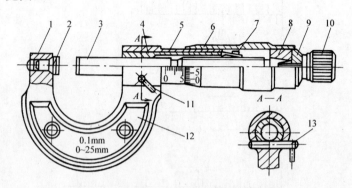

图2-8　外径千分尺

1—尺架　2—测砧　3—测微螺杆　4—螺纹轴套　5—固定套筒　6—微分筒　7—调节螺母　8—接头
9—垫片　10—测力装置　11—锁紧机构　12—绝热板　13—锁紧轴

（2）工作原理　由图2-8可知，测微螺杆与微分筒联为一体，紧压入尺架内的固定套筒的右端有一螺母，测微螺杆与刻度套筒一起边旋转边作直线位移，设测微螺杆的螺距 $p$ 为0.5mm，微分筒圆周共刻有50条等分刻度。当测微螺杆与微分筒旋转一周时，其轴向位移为0.5mm；而刻度套筒旋转一格时，其轴向位移为0.5/50＝0.01mm。

（3）读数方法

1）首先从固定套筒上读出整数（见图2-9），当微分筒边缘未盖住固定套筒上的0.5mm刻度时，应先读出0.5mm。

2）微分筒边缘与固定套筒刻线间的小数值在微分筒上读取，找到微分筒上与固定套筒基准线对准的刻线，从下往上读，一格为0.01mm，有多少格读多少（见图2-9）。

图2-10为外径千分尺上的控制测力的装置，转帽5通过螺钉6与右棘轮4相连并上紧在棘轮轴1上，弹簧2左端支承在棘轮轴端面上，右端再通过棘轮轴1使棘轮3与棘轮4紧密贴合，因棘轮轴1与刻度套筒及测微螺杆连为一体，可一道转动与移动。当测量杆前端接触工件受阻不再转动与移动时，若继续转动转帽5则会使棘轮副打滑发出声响，表示已经到位，避免人为用力过大造成工件弹性变形，而产生测量误差。

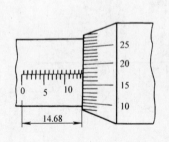

图2-9　外径千分尺读数示例

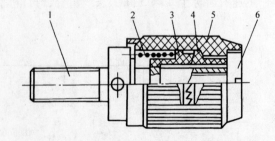

图2-10　外径千分尺测力装置

1—棘轮轴　2—弹簧　3、4—棘轮　5—转帽　6—螺钉

## 三、百分表

（1）百分表用途　它常用于生产中检测长度尺寸、形位误差、调整设备或装夹找正工

件，以及用来作为各种检测夹具及专用量仪的读数装置等。

（2）百分表结构原理　百分表的工作原理是通过齿条及齿轮的传动，将量杆的直线位移变成指针的角位移。百分表的外观见图2-11。百分表的内部传动机构见图2-12，带有齿条的量杆在弹簧的作用下，始终处于下方，产生一定测量力。量杆上的齿条与 $z_2 = 16$ 的小齿轮啮合，$z_2$ 小齿轮与 $z_3 = 100$ 的大齿轮固定在同一轴上，$z_3$ 大齿轮又与 $z_1 = 10$ 的小齿轮相啮合，大指针装在 $z_1$ 小齿轮上，小指针则装在 $z_3$ 大齿轮上。图中右端大齿轮齿数与 $z_3$ 大齿轮相同，其上装有游丝，目的是为了消除齿轮传动中由齿侧间隙引起的测量误差。测量时，如图量杆上移使 $z_2$ 与 $z_3$ 齿轮顺时针转动，传动 $z_1$ 小齿轮逆时针转动（注意：该图为后视图，正面观察时正好相反）。

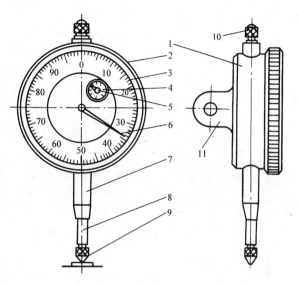

图 2-11　百分表
1—表体　2—表圈　3—表盘　4—转数指示盘
5—转数指针　6—指针　7—套筒　8—测量杆
9—测量头　10—挡帽　11—耳环

百分表的表盘上刻有 100 个等分的刻度，当量杆移动 1mm 时，大指针（固定在 $z_1$ 小齿轮上）转一圈，此时，小指针（固定在 $z_3$ 大齿轮上）转一格，因此，表盘上一格的分度值表示为 0.01mm。

（3）百分表的正确使用方法　见表2-4。

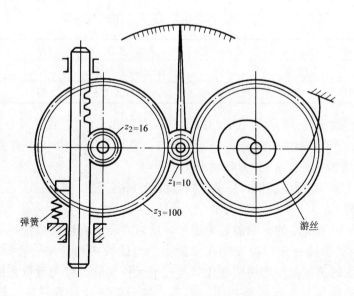

图 2-12　百分表的传动机构

表 2-4　百分表的正确使用方法

| 检查 | 1. 检查外观：表面玻璃是否破裂或脱落；后盖是否封密；测量头、测量杆、套筒是否有碰伤或锈蚀的地方；指针是否有松动现象等<br>2. 检查灵敏性：轻轻推动和放松测量杆时，检查测量杆在套筒内的移动是否平稳、灵活；有无卡住或跳动现象；指针与表盘有无摩擦现象，指针摆动是否平稳等<br>3. 检查稳定性：百分表处于自由状态时，指针位于从零线开始反时针方向 60°～90° 之间，推动并放松测量杆，检查指针是否回到原位。如果不能回到原位，说明表的稳定性不好，不能使用 |
|---|---|
| 使用与调整 | 1. 测量头与被测表面接触时，测量杆应预先有 0.3～1mm 的压缩量，以保持初始测力，提高示值的稳定性。在比较测量时，如果存在负向偏差，预压量还要大一些，使指针有一定的指示"余量"。这样，在测量过程中，既能指示出正的偏差，又能指示出负的偏差，而且仍可保持一定的测力。否则负的偏差可能测不出来，还要重新调整<br>2. 为了读数方便，测量前可把百分表的指针指到表盘的零位。绝对测量时，把测量用平板作为对零位的基准；相对测量时，把量块作为对零位的基准<br>3. 测量平面时，测量杆要与被测表面垂直。否则，不仅要影响测量杆移动的灵敏性，还会产生测量误差，使测量得到的数值，往往比实际的大。测量圆柱形工件时，测量杆的轴线应与工件直径方向一致，并垂直于工件轴线<br>4. 百分表必须可靠地固定在表架或其他支架上。如果用夹持套筒的方法来固定百分表，夹紧力要适当，以免造成套筒变形。夹紧后不准再转动百分表<br>5. 毛坯表面或有显著凸凹的表面，不宜使用百分表测量<br>6. 必要时，可根据被测件的形状、表面粗糙度值和材料的不同，选用适当形状的测量头 |

### 四、车间生产使用的现代先进技术测量仪器——三坐标测量机

三坐标测量机是综合利用精密机械、微电子、光栅和激光干涉仪等先进技术的测量仪器，目前广泛应用于机械制造、电子工业、航空和国防工业各部门，特别适用于测量箱体类零件的孔距、面距以及模具、精密铸件、电子线路板、汽车外壳、发动机零件、凸轮和飞机型体等带有空间曲面的零件。

1. 类型、特点及结构

（1）类型　三坐标测量机按其精度和测量功能，通常分为计量型（万能型）、生产型（车间型）和专用型三大类。

（2）特点　计量型与生产型三坐标测量机的特点比较见下表：

| 类型 | 测量精度 | 软件功能 | 运动速度 | 测量头型式 | 价格 | 对环境条件要求 |
|---|---|---|---|---|---|---|
| 计量型 | 高 | 多 | 低 | 多为三维电感测量头 | 高 | 严格 |
| 生产型 | 一般较低 | 一般较少 | 高 | 多为电触式测量头 | 低 | 低 |

（3）结构型式　可分为悬臂式、门框式（即龙门式）。门框式又可分为活动门框与固定门框，此外，还有桥式、卧轴式，详见图 2-13。其中，图 a、b 为悬臂式；图 e、f 为门框式；图 c、d 为桥式，图 g、h 为卧轴式。

图 2-14 为 F604 型固定门框式三坐标测量机的外形简图。

2. 测量原理

三坐标测量机所采用的标准器是光栅尺。反射式金属光栅尺固定在导轨上，读数头（指示光栅）与其保持一定间隙安装在滑架上，当读数头随滑架沿着导轨连续运动时，由于光栅所产生的莫尔条纹的明暗变化，经光电元件接收，将测量位移所得的光信号转换成周期变化的电信号，经电路放大、整形、细分处理成计数脉冲，最后显示出数字量。当探头移到空间的某个点位置时，计算机屏幕上立即显示出 $x$、$y$、$z$ 方向的坐标

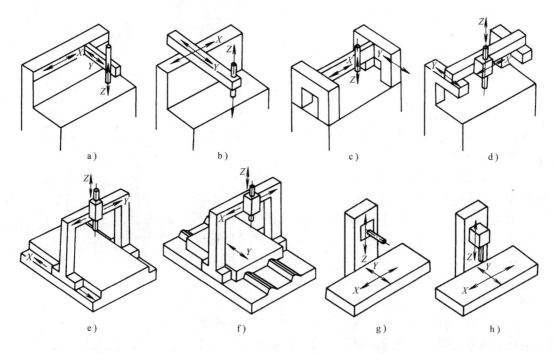

图 2-13　三坐标机的结构型式

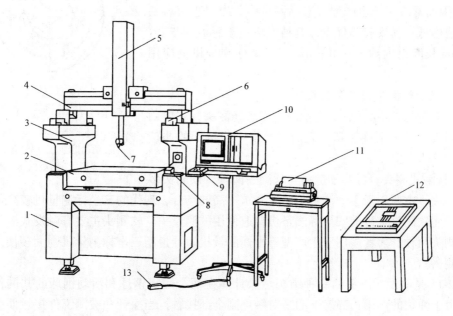

图 2-14　三坐标测量机

1—底座　2—工作台　3—立柱　4、5、6—导轨　7—测头　8—驱动开关
9—键盘　10—计算机　11—打印机　12—绘图仪　13—脚开关

值。测量时，当三维探头与工件接触的瞬间，测量头向坐标测量机发出采样脉冲，锁存此时的球测量头球心的坐标。对表面进行几次测量，即可求得其空间坐标方程，确定工件的尺寸和形状。

### 3. 测量系统及测量头

（1）测量系统

1）机械式测量系统。典型的是传统的精密丝杠和微分鼓读数系统，也可以把微分鼓的示值通过机电转换，用数字方式显示。示值一般为 $1 \sim 5\mu m$。也有采用精密齿轮齿条式的，以互啮的齿轮齿条为测量系统，在齿轮的同轴上装有光电盘，经光电计数器用数字形式把移动量显示出来。但这种测量系统在精密三坐标测量机中很少应用。

2）光学式测量系统。最常用的是光栅测量系统，利用光栅的莫尔条纹原理来检测坐标的移动值。由于光栅体积小，精度高，信号容易细分，因此是目前三坐标测量机特别是计量型测量机使用最普遍的测量系统，但使用光栅测量系统需要清洁的工作环境。除光栅测量系统外，其他的光学测量系统尚有光学读数刻度尺、光电显微镜和金属刻度尺、光学编码器、激光干涉仪等测量系统。

3）电学式测量系统。最常见的是感应同步器测量系统和磁尺测量系统两种。感应同步器的特点是成本低，对环境的适应性强，不怕灰尘和油污，精度在 $1m$ 内可以达到 $10\mu m$，因而常应用于生产型三坐标测量机。磁尺也有容易生产、成本低、易安装等优点，其精度略低于感应同步器，在 $600mm$ 长度以内约为 $\pm 10\mu m$，在三坐标测量机上应用较少。

（2）三坐标测量机的测量头

1）非接触式测头。分为光学测头与激光测头，主要用于软材料表面、难于接触到的表面以及窄小的棱面的非接触测量。

2）接触式测头。分为硬测头与软测头两种。硬测头多为机械测头，主要用于手动测量与精度要求不高的场合，现代的三坐标测量机较少使用这种测头。而软测头是目前三坐标测量机普遍使用的测量头。软测头主要有触发式测头和三维模拟测头两种，前者多用于生产型三坐标测量机，计量型三坐标测量机则大多使用电感式三维测头。

图 2-15 是触发式测头的一种结构。探针体在两个固定钢球和活动钢球的共同作用下定心，由于弹簧的作用，静态下的三对触点副全部接触；当探针和被测工件接触而引起位移或偏转的瞬间，总会引起三对触点副之一脱离接触状态而发出过零信号，同时发出声响和灯光信号，使信号灯发亮。导向螺钉保证探针上下移动时不发生旋转。

### 4. 三坐标测量机的应用

（1）主要技术指标

1）测量范围。一般指 $x$、$y$、$z$ 三个方向所能测量的最大尺寸。不少三坐标测量机的型号自身就包含一组表示测量范围特征的数字。

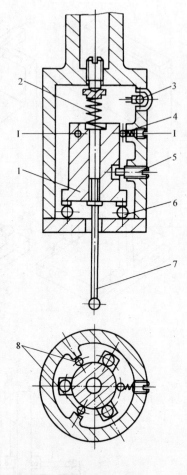

图 2-15　触发式测头

1—探针体　2—弹簧　3—信号灯
4—活动钢球　5—导向螺钉
6—触点副　7—探针　8—钢球

2）测量精度。一般用置信度为95%的测量不确定度 $U_{95}$ 表示。

对计量型三坐标测量机（最大测量范围 <1200mm）的坐标轴方向测量精度为

$$U_{95} = (1.5 + L/250)\mu m$$

式中　$L$——测量长度（mm）。

对生产型三坐标测量机，$U_{95} = (4 + L/250)\mu m \sim (6 + L/100)\mu m$

3）运动速度。见下表。

（mm/s）

| 三坐标测量机类型 | 最大运动速度 | 探针速度 |
|---|---|---|
| 计量型 | 约50 | $0.1 \times 10^3 \sim 50 \times 10^{-3}$ |
| 生产型 | 80~350 | 40~100 |

4）分辨率一般为 $0.1 \sim 2\mu m$。

5）测量力按不同测量头一般为 $0.1 \sim 1N$

（2）三坐标测量机的功能

现代三坐标测量机都配有不同的计算机。因此，三坐标测量机的功能在很大程度上取决于计算机软件的功能。计量型和生产型三坐标测量机的基本测量功能相仿；但计量型三坐标测量机往往有许多特殊测量功能，因而被称为万能型或测量中心。

1）基本测量功能。包括对一般几何元素的确定（如直线、圆、椭圆、平面、圆柱、球、圆锥等）；对一般几何元素的形位误差测量（如直线度、平面度、圆度、圆柱度、平行度、倾斜度、同轴度、位置度等）以及对曲线的点到点的测量和对一般几何元素的联接、坐标转换、相应误差统计分析，必要的打印输出和绘图输出等。

2）特殊测量处理功能。包括对曲线的连续扫描，圆柱与圆锥齿轮的齿形、齿向和周节测量，各种凸轮和凸轮轴的测定以及各种螺纹参数的测量等。

3）还可用于机械产品计算机的辅助设计与辅助制造，例如汽车车身设计从泥模的测量到主模型的测量；冲模从数控加工到加工后的检验，直至投产使用后的定期磨损检验都可应用三坐标测量机完成。

# 第三节　测　量　误　差

## 一、测量误差的基本概念

任何测量过程，无论采用如何精密的测量方法，其测得值都不可能为被测几何量的真值，即使在测量条件相同时，对同一被测几何量连续进行多次的测量，其测得值也不一定完全相同，只能与其真值相近似。这种由于计量器具本身的误差和测量条件的限制，而使测量结果与被测之真值之差称为测量误差。

测量误差常采用以下两种指标来评定：

（1）绝对误差 $\delta$　绝对误差是测量结果（$x$）与被测量（约定）真值（$x_0$）之差。即

$$\delta = x - x_0 \tag{2-1}$$

因测量结果可能大于或小于真值，故 $\delta$ 可能为正值亦可能为负值。将上式移项，可得

下式

$$x_0 = x \pm \delta \tag{2-2}$$

由于各种测量方法和测量仪器的测量误差可查得其参考值，故利用上式可通过被测几何量的测得值（$x$）估算出真值的范围。显然 $\delta$ 越小，被测几何量的测得值就越接近于真值，其测量精度也就越高，反之就越低。

（2）相对误差 $f$　当被测几何量大小不同时，不能再用 $\delta$ 来评定测量精度，这时应采用另一项指标——相对误差来评定。所谓相对误差是测量的绝对误差与被测量（约定）真值（$x_0$）之比，即

$$f = \frac{|\delta|}{x_0}$$

由于被测几何量的真值（$x_0$）不知道，故实用中常以被测几何量的测得值 $x$ 值替代真值 $x_0$，即

$$f = \frac{|\delta|}{x} \tag{2-3}$$

必须指出：用 $x$ 代替 $x_0$ 其差异极其微小，不影响对测量精度的评定。

**例 2-1**　若测量图 0-1 齿轮液压泵端盖 1 孔 $\phi15H7$ 的测得值 $x_1 = 15.015\text{mm}$；泵体 3 孔 $\phi34.42H8$ 的测得值为 34.456mm，并已知 $\delta_1 = +0.002\text{mm}$，$\delta_2 = -0.006\text{mm}$，试比较二者的测量精度。

**解**：由式（2-3）

$$f_1 = \frac{|\delta_1|}{x_1} = \frac{|+0.002|}{15.015} = 0.013\%$$

$$f_2 = \frac{|\delta_2|}{x_2} = \frac{|-0.006|}{34.456} = 0.017\%$$

则前者的测量精度比后者高。

**二、测量误差的产生原因**

（1）计量器具引起的误差　任何计量器具在设计上、制造和使用中，都不可避免地要产生误差，这些误差的总和都将会反映在示值误差上和测量的重复性上，而影响测量结果各不相同。

例如，机械杠杆比较仪为简化结构采取了近似的设计，其测杆的直线位移与指针杠杆的角位移不成正比，而其标尺却采用等分刻度，这就使测量时会产生测量误差。

又如游标卡尺的结构就不符合阿贝原则，标准量未安放在被测长度的延长线上或顺次排成一条直线。如图 2-16 所示，被测长度与标准量平行相距 $S$ 放置，这样在测量过程中，由于卡尺活动量爪与卡尺主尺之间的配合间隙的影响，当倾斜角度 $\phi$ 时，则其产生的测量误差 $\delta$ 可按下式计算

$$\delta = x - x' = S\tan\phi \approx S\phi \tag{2-4}$$

设　$S = 30\text{mm}$，$\phi = 1' \approx 0.0003\text{rad}$，则卡尺产生的测量误差将为

$$\delta = 30 \times 0.0003\text{mm} = 0.009\text{mm} = 9\mu\text{m}$$

显然，由于计量器具各个零件的制造误差和装配误差的影响，也会给测量带来误差。譬如，游标卡尺标尺的刻线不准确、指示器刻度盘与指针转轴安装偏心、千分尺的微分丝

杆与调节螺母的间隙调整不当等都会引起测量误差。

至于计量器具使用中的变形、磨损（如游标卡尺两量爪）等同样会产生测量误差。

（2）方法误差 方法误差是指测量方法不完善所引起的误差。譬如计算公式不准确，测量方法选择不当，工件安装、定位不正确等皆会引起测量误差。

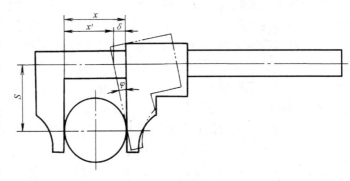

图 2-16 用游标卡尺测量轴径

（3）环境误差 由于实际环境条件与规定条件不一致所引起的误差称为环境误差。规定条件包括：温度、湿度、气压、振动、灰尘等测量要求，而其中以温度的影响最大。根据国家标准规定：测量标准温度应为 20℃，长度测量时，当实际温度偏离标准温度而计量器具与被测工件因材料不同所引起的测量误差 $\delta$ 应为

$$\delta = x\left[\alpha_1(t_1 - 20℃) - \alpha_2(t_2 - 20℃)\right]$$

式中　$x$——被测长度；

$t_1$、$t_2$——测量时被测工件、计量器具（或标准器）的温度（℃）；

$\alpha_1$、$\alpha_2$——被测工件、计量器具（或标准器）的线膨胀系数。

（4）人员误差 人员误差是指测量人员主观因素和操作技术所引起的误差。例如，测量人员使用计量器具不正确、读取示值的分辨能力不强等都会引起测量误差。

此外，由于测量前未能将计量器具或被测对象调整到正确位置或状态所引起的调整误差（如用未经调整零位的千分尺测量零件尺寸）以及在测量过程中由于观测者主观判断所引起的观测误差等都会影响产生测量误差。

### 三、测量误差的分类

测量误差按其性质可分为系统误差、随机误差和粗大误差。系统误差属于有规律性的误差，随机误差则属无规律性的误差，而粗大误差属于比较明显的误差，有关这三类误差的情况下面分别叙述于后。

#### （一）随机误差

随机误差是指在同一量的多次测量过程中，以不可预知方式变化的测量误差的分量。

由于测量过程中许多难于控制的偶然因素或不稳定的因素，如计量器具中机构的间隙、运动件间的摩擦力变化、测量力的不恒定和测量温度的波动等都会引起随机性的测量误差。

随机误差不可能修正、随机误差就个体而言是不确定的，但其总体（大量个体的总和）服从一定的统计规律，因此可以用统计方法估计其对测量结果的影响。

1. 随机误差的分布规律及特性

设在一定测量条件下，对一个工件某一部位用同一方法进行 150 次重复测量，测得 150 个不同的读数（这一系列的测得值，常称为测量列），然后将测得值分组，从 7.131 ~ 7.141mm 每间隔 0.001mm 为一组，共分十一组，其每组的尺寸范围如表2-5 左边第 1 列所

示。每组出现的次数（频数）列于表2-5第3列。若零件总测量次数用 $N$ 表示，则可算出各组的相对出现次数 $n_i/N$（频率），列于表2-5第4列。根据表中数据以测得值 $x_i$ 为横坐标，以相对出现的次数 $n_i/N$（频率）为纵坐标，则可得到图2-17a所示的图形，称为频率直方图。连接每个小方图的上部中点，得一折线，称为实际分布曲线。显然，如将上述试验的测量次数 $N$ 无限增大（$N \to \infty$），而间隔 $\Delta x$ 取得很小（$\Delta x \to 0$），则得图2-17b所示光滑曲线，即随机误差的正态分布曲线。此曲线说明了随机误差的分布具有以下四个特性：

（1）对称性　绝对值相等的正误差和负误差，出现的次数大致相等。

（2）单峰性　绝对值小的误差比绝对值大的误差出现的次数多。

（3）有界性　在一定条件下，误差的绝对值不会超过一定的限度。

（4）抵偿性　对同一量在同一条件下进行重复测量，其随机误差的算术平均值，随测量次数的增加而趋近为零。

表2-5　随机误差的分布规律及特性表　　　　（mm）

| 测量值范围 | 测量中值 | 出现次数 $n_i$ | 相对出现次数 $n_i/N$ |
|---|---|---|---|
| 7.1305 ~ 7.1315 | $x_1 = 7.131$ | $n_1 = 1$ | 0.007 |
| 7.1315 ~ 7.1325 | $x_2 = 7.132$ | $n_2 = 3$ | 0.020 |
| 7.1325 ~ 7.1335 | $x_3 = 7.133$ | $n_3 = 8$ | 0.054 |
| 7.1335 ~ 7.1345 | $x_4 = 7.134$ | $n_4 = 18$ | 0.120 |
| 7.1345 ~ 7.1355 | $x_5 = 7.135$ | $n_5 = 28$ | 0.187 |
| 7.1355 ~ 7.1365 | $x_6 = 7.136$ | $n_6 = 34$ | 0.227 |
| 7.1365 ~ 7.1375 | $x_7 = 7.137$ | $n_7 = 29$ | 0.193 |
| 7.1375 ~ 7.1385 | $x_8 = 7.138$ | $n_8 = 17$ | 0.113 |
| 7.1385 ~ 7.1395 | $x_9 = 7.139$ | $n_9 = 9$ | 0.060 |
| 7.1395 ~ 7.1405 | $x_{10} = 7.140$ | $n_{10} = 2$ | 0.013 |
| 7.1405 ~ 7.1415 | $x_{11} = 7.141$ | $n_{11} = 1$ | 0.007 |

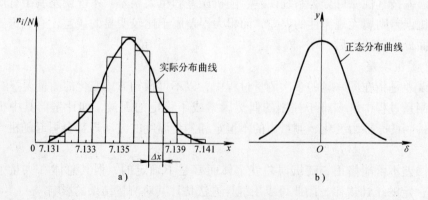

图2-17　频率直方图和正态分布曲线
a）频率直方图　b）正态分布曲线

2. 随机误差的评定指标

根据概率论，正态分布曲线可用下面的数字表达式表示。

$$y = \frac{1}{\sigma\sqrt{2\pi}}e^{\left(\frac{\delta^2}{2\sigma^2}\right)}$$

式中　$y$——概率分布密度；

　　　$\sigma$——总体标准偏差；

　　　e——自然对数的底，e = 2.71828；

　　　$\delta$——随机误差。

从上式可以看出，概率密度 $y$ 与随机误差 $\delta$ 及总体标准偏差 $\sigma$ 有关。当 $\delta = 0$ 时，概率密度最大，$y_{max} = \frac{1}{\sigma\sqrt{2\pi}}$，概率密度最大值随总体标准偏差大小的不同而异。图 2-18 所示的三条正态分布曲线 1、2 和 3 中，$\sigma_1 < \sigma_2 < \sigma_3$，则 $y_{1max} > y_{2max} > y_{3max}$。

显然可见，$\sigma$ 越小，曲线越陡，随机误差分布越集中，测量精度越高；反之，$\sigma$ 越大，则曲线越平坦，随机误差分布越分散，测量精度就越低。

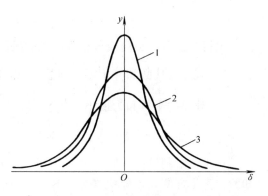

图 2-18　总体标准偏差对随机误差分布特性的影响

上述公式中的随机误差总体标准偏差 $\sigma$ 可用下式计算

$$\sigma = \sqrt{\frac{\delta_1^2 + \delta_2^2 + \cdots + \delta_N^2}{N}} \qquad (2\text{-}5)$$

式中　$\delta_1$、$\delta_2$、$\cdots$、$\delta_N$——分别为测量列中各测得值相应的随机误差；

　　　$N$——测量次数。

3. 随机误差的极限值

随机误差的极限值就是指测量极限误差。由正态分布图可知：正态分布曲线和横坐标轴间所包含的面积等于所有随机误差出现的概率总和。由于正态分布曲线的两端与横坐标轴相交于 $-\infty \sim +\infty$ 之间。在生产中，常取 $\delta$ 从 $-3\sigma \sim +3\sigma$，我们将 $\delta = \pm 3\sigma$ 称为随机误差的极限偏差，即

$$\pm \delta_{lim} = \pm 3\sigma$$

例如某次测量的测得值为 50.002mm，若已知总体标准偏差 $\sigma = 0.0003$mm，置信概率若取为 99.73% 时，则其测量结果应为

$$(50.002 \pm 3 \times 0.0003)\text{mm} = 50.002 \pm 0.0009\text{mm}$$

即被测几何量的真值有 99.73% 的可能性在 50.0011～50.0029mm 之间。

4. 测量列中随机误差的处理

为了正确地评定随机误差，在测量次数有限的情况下，必须对测量列进行统计处理。

（1）测量列的算术平均值　在评定有限测量次数测量列的随机误差时，必须获得真值，但真值是不知道的，因此只能从测量列中找到一个接近真值的数值加以代替，这就是测量列的算术平均值。

算术平均值是指一个被测量的 $n$ 个测得值的代数和除以 $n$ 而得的商。

若测量列为 $x_1$、$x_2$、$\cdots$、$x_n$，则算术平均值为

$$\overline{x} = \frac{\sum\limits_{i=1}^{n} x_i}{n} \qquad (2\text{-}6)$$

式中 $n$——测量次数（$n \ll N$）。

（2）残差及其应用 残差是指测量列中的一个测得值 $x_i$ 和该测量列的算术平均值 $\overline{x}$ 之差，记作 $v_i$

$$v_i = x_i - \overline{x} \qquad (2\text{-}7)$$

由符合正态分布曲线分布规律的随机误差的分布特性可知残差具有下述两个特性：

1）残差的代数和等于零，即 $\sum\limits_{i=1}^{n} v_i = 0$。

2）残差的平方和为最小，即 $\sum\limits_{i=1}^{n} v_i^2 = \min$。

在实际应用中，常用 $\sum\limits_{i=1}^{n} v_i = 0$ 来验证数据处理中求得的 $\overline{x}$ 与 $v_i$ 是否正确。

对于有限测量次数的测量列（即 $n \ll N$），由于真值未知，所以其随机误差 $\delta_i$ 也是未知的，为了方便评定随机误差，在实际应用中，常用残差 $v_i$ 代替 $\delta_i$ 计算总体标准偏差，此时所得之值称为总体标准偏差 $\sigma$ 的估计值。用下式表示为

$$S = \sqrt{\frac{\sum\limits_{i=1}^{n} v_i^2}{n-1}} \qquad (2\text{-}8)$$

总体标准偏差 $\sigma$ 的估计值 $S$ 称为实验标准偏差，亦称样本标准偏差，简称标准差。当将一列 $n$ 次测量作为总体取样时，可用 $S$ 代替评定总体标准偏差。

由式（2-8），估算出 $S$ 后，便可取 $\pm 3S$ 代替作为单次测量的极限误差。即

$$\pm \delta_{\lim} = \pm 3S \qquad (2\text{-}9)$$

（3）总体算术平均值的标准偏差 在相同条件下，对同一被测几何量，将测量列分为若干组，每组进行 $n$ 次的测量则称为多次测量。在多次测量中，由于每组 $n$ 次的测量都有一个算术平均值，因而得到一列由各组算术平均值所组成的尺寸列，各组算术平均值虽各不相同，但却都围绕在真值附近分布，其分布范围显然比单次测量值的分布范围小得多，如图 2-19 所示。为了评定多次测量的算术平均值的分布特性，同样可用标准偏差作为评定指标。

根据误差理论，测量列总体算术平均值的标准偏差 $\sigma_{\overline{x}}$ 与测量列单次测量的标准差 $S$ 存在如下关系：

$$\sigma_{\overline{x}} = \frac{S}{\sqrt{n}} \qquad (2\text{-}10)$$

式中 $n$——每组的测量次数。

由上式可知，多次测量的总体算术平均值的

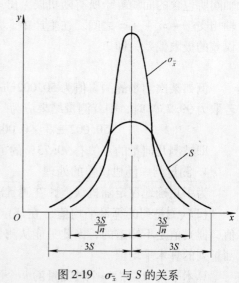

图 2-19 $\sigma_{\overline{x}}$ 与 $S$ 的关系

标准偏差 $\sigma_{\bar{x}}$ 为单次测量值的标准差的 $1/\sqrt{n}$。这说明随着测量次数的增多，$\sigma_{\bar{x}}$ 越小，测量精密度就越高。但由图 2-20 可知，当 $S$ 一定时，$n>10$ 以后，$\sigma_{\bar{x}}$ 减小缓慢，故在实际生产中，一般情况下取 $n\leqslant10$ 次为宜。故测量列总体算术平均值的测量极限误差可表示为

$$\pm\delta_{\lim(\bar{x})} = \pm3\sigma_{\bar{x}} \tag{2-11}$$

这样，多次测量所得总体算术平均值的测量结果亦可表示为

$$x_c = \bar{x} \pm \delta_{\lim(\bar{x})} = \bar{x} \pm 3\sigma_{\bar{x}} \tag{2-12}$$

（二）系统误差

1. 系统误差的种类和特征

系统误差是指在同一被测量的多次测量过程中，保持恒定或以可预知方式变化的测量误差的分量。

当误差的绝对值和符号均不变时，称为已定系统误差，如在千分比较仪上用量块调整进行微差测量，若量块按标称尺寸使用

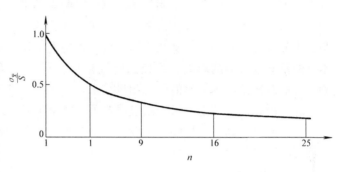

图 2-20 $\dfrac{\sigma_{\bar{x}}}{S}$ 与 $n$ 的关系

其包含的制造误差就会复映在每次测得值中，对各次测得值的影响相同；当误差的符号或绝对值未经确定时，称为未定系统误差。如指示器上的刻度盘与指针回转轴偏心所引起的按正弦规律周期变化的测量误差。

系统误差可用计算或实验对比的方法确定，用修正值从测量结果中予以消除。

2. 测量列中系统误差的处理

（1）发现系统误差的方法

1）实验对比法。为了发现存在已定系统误差，可采用实验对比法，即通过改变测量条件来发现误差。如在千分比较仪上对一被测量按"级"使用量块进行多次测量后，可使用级别更高的量块再次测量，通过对比判断是否存在已定系统误差。

2）残差观察法。为了发现是否存在未定系统误差，可采用残差观察法判别，如图 2-21 所示。若各残差大体上正负相同，又没有显著变化（图 2-21a），则不存在未定系统误差；若各残差按近似的线性规律递增或递减（图 1-21b），则可判断存在线性未定系统误差；若各残差的大小和符号有规律地周期变化（图 1-21c），则表示存在周期性未定系统误差。这种观察法要求有足够的连续测量次数，否则规律不明显，会降低判断的可靠性。

（2）消除系统误差的方法

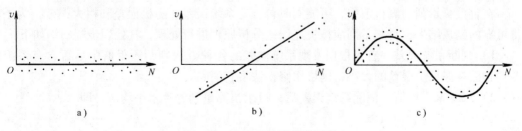

a)            b)            c)

图 2-21 未定系统误差的发现

a) 已定系统误差 b) 线性未定系统误差 c) 周期未定系统误差

1）辩证分析法。即从产生系统误差的根源上着手进行消除，这要求在测量前对采用的测量原理、方法和计量器具、标准器以及定位方式、计算方法、环境条件等进行分析、检查，排除可能引起系统误差的因素。

2）修正法。指将测量值或测得值的算术平均值加上相应的修正值，以得到不含系统误差的测得值。

对于某些带有方向性的已定系统误差，可采用相消法加以修正。如系统误差出现一次为正，另一次为负时，可采用取两次测得值的算术平均值进行处理。又如测量零件上螺纹的螺距时，为了抵消工件安装不正确所引起的系统误差，可采取分别测量左、右牙面螺距，再取其算术平均值。又如用圆柱角尺检验直角尺的垂直度误差时，为了消除圆柱角尺本身的垂直度误差的影响，可以用圆柱角尺直径上的两侧素线为基准，对直角尺进行检验，并取两次读数的平均值作为测量结果。

总的说来，从理论上讲，系统误差可以完全消除，但由于种种因素的影响，系统误差实际上只能减小到一定程度，一般说来，系统误差若能减小到使其影响只相当于随机误差的程度，则可认为已被消除。

（三）粗大误差

粗大误差是指明显超出规定条件下预期的误差。粗大误差亦称疏失误差或粗差。引起粗大误差的原因是多方面的，如：错误读取示值；使用有缺陷的计量器具；计量器具使用不正确或环境的干扰等。

如果已产生粗大误差，则应根据判断粗大误差的准则予以剔除，通常用拉依达准则来判断。

拉依达准则又称 $3\sigma$ 准则，当测量列服从正态分布时，在 $\pm 3\sigma$ 外的残差的概率仅有 $0.27\%$，即在连续 370 次测量中只有一次测量的残差超出 $\pm 3\sigma$（370 次 $\times 0.0027 \approx 1$ 次），而实际上连续测量的次数决不会超过 370 次，测量列中就不应该有超过 $\pm 3\sigma$ 的残差。因此，在有限次测量时，凡残余误差超过 $3S$ 时，即

$$|v_i| > 3S \tag{2-13}$$

则认为该残差对应的测得值含有粗大误差，应予以剔除。

当测量次数小于或等于 10 次时，不能使用拉依达准则

**四、等精度直接测量的数据处理**

凡在相同的条件下（如同一测量者、同一计量器具、同一测量方法、同一被测几何量）所进行的测量称为等精度测量。如果在测量过程中，有一部分或全部因素或条件发生改变，则称为不等精度测量。一般为简化对测量数据的处理，多采用等精度测量。

在直接测量列的测得值中，可能同时包含有系统误差、随机误差和粗大误差，为了获得可靠的测量结果，对测量列应按上述误差分析原理进行处理，其处理步骤归纳如下：

1）判断系统误差。首先根据发现系统误差的各种方法判断测得值中是否含有系统误差，若已掌握系统误差的大小，则可用修正法将它消除。

2）求算术平均值。消除系统误差后，可求出测量列的算术平均值，即

$$\bar{x} = \frac{\sum\limits_{i=1}^{n} x_i}{n}$$

3）计算残余误差

$$v_i = x_i - \overline{x}$$

4）计算标准差

$$S = \sqrt{\frac{\sum_{i=1}^{n} v_i^2}{n-1}}$$

5）判断粗大误差并将其剔除。

6）求测量列总体算术平均值的标准偏差。

$$\sigma_{\overline{x}} = \frac{S}{\sqrt{n}}$$

7）测量结果的表示

单次测量时： $x'_i = x_i \pm 3S = x_i \pm \delta_{\lim}$

多次测量时： $x_c = \overline{x} \pm 3\sigma_{\overline{x}} = \overline{x} \pm \delta_{\lim(\overline{x})}$

式中　　$x'_i$——单次测量结果；

　　　$\delta_{\lim}$——单次测量极限误差；

　　　$x_c$——多次测量结果；

　　$\delta_{\lim(\overline{x})}$——多次测量极限误差。

例 2-2　对某一轴径 $d$ 等精度测量 14 次，按测量顺序将各测得值依次列于表 2-6 中，试求测量结果。

表 2-6　数据处理计算表

| 测量序号 | 测得值 $x_i$/mm | 残差 $v_i$ ( $= x_i - \overline{x}$ ) /μm | 残差的平方 $v_i^2$/ (μm)² |
|---|---|---|---|
| 1 | 24.956 | −1 | 1 |
| 2 | 24.955 | −2 | 4 |
| 3 | 24.956 | −1 | 1 |
| 4 | 24.958 | +1 | 1 |
| 5 | 24.956 | −1 | 1 |
| 6 | 24.955 | −2 | 4 |
| 7 | 24.958 | +1 | 1 |
| 8 | 24.956 | −1 | 1 |
| 9 | 24.958 | +1 | 1 |
| 10 | 24.956 | −1 | 1 |
| 11 | 24.956 | −1 | 1 |
| 12 | 24.964 | +7 | 49 |
| 13 | 24.956 | −1 | 1 |
| 14 | 24.958 | +1 | 1 |
| 算术平均值 $\overline{x}$ =24.957mm | | $\sum_{i=1}^{N} v_i = 0$ | $\sum_{i=1}^{N} v_i^2 = 68$ |

**解:**

按下列步骤计算。

（1）判断已定系统误差　假设经过判断，测量列中不存在已定系统误差。

（2）求出算术平均值

$$\bar{x} = \frac{\sum\limits_{i=1}^{n} x_i}{n} = 24.957 \text{mm}$$

（3）计算残差　各残差的数值列于表 2-6 中，作图 2-22，根据残差观察法，这些残差的符号有正有负，但不呈周期变化，因此可以判断该测量列中不存在未定系统误差。

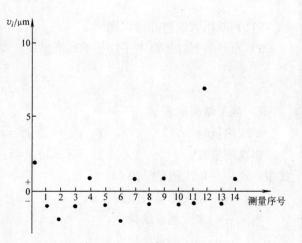

图 2-22　残差分布图

（4）计算测量列单次测量值的标准差

$$S = \sqrt{\frac{\sum\limits_{i=1}^{n} v_i^2}{n-1}} = \sqrt{\frac{68}{14-1}} \mu\text{m}$$

$$\approx 2.287 \mu\text{m}$$

（5）判断粗大误差　按照拉依达准则，在测量列中发现测量序号 12 的测得值的残差的绝对值已大于 $3S$（$3 \times 2.287 = 6.86 \mu\text{m}$），故应将 12 序号测得值剔除后重新计算单次测量值的标准差。

重新计算算术平均值 $\bar{x}$

$$\bar{x} = \frac{\sum\limits_{i=1}^{n} x_i}{n} = 24.9565 \text{mm}$$

$$\bar{x} \approx 24.957 \text{mm}$$

$$\sum\limits_{i=1}^{13} v_i^2 = 19 \text{（除去序号 12 值）}$$

$$S = \sqrt{\frac{19}{13-1}} \mu\text{m} = 1.258 \mu\text{m}$$

（6）计算测量列总体算术平均值的标准偏差

$$\sigma_{\bar{x}} = \frac{S}{\sqrt{n}} = \frac{1.258}{\sqrt{13}} \mu\text{m} \approx 0.35 \mu\text{m}$$

（7）计算测量列总体算术平均值的测量极限误差

$$\delta_{\lim(\bar{x})} = \pm 3\sigma_{\bar{x}} = \pm 3 \times 0.35 \mu\text{m} \approx \pm 1.05 \mu\text{m} \approx \pm 1.0 \mu\text{m}$$

（8）确定测量结果　单次测量结果（如以第 8 次测得值 $x_8 = 24.956 \text{mm}$ 为例）

$$x'_8 = 24.956 \pm 0.0038 \text{mm}$$

多次测量结果

$$x_c = 24.957 \pm 0.001 \text{mm}$$

由上显然可以看出，单次测量结果的误差大，测量可靠性较差。因此，精密测量中常用测量的测得值的算术平均值作为测量结果，用总体算术平均值的标准偏差或其总体算术平均值的极限误差来评定算术平均值的精密度。

**例 2-3**　已知某仪器的测量极限误差 $\delta_{\lim} = \pm 3\sigma = \pm 0.004 \text{mm}$。若某一次测量的测得值为 18.359mm，四次测量的平均值为 18.356mm。试分别写出它们的测量结果。

**解：**

1）以某一次测得值表示的测量结果（单次测量）

$$x'_i = x_i \pm \delta_{\lim} = 18.359 \pm 0.004 \text{mm}$$

2）四次平均值表示的测量结果

$$x_c = \bar{x} \pm \delta_{\lim(\bar{x})} = 18.356 \pm \frac{0.004}{\sqrt{4}} \text{mm}$$

$$= 18.356 \pm 0.002 \text{mm}$$

# 第四节　光滑工件尺寸的检测

## 一、误收与误废

由于任何测量都存在测量误差，所以在验收产品时，测量误差主要影响是产生两种错误判断：一是把超出公差界限的废品误判为合格品而接收，称为误收；二是将接近公差界限的合格品误判为废品而给予报废，称为误废。

显然，误收和误废不利于质量的提高和成本的降低。为了适当控制误废，尽量减少误收，根据我国的生产实际，国家标准 GB/T 3177—1997《光滑工件尺寸的检验》中规定："应只接收位于规定尺寸极限之内的工件"。根据这一原则，建立了在规定尺寸极限基础上的内缩的验收极限。

## 二、安全裕度与验收极限

为了正确地选择计量器具，合理地确定验收极限，GB/T 3177—1997 规定：在车间条件下，使用普通计量器具，如游标卡尺、千分尺、指示表及分度值不小于 0.0005mm，放大倍数不大于 2000 倍的比较仪，测量公差值大于（0.009～3.2）mm，尺寸至 1000mm 有配合要求的光滑工件尺寸，应按内缩方案确定验收极限。

1. 检测条件

规定验收极限，要符合车间实际检测的情况，这种验收方法的前提条件是：

1）在验收工件时，只测量几次，多数情况下，只测量一次，并按一次测量来判断工件合格与否。测量几次是指对工件不同部位进行测量，了解各次测量的实际尺寸是否超出验收极限。

2）在车间的实际情况下，由于普通计量器具的特点（即用两点法测量），一般只用来测量尺寸，不用来测量工件上可能存在的形状误差。尽管工件的形状误差通常依靠工艺系统的精度来控制，但某些形状误差对测量结果仍有影响。因此，工件的完善检验应分别对尺寸和形状进行测量，并将两者结合起来进行评定。

3）对温度、测量力引起的误差以及计量器具和标准器的系统误差，一般不予修正。

这些误差都在规定验收极限时加以考虑。

2. 验收极限和安全裕度 $A$

由于检验是在上述条件下进行，计量器具内在误差（如随机误差、未定系统误差）和测量条件（如温度、压陷效应）及工件形状误差等综合作用的结果，引起了测量结果对其真值的分散，其分散程度可由测量不确定度来评定。显然，测量不确定度由计量器具不确定度 $u_1$ 和温度、压陷效应及工件形状误差等因素影响所引起的不确定度 $u_2$ 两部分组成。

为了防止因测量不确定度的影响而使工件误收，为了保证工件原定的配合性质并考虑工件上可能存在的形状误差，标准规定按验收极限验收工件。

验收极限是从规定的最大实体尺寸和最小实体尺寸分别向工件公差带内移动一个安全裕度 $A$ 来确定，如图 2-23 所示。这样，就尽可能地避免了误收，从而保证了零件的质量。

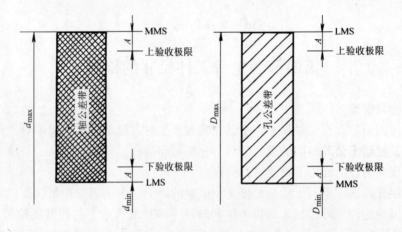

图 2-23  验收极限的配置

安全裕度 $A$，即测量不确定度的允许值。它由被测工件的尺寸公差确定，一般取工件公差范围的下限 10% 作为 $A$ 值，数值列于表 2-7。

表 2-7  安全裕度及计量器具不确定度允许值（摘自 GB/T 3177—1997）　　　　　　(mm)

| 工 件 公 差 | | 安全裕度 A | 计量器具不确定度<br>允许值 $u_1$ |
|---|---|---|---|
| 大　于 | 至 | | |
| 0.009 | 0.018 | 0.001 | 0.0009 |
| 0.018 | 0.032 | 0.002 | 0.0018 |
| 0.032 | 0.058 | 0.003 | 0.0027 |
| 0.058 | 0.100 | 0.006 | 0.0054 |
| 0.100 | 0.180 | 0.010 | 0.009 |
| 0.180 | 0.320 | 0.018 | 0.016 |
| 0.320 | 0.580 | 0.032 | 0.029 |
| 0.580 | 1.000 | 0.060 | 0.054 |
| 1.000 | 1.800 | 0.100 | 0.090 |
| 1.800 | 3.200 | 0.180 | 0.160 |

### 三、计量器具的选择

按计量器具不确定度允许值 $u_1$ 来选择计量器具。标准规定

$$u_1 = 0.9A \qquad\qquad (2\text{-}14)$$

式中 $u_1$——计量器具不确定度允许值，$u'_1 \leqslant u_1$；

$A$——安全裕度；

$u'_1$——计量器具不确定度。

$u_1$ 值列于表 2-7。选择时，应使所选的计量器具不确定度 $u'_1$ 等于或小于所规定的 $u_1$ 值。为此，还必须提供常用计量器具的不确定度数值，在原机械部指导性技术文件 JB/Z181—82《GB/T 3177—1997 光滑工件尺寸的检验使用指南》中，推荐了各种普通计量器具的不确定度数值，见表 2-8 ~ 表 2-10。

表 2-8　千分尺和游标卡尺的不确定度[①][②]　　　　　　　　（mm）

| 尺寸范围 | | 计 量 器 具 类 型 | | | |
| --- | --- | --- | --- | --- | --- |
| | | 分度值 0.01 外径千分尺 | 分度值 0.01 内径千分尺 | 分度值 0.02 游标卡尺 | 分度值 0.05 游标卡尺 |
| 大于 | 至 | 不 确 定 度 | | | |
| 0 | 50 | 0.004 | | | |
| 50 | 100 | 0.005 | 0.008 | | 0.050 |
| 100 | 150 | 0.006 | | 0.020 | |
| 150 | 200 | 0.007 | | | |
| 200 | 250 | 0.008 | 0.013 | | |
| 250 | 300 | 0.009 | | | |
| 300 | 350 | 0.010 | | | |
| 350 | 400 | 0.011 | 0.020 | | 0.100 |
| 400 | 450 | 0.012 | | | |
| 450 | 500 | 0.013 | 0.025 | | |
| 500 | 600 | | | | |
| 600 | 700 | | 0.030 | | |
| 700 | 1000 | | | | 0.150 |

① 当采用比较测量时，千分尺的不确定度可小于本表规定的数值。

② 考虑到某些车间的实际情况，当从本表中选用的计量器具不确定度（$u'_1$ 值）需要在一定范围内大于 GB3177—82 规定的 $u_1$ 时，必须按下式重新计算出相应的安全裕度（$A'$ 值），再由最大实体尺寸和最小实体尺寸分别向公差带内移动 $A'$ 值，定出验收极限

$$A' = \frac{1}{0.9}u'_1$$

表 2-9　指示表的不确定度（摘自 JB/Z181—82）　　　　　　（mm）

| 尺寸范围 | | 所使用的计量器具 | | | |
|---|---|---|---|---|---|
| | | 分度值为 0.001 的千分表（0级在全程范围内）（1级在 0.2mm 内）分度值为 0.002 的千分表在 1 转范围内 | 分度值为 0.001、0.002、0.005 的千分表（1级在全程范围内）分度值为 0.01 的百分表（0级在任意 1mm 内） | 分度值为 0.01 的百分表（0级在全程范围内）（1级在任意 1mm 内） | 分度值为 0.01 的百分表（1级在全程范围内） |
| 大于 | 至 | 不　确　定　度 | | | |
| | 25 | 0.005 | 0.010 | 0.018 | 0.030 |
| 25 | 40 | 0.005 | 0.010 | 0.018 | 0.030 |
| 40 | 65 | 0.005 | 0.010 | 0.018 | 0.030 |
| 65 | 90 | 0.005 | 0.010 | 0.018 | 0.030 |
| 90 | 115 | 0.005 | 0.010 | 0.018 | 0.030 |
| 115 | 165 | 0.006 | 0.010 | 0.018 | 0.030 |
| 165 | 215 | 0.006 | 0.010 | 0.018 | 0.030 |
| 215 | 265 | 0.006 | 0.010 | 0.018 | 0.030 |
| 265 | 315 | 0.006 | 0.010 | 0.018 | 0.030 |

表 2-10　比较仪的不确定度（摘自 JB/Z181—82）　　　　　　（mm）

| 工件尺寸范围 | | 所使用的测量器具 | | | |
|---|---|---|---|---|---|
| | | 分度值为 0.0005（相当于放大倍数 2000 倍）的比较仪 | 分度值为 0.001（相当于放大倍数 1000 倍）的比较仪 | 分度值为 0.002（相当于放大倍数 400 倍）的比较仪 | 分度值为 0.005（相当于放大倍数 250 倍）的比较仪 |
| 大于 | 至 | 不　确　定　度 | | | |
| | 25 | 0.0006 | 0.0010 | 0.0017 | 0.0030 |
| 25 | 40 | 0.0007 | 0.0010 | 0.0017 | 0.0030 |
| 40 | 65 | 0.0008 | 0.0011 | 0.0018 | 0.0030 |
| 65 | 90 | 0.0008 | 0.0011 | 0.0018 | 0.0030 |
| 90 | 115 | 0.0009 | 0.0012 | 0.0019 | 0.0030 |
| 115 | 165 | 0.0010 | 0.0013 | 0.0019 | 0.0030 |
| 165 | 215 | 0.0012 | 0.0014 | 0.0020 | 0.0030 |
| 215 | 265 | 0.0014 | 0.0016 | 0.0021 | 0.0035 |
| 265 | 315 | 0.0016 | 0.0017 | 0.0022 | 0.0035 |

## 四、计量器具选用示例

例 2-4　检验工件尺寸为 $\phi40h9\left(^{\ 0}_{-0.062}\right)$，选择计量器具并确定验收极限。

**解：**

（1）确定安全裕度 $A$ 和计量器具不确定度允许值　已知工件公差 IT = 0.062mm，由表 2-7 中查得

安全裕度 $A$ = 0.006mm；

计量器具不确定度允许值 $u_1$ = 0.0054mm（$u_1$ = 0.9A）。

（2）选择计量器具　工件尺寸为 $\phi40$mm，由表 2-8 中查得

分度值 $i = 0.01\,\text{mm}$ 的外径千分尺的不确定度为 $0.004\,\text{mm}$。

因为 $(u'_1 = 0.004\,\text{mm}) < (u_1 = 0.0054\,\text{mm})$，所以满足使用要求。

（3）验收极限 如图 2-24 所示。

上验收极限 $= \text{MMS} - A = (40 - 0.006)\,\text{mm} = 39.994\,\text{mm}$；

下验收极限 $= \text{LMS} + A = (39.938 + 0.006)\,\text{mm} = 39.944\,\text{mm}$。

**例 2-5** 检验工件尺寸为 $\phi 30 \text{f8}\left(^{-0.020}_{-0.053}\right)\text{mm}$，选择计量器具并确定验收极限。

**解：**

（1）确定安全裕度 $A$ 和计量器具不确定度允许值 $u_1$ 已知工件公差 $\text{IT} = 0.033\,\text{mm}$，由表 2-7 中查得

安全裕度 $A = 0.003\,\text{mm}$；

计量器具不确定度允许值 $u_1 = 0.0027\,\text{mm}$。

（2）计量器具的选择 工件尺寸为 $\phi 30\,\text{mm}$，由表 2-10 查得：

分度值 $i = 0.002\,\text{mm}$，放大倍数 400 倍的比较仪不确定度为 $0.0018\,\text{mm}$。

因为 $u'_1 = 0.0018\,\text{mm}$，$u_1 = 0.0027\,\text{mm}$；所以 $u'_1 < u_1$，满足使用要求。

（3）确定验收极限 如图 2-25 所示。

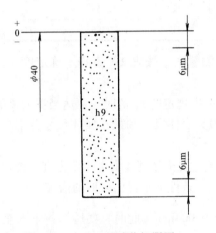

图 2-24 $\phi 40 \text{h9}$ 的验收极限图　　　　图 2-25 $\phi 30 \text{f8}$ 的验收极限图

上验收极限 $= \text{MMS} - A = (29.980 - 0.003)\,\text{mm} = 29.977\,\text{mm}$；

下验收极限 $= \text{LMS} + A = (29.947 + 0.003)\,\text{mm} = 29.950\,\text{mm}$。

**例 2-6** 检验工件 $\phi 30 \text{f7}\left(^{-0.020}_{-0.041}\right)\text{mm}$，选择计量器具并确定验收极限。

**解：**

（1）确定安全裕度 $A$ 和计量器具不确定度允许值 $u_1$ 已知工件公差 $\text{IT} = 0.021\,\text{mm}$，由表 2-7 中查得

安全裕度 $A = 0.002\,\text{mm}$；

计量器具不确定度允许值 $u_1 = 0.0018\,\text{mm}$。

（2）计量器具的选择 工件尺寸为 $\phi 30\,\text{mm}$，由表 2-8 查得分度值 $i = 0.002\,\text{mm}$，相当于放大倍数 400 倍的比较仪的不确定度为 $0.0018\,\text{mm}$。能满足使用要求，并能充分发挥计量器具的测量精度。

（3）确定验收极限

上验收极限 $= MMS - A = （29.980 - 0.002）$ mm $= 29.978$mm；

下验收极限 $= LMS + A = （29.959 + 0.002）$ mm $= 29.961$mm。

应当指出，公差等级 IT7 至 IT8 的工件应该使用分度值 $i = 0.002$mm 的比较仪测量，但受检测条件的限制，如果车间没有比较仪，表 2-8 中指出，可以使用分度值 $i = 0.01$mm 的千分尺，采用比较测量法（即微差测量法）。测试验证证明，千分尺作比较测量时，其不确定度的实际值可减小，测量精度可提高 $1 \sim 2$ 级，如表 2-11 所列，作为参考。

（4）采用比较测量法时千分尺不确定度的查表法　车间没有比较仪时，采用分度值 $i = 0.01$mm 的外径千分尺作比较测量，由表 2-11 知只有采用形状相同的标准器时，其不确定度 $u'_1 = 0.00159$mm。$u'_1 < u_1 = 0.0018$mm，能满足使用要求。因此，千分尺采用比较测量法（即微差测量法）可使测量精度提高。

**表 2-11　采用比较测量法时千分尺不确定度参考表**

| 千分尺测量范围/mm | 绝对测量法 | | 比　较　测　量　法 | | | |
|---|---|---|---|---|---|---|
| | | | 采用形状相同的标准器时 | | 采用不同形状的标准器时 | |
| | 对应 $u'_1/\mu m$ | 可测等级 | 对应 $u'_1/\mu m$ | 可测等级 | 对应 $u'_1/\mu m$ | 可测等级 |
| $0 \sim 25$ | 4 | IT10 | 1.55 | IT7 | 2.53 | IT8 |
| $25 \sim 50$ | 4 | IT9 | 1.59 | IT7 | 2.56 | IT8 |

（5）使用分度值 $i = 0.01$mm 千分尺，采用绝对测量法　按表 2-8 查得不确定度 $u'_1 = 0.004$mm，$u'_1 > u_1$。

由表 2-8②指出，当所选的计量器具达不到表 2-7 中规定的 $u_1$ 值时，可适当扩大 $A$ 值，并按 $u'_1 = 0.9A'$ 计算出相应的安全裕度 $A'$ 值，再由最大实体尺寸和最小实体尺寸分别向公差带内移动 $A'$ 值，定出验收极限。

一般扩大的 $A'$ 值以不超过工件公差的 15% 或不超过安全裕度 $A$ 的 1.5 倍为宜，否则将会造成加工困难，并使误废率增加。这是一种缺乏计量条件下不得已采取的措施。

本例中 $u'_1 = 0.004$mm，则 $A' = \dfrac{u'_1}{0.9} = \dfrac{0.004}{0.9}$mm $\approx 0.004$mm。此时，要验算一下安全裕度的扩大情况，由于 $A = 0.002$mm，而 $A' = 2A$，已超过原来规定的安全裕度的 1.5 倍，故本例不能应用注②，即不能选用分度值 $i = 0.01$mm 的千分尺，对工件 $\phi 30f7$ 进行绝对测量法的测量。

# 习　题

2-1　测量的实质是什么？一个测量过程包括哪些要素？

2-2　量块的作用是什么？其结构上有何特点？

2-3　量块的"等"和"级"有何区别？举例说明如何按"等"或"级"使用。

2-4　说明分度值、标尺间距、灵敏度三者有何区别。

2-5　举例说明测量范围与示值范围的区别。

2-6　试说明游标卡尺的读数原理及快速读数的方法。

2-7　试说明千分尺的工作原理及读数方法。

2-8　百分表的用途是什么？

2-9 试说明百分表的结构原理及正确使用方法。

2-10 车间生产使用的现代先进技术的测量仪器——三坐标测量机的主要类型和特点是什么?

2-11 三坐标测量机的测量系统由哪些组成?

2-12 试说明三坐标测量机的测量原理及主要应用。

2-13 举例说明系统误差、随机误差和粗大误差的特性和不同。

2-14 为什么要用多次重复测量的算术平均值表示测量结果?以它表示测量结果可减少哪一类测量误差对测量结果的影响?

2-15 说明测量列中任一测得值的标准差和测量列的总体算术平均值的标准偏差的含义和区别。

2-16 用两种方法分别测量尺寸为 100mm 和 200mm 的两种零件,设对前者和后者的测量极限误差分别为 $\delta_{\lim(1)} = \pm 4\mu m$,$\delta_{\lim(2)} = \pm 6\mu m$,试比较这两种测量方法的准确度哪一种高?

2-17 试用 91 块一套的 2 级量块组合出尺寸 65.364mm,并确定该量块组按"级"使用时尺寸的测量极限误差。

2-18 对某一尺寸进行 10 次等精度测量,各次的测得值按测量顺序记录如下(单位为 mm):

10.012 10.010 10.013 10.012 10.014 10.016

10.011 10.013 10.012 10.011 10.016 10.013

1)判断有无粗大误差;

2)确定测量列有无系统误差;

3)求出测量列任一测得值的标准差;

4)求出测量列总体算术平均值的标准偏差;

5)分别求出用第 5 次测量值表示的测量结果和用算术平均值表示的测量结果。

2-19 用某仪器测量一零件,使用该仪器时的测量极限误差为 $\delta_{\lim} = \pm 0.005mm$。

1)如果仅测量 1 次,测得值为 20.020mm,试写出测量结果。

2)如果重复测量 5 次,测得值分别为 20.022mm,20.020mm,20.019mm,20.023mm,20.021mm,试写出测量结果。

3)如果要使测量极限误差 $\delta_{\lim} < 0.002mm$,应重复测量几次?

2-20 检验工件 $\phi40e7\left(\begin{smallmatrix} -0.050 \\ -0.075 \end{smallmatrix}\right)$mm,应采用分度值 $i = 0.002$mm,放大倍数 400 倍的比较仪,但车间无此比较仪,试按表 2-8 中注①、②选择计量器具,并确定相应的验收极限。

# 第三章 形状和位置公差及检测

## 第一节 概 述

### 一、零件的几何要素与形位误差

构成机械零件几何形状的点、线、面统称为零件的几何要素，如图 3-1 所示。

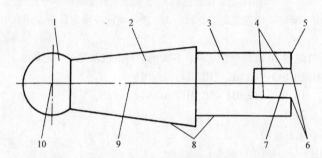

图 3-1 零件几何要素

1—球面 2—圆锥面 3—圆柱面 4—二平行平面 5—平面
6—棱线 7—中心平面 8—素线 9—轴线 10—球心

实际几何要素相对于理想几何要素的偏离，即几何要素的误差。本章主要研究零件几何要素在形状和位置上所产生的误差以及如何用公差相应进行控制和对这些误差进行检测与评定等，以确保零件的功能要求和实现互换性。

### 二、形位误差的影响与规定相应公差的重要性

人们在生产中对零件加工质量的要求，除尺寸公差与表面粗糙度的要求外，对零件各要素的形状和位置要求也十分重要，特别是随着生产与科学技术的不断发展，如果对零件的加工仅局限于给出尺寸公差与表面粗糙度的要求，显然是难以满足产品的使用要求的。如图 0-1 所示的齿轮液压泵，以齿轮轴 4 为例，两端 $\phi15f6$ 轴颈与两端泵盖轴承孔 $\phi15H7$，即使加工后尺寸公差和表面粗糙度值都合格，如果齿轮轴 4 加工后产生形状弯曲（图 3-2），仍然有可能装不进两端泵盖的轴承孔中；如齿轮轴 4 两端的 $\phi15f6$ 轴颈，即使尺寸、表面粗糙度值、形状都符合要求，如果位置不正确，产生了同轴度误差，同样也会影响齿轮轴 4 装不进两端泵盖的轴承孔中；又如，泵体 3 加工后两个端面如果平行度误差过大，装配后或者可能造成泵工

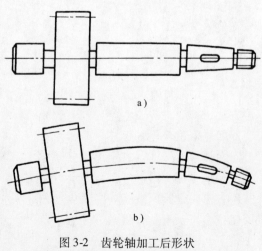

图 3-2 齿轮轴加工后形状

a）形状正确 b）形状弯曲

作时产生泄漏，或者可能使两端泵盖装配后轴承孔的位置歪斜，而影响齿轮轴运转的灵活性。

因此，为了提高产品质量和保证互换性，我们不仅对零件的尺寸误差，还要对零件的形状与位置的误差加以限制，给出一个经济、合理的误差许可变动范围，这就是形状与位置公差（简称形位公差）。

以上仅是从装配的角度讨论了形状与位置公差的意义，但是，标注形位公差的实际意义远不止于此。它将直接影响到工夹量仪的工作精度以及机床设备的精度和寿命。随着现代工业产品发展的要求，尤其对于在高温、高压、高速重载等条件下工作的精密机器和仪器更为重要。因此，形位公差与尺寸公差一样，是影响产品功能、评定零件质量的重要指标之一。

### 三、形位公差的项目与符号

为限制机械零件几何参数的形状和位置误差、提高机器设备的精度、增加寿命、保证互换性生产，我国已制定一套《形状和位置公差》国家标准。代号是：GB/T 1182—1996、GB/T 1184—1996、GB/T 4249—1996 和 GB/T 16671—1996。标准中，规定了 14 个形状和位置的公差项目，各项目的名称、符号分别列于表 3-1 中。

表 3-1 形位公差项目

| 公差 | | 特征项目 | 符号 | 有或无基准要求 | 公差 | 特征项目 | 符号 | 有或无基准要求 |
|---|---|---|---|---|---|---|---|---|
| 形状 | 形状 | 直线度 | — | 无 | 位置 | 平行度 | ∥ | 有 |
| | | 平面度 | ▱ | 无 | 定向 | 垂直度 | ⊥ | 有 |
| | | 圆度 | ○ | 无 | | 倾斜度 | ∠ | 有 |
| | | 圆柱度 | ⌀ | 无 | 定位 | 位置度 | ⊕ | 有或无 |
| | | | | | | 同轴（同心）度 | ◎ | 有 |
| 形状或位置 | 轮廓 | 线轮廓度 | ⌒ | 有或无 | | 对称度 | = | 有 |
| | | 面轮廓度 | ⌓ | 有或无 | 跳动 | 圆跳动 | ↗ | 有 |
| | | | | | | 全跳动 | ⌰ | 有 |

标准中除规定了形状和位置公差的项目外，还规定了标注方法、形状和位置误差的评定方法、检测方法、各项公差值的表格等等。

### 四、形位公差的标注

在技术图样中，规定形位公差一般应采用代号标注。当无法采用代号标注时，允许在技术要求中用文字说明。代号标注清楚醒目，如图 3-3 所示。形位公差代号用框格表示，并用带箭头的指引线指向被测要素。箭头应指向公差带的直径或宽度方向，公差框格分成两格或多格，形状公差只需两格，位置公差用两格或两格以上。从左到右（竖直排列时从下到上），第一格填写形位公差符号；第二格填写形位公差数值及有关符号；第三格以后填写基准字母及其他符号，并表示基准的先后次序。同时应在基准要素的轮廓线或其引出

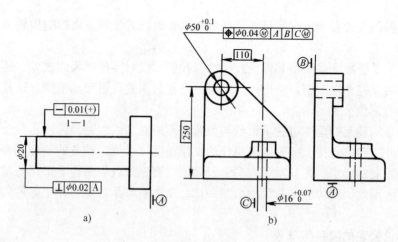

图 3-3　形位公差代号的标注示例

a）轴件　b）孔件

线旁画出加粗的短线，并引出写有同样字母的基准代号、字母外加圆圈。（可参看图 3-4 标注表示）。基准符号的字母，用大写的拉丁字母表示（不允许用 $E$、$I$、$J$、$M$、$O$、$P$、$L$、$R$、$F$）。数字和字母的高度应与图样中尺寸数字的字体高度相同。公差值的计量单位为 mm。公差框格中所给定的公差值为公差带的宽度或直径。当给定的公差带为圆或圆柱时，应在公差数值前加注符号"$\phi$"，当给定的公差带为球时，应在公差数值前加注"$S\phi$"。

由公差框格和基准圆圈引向要素的箭头和粗短线，当要素是轮廓要素时，应指在要素的轮廓线或其引出线上，并跟尺寸线错开；当要素是中心要素时，应跟该要素的尺寸线对齐。

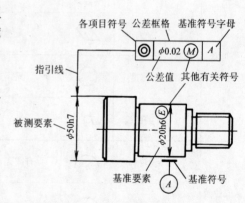

图 3-4　形位公差标注表示

形位公差的标注可采用框格式（图3-3、图3-4），也可采用表格式（图3-5）。各种具体标注方法可参看 GB/T 1182—1996 和本章的各示例。

在形位公差的标注中，还应注意以下问题：

1）对单一要素轴线或多要素的公共轴线，不能将箭头直接指向轴线（如图 3-6 所示），而必须与尺寸线相连。

2）表示基准要素的粗短线不能直接与轮廓或其延长线、尺寸线、公共轴线、中心孔锥面角度的尺寸线相连（如图 3-7a、b、c、d、e 所示）。

3）相互平行的两个平面，标注平行度时，公差框格两端不能用箭头与两个平面直接相连（如图 3-8 所示），正确的标注方法如图 3-9 所示。

4）公差框格中，表示形位公差值时，长度或面积数值不能放在公差值的前面（如图 3-10 所示）。正确的标注方法如图 3-11 所示。

5）表示相同要求的被测要素的数量不允许用"－"表示（见图 3-12）。标准规定只能用"×"表示（如图 3-13 所示）。

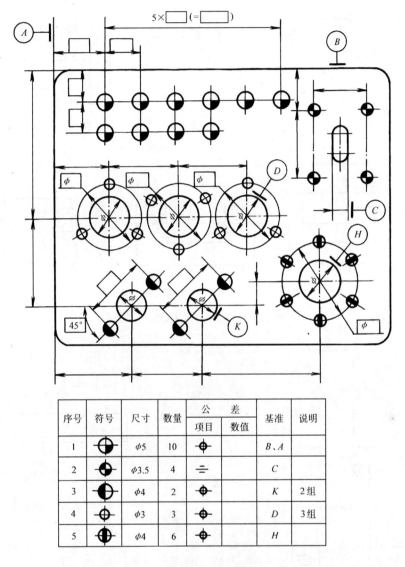

图 3-5　表格式注法

| 序号 | 符号 | 尺寸 | 数量 | 公差 | | 基准 | 说明 |
|---|---|---|---|---|---|---|---|
| | | | | 项目 | 数值 | | |
| 1 | | φ5 | 10 | | | B、A | |
| 2 | | φ3.5 | 4 | | | C | |
| 3 | | φ4 | 2 | | | K | 2组 |
| 4 | | φ3 | 3 | | | D | 3组 |
| 5 | | φ4 | 6 | | | H | |

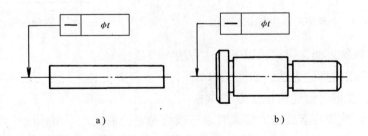

a )　　　　　　　　b )

图 3-6　不允许的标注方法之一

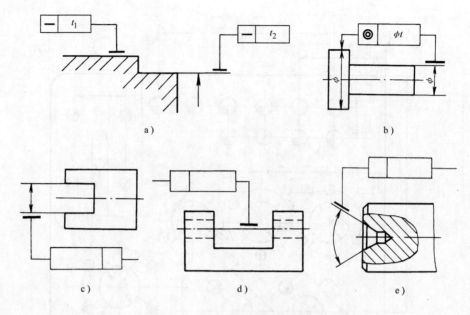

图 3-7　不允许的标注方法之二

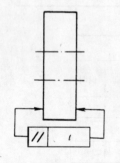

图 3-8　不允许的标注方法之三

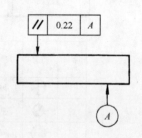

图 3-9　正确的标注方法

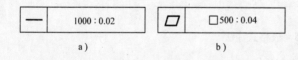

图 3-10　不允许的标注方法之四

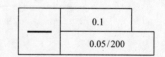

图 3-11　正确的标注方法

对于某些特殊表面，可采用以下标注方法：

1）共面要求的标注方法，如图 3-14 所示。

2）螺纹、花键、齿轮的标注方法。

①标注螺纹被测要素或基准要素时，一般均为中径轴线，不用标注；当采用大径轴线或小径轴线时，应在公差框格或基准符号的圆圈下方标注字母"MD"（大径）或"LD"（小径），如图 3-15a、b 所示。

②当被测要素或基准要素为齿轮和花键的节径时，应在公差框格或基准符号的圆圈下方标注"PD"，若为大径轴线时应标"MD"，若为小径轴线时应标注"LD"。

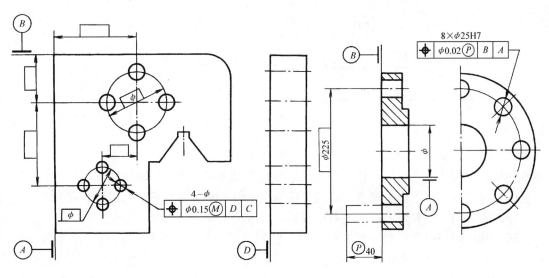

图 3-12 不允许的标注方法之五

图 3-13 正确的标注方法

3）全周符号的标注。对于被测要素范围为整个外轮廓线或整个外轮廓面时，可采用全周符号标注，以简化图面，如图 3-16a 所示，表示了对所有素线与曲线的要求；图 3-16b 则表示了对所有平面及曲面的要求。

**五、形位误差的检测原则**

形位公差的项目较多，加上被测要素的形状和零件上的部位不同，使得形位误差的检测出现各种各样的方法。为了便于准确地选用，国家标准（GB/T 1958—1980）将各种检测方法整理出一套检测方案，并概括出五种检测原则。

第一种检测原则是与理想要素比较的原则，即将被测实际要素与其理想要素相比较，用直接或间接测量法测得形位误差值。理想

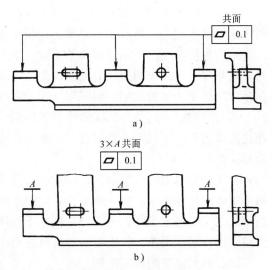

图 3-14 共面要求的两种简化标注方法

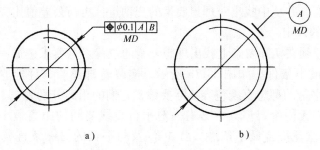

图 3-15 螺纹的标注方法

87

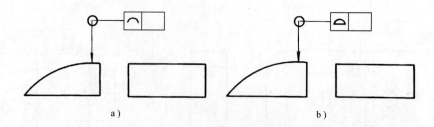

a)                                                    b)

图 3-16    全周符号的标注

要素用模拟方法获得，如以平板、小平面、光线扫描平面等作为理想平面；以一束光线、拉紧的钢丝或刀口尺等作为理想的直线。根据该原则所测结果与规定的误差定义一致。这是一条基本原则，大多数形位误差的检测都应用这个原则。

第二种检测原则是测量坐标值的原则，即测量被测实际要素的坐标值（如直角坐标值、极坐标值、圆柱面坐标值），经过数据处理而获得形位误差值。这项原则适宜测量形状复杂的表面。但数据处理往往十分繁琐。由于可用电子计算机处理数据，其应用将会越来越多。

第三种检测原则是测量特征参数的原则，即测量被测要素上具有代表性的参数来表示形位误差值。这是一条近似的原则，但易于实现，为生产中所常用。

第四种检测原则是测量跳动的原则，即将被测实际要素绕基准轴回转，沿给定方向测量其对某参考点或线的变动量作为误差值。变动量是指示器的最大与最小读数之差。这种测量方法简单，多被采用，但只限于回转零件。

第五种检测原则是控制实效边界的原则，一般是用综合量规来检验被测实际要素是否超过实效边界，以判断合格与否。这项原则应用于按最大实体要求规定的形位公差，即在图样上的标注 Ⓜ 场合。

各项检测原则的应用示例，详见以后各节，国标将各项形位误差的检测方案，用两位数字组成的代号表示。前一数字代表检测原则，后一数字代表检测方法，如果对形位公差指定用某项检测方案时，可在公差框格下注明代号。如图 3-3a 中，框格下的 1-1，即表示圆柱素线直线度误差，要用第一种检测原则中第一种检测方法。

**六、形位误差的评定准则**

形位误差与尺寸误差的特征不同，尺寸误差是两点间距离对标准值之差，形位误差是实际要素偏离理想状态，并且在要素上各点的偏离量又可以不相等。用公差带虽可以将整个要素的偏离控制在一定区域内，但怎样知道实际要素被公差带控制住了呢？有时就要测量要素的实际状态，并从中找出对理想要素的变动量，再与公差值比较。

1. 形状误差的评定

评定形状误差须在实际要素上找出理想要素的位置。这要求遵循一条原则，即使理想要素的位置符合最小条件。如图 3-17a 所示，实际轮廓不直，评定它的误差可用 $A_1B_1$、$A_2B_2$、$A_3B_3$ 三对平行的理想直线包容实际要素，它们的距离分别为 $h_1$、$h_2$、$h_3$。理想直线的位置还可作出无限个，但其中必有一对平行直线之间的距离最小。如图 3-17 中 $h_1$，这时就说 $A_1B_1$ 的位置符合最小条件。由 $A_1B_1$ 及与平行的另一条直线紧紧包容了实际要素。相比其他情况，这个包容区域也是最小的，故叫最小区域。因此，$h_1$ 可定为直线度误差。

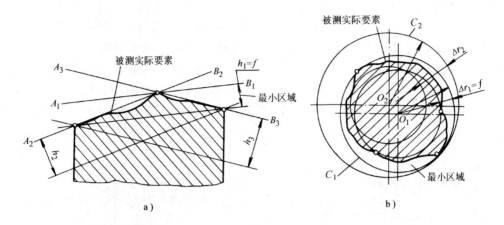

图 3-17　最小条件和最小区域

又如图 3-17b 所示，实际轮廓不圆，评定它的误差也可用多组的理想圆。图中画出了 $C_1$ 和 $C_2$ 两组，其中 $C_1$ 组同心圆包容区域的半径差 $\Delta r_1$ 小于任何一组同心圆包容区域的半径差（当然也包括 $C_2$ 组的 $\Delta r_2$）。这时，认为 $C_1$ 组的位置符合最小条件，其区域是最小区域，区域的宽度 $\Delta r_1$ 就是圆度误差。

由上述可知，最小条件是指被测要素对其理想要素的最大变动量为最小。此时包容实际要素的区域为最小区域，此区域的宽度（对中心要素来说是直径）就是形状误差的最大变动量，就定为形状误差值。

最小条件是评定形状误差的基本原则，相对其他评定方法来说，评定的数据是最小的，结果也是惟一的。但在实际检测时，在满足功能要求的前提下，允许采用其他近似的方法。

2. 位置误差的评定

位置误差的评定，涉及被测要素和基准。基准是确定要素之间几何方位关系的依据，必须是理想要素。通常采用精确工具模拟的基准要素来建立基准。为排除形状误差的影响，基准的位置也应符合最小条件。

有了基准，被测要素的理想方位就可确定，就可以找出被测实际要素偏离理想要素的最大变动量。如图 3-18 所示，要求上面对下面的平行度，可用平板的精确平面模拟基准，按最小条件与下面接触。另外与基准平行的两个包容实际表面的平面，就形成最小包容区域，以其间的距离 $\Delta$ 定为平行度误差值。可用指示表沿上面拖动，从指针的最大摆动量得到误差值。

由上可知，确定被测要素的位置误差时，也把它的形状误差包含在内，如果有必要排除形状误差，可在公差框格的下方，加注"排除形状误差"。

### 七、三基面体系

在位置公差中，为了确定被测要素在空间的方位，有时仅指定一个基准要素是不够的，需要指定两个或三个。如图 3-3b 所示中，要求孔 $\phi50\text{mm}$ 的轴线对底面 $A$ 保持 $250\text{mm}$ 距离，又要对侧面 $B$ 垂直，再要对 $\phi16\text{mm}$ 孔的轴线 $C$ 保持 $110\text{mm}$ 距离。有了 $A$、$B$、$C$

三个基准要素，孔 φ50mm 的方位才能肯定下来。图上用方框框起的 250mm 和 110mm，叫理论正确尺寸，它不附带公差，是用来确定被测要素的理想形状、方向和位置。

由于三基准要素有形位误差，检测时应怎样排除误差的影响，来建立三个基准呢？大家已经知道，空间直角坐标系可以用来描述点、线、面在空间的位置。这样人们设想用 $X$、$Y$、$Z$ 三个坐标轴组成互相垂直的三个理想平面，使这三个平面与零件上选定的基准要素建立联系，作为确定和测量零件上各要素几何关系的起点，并按功能要求，将这三个平面分别称为第一、第二和第三基准平面，总称为三基面体系，如图 3-19 所示。检测时可用实物来模拟，例如用坐标测量仪的工作台、测头沿纵横上下导轨运动来体现三基面体系，如图 3-47 所示。

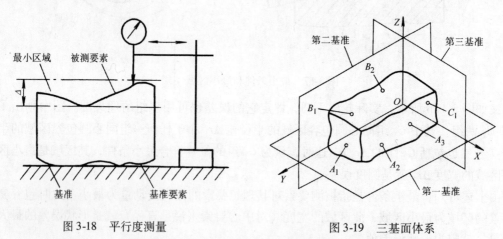

图 3-18　平行度测量

图 3-19　三基面体系

# 第二节　形状公差和形状误差检测

形状公差是限制一条线或一个面上发生的误差。国家标准对平面、回转面和曲面制订了六项指标。

对平面，有平面度和给定平面内的直线度。

对圆柱面，有圆柱度和横截面上的圆度及轴截面上的素线直线度（或轴线直线度）。

对圆锥面，有横截面上的圆度和轴截面上的素线直线度。

对球面，有圆度。

对平面曲线或空间曲面，有线轮廓度和面轮廓度。

## 一、直线度与平面度

（一）直线度

直线度是限制实际直线对理想直线变动量的一项指标。它是针对直线不直而提出的要求。

1. 直线度公差带

根据被测直线的空间特性

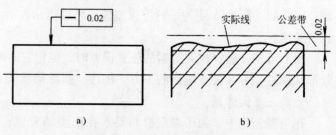

a)　　　　　　　　　　b)

图 3-20　圆柱面素线直线度

a) 标注示例　b) 公差带

和零件的使用要求，直线度公差带有给定平面内的、给定方向上和任意方向上的。

1）在给定平面内的公差带，是距离为公差值 $t$ 的两平行直线之间区域。如图 3-20 所示，圆柱面的素线有直线度要求，公差值为 0.02mm。公差带的形状是在圆柱的轴向平面内的两平行直线。实际圆柱面上任一素线都应位于此公差带内。

图 3-21 所示，为导轨平面要求在纵、横截面内的素线有不同的直线度要求，纵向公差值是 0.1mm。公差带在平面的纵向铅垂面和横向铅垂面内都是两平行直线，但间距不同，实际平面在纵向、横向的每一素线要在各自的公差带内。

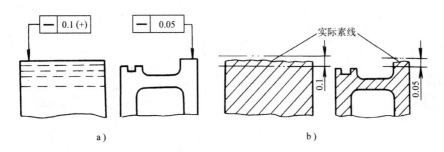

图 3-21 导轨面直线度

a）标注示例 b）公差带

2）在给定方向上的公差带，被测表面的给定方向是三个坐标的任一方向，公差值是在此方向上给出的，因此其公差带是垂直于此方向的距离为公差值 $t$ 的两平面之间的区域。如图 3-22 所示，两平面相交的棱线只要求在一个方向（箭头所指的方向）上的直线度，公差值是 0.02mm。公差带形状是两平行平面。实际棱线应位于此公差带内。又如图 3-23 所示，被测圆柱面的素线直线度为 0.1mm，即被测素线必须在距离为公差值 0.1mm 的两平行平面之内。

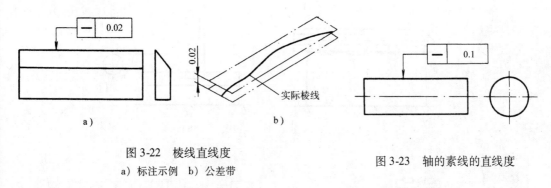

图 3-22 棱线直线度

a）标注示例 b）公差带

图 3-23 轴的素线的直线度

3）在任意方向上的公差带，是直径为公差值 $t$ 的圆柱面内的区域。如图 3-24 所示，$\phi d$ 圆柱面要求轴线直线度，公差值是 0.04mm，前面加"$\phi$"，表示公差值是圆柱形公差带的直径。公差带的形状是一个圆柱体。实际圆柱的轴线应位于此公差带内。

2. 直线度误差的检测

在图 3-25 与图 3-26 中列出了几种常用的检测方法。

（1）指示器测量法（图 3-25） 将被测零件安装于平行于平板的两顶尖之间。用带

公差配合与测量技术

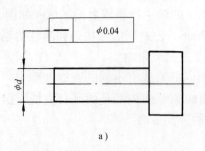

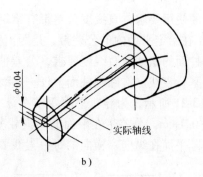

图 3-24  圆柱轴线直线度

a）标注示例  b）公差带

有两只指示器的表架，沿铅垂轴截面的两条素线测量，同时分别记录两指示器在各自测点的读数 $M_1$ 和 $M_2$，取各测点读数差之半$\left(\text{即}\left|\dfrac{M_1-M_2}{2}\right|\right)$中的最大差值作为该截面轴线的直线度误差。将零件转位，按上述方法测量若干个截面，取其中最大的误差值作为被测零件轴线直线度误差。

（2）刀口尺法（图 3-26a）  刀口尺法是用刀口尺和被测要素（直线或平面）接触，使刀口尺和被测要素之间的最大间隙为最小，此最大间隙即为被测的直线度误差。间隙量可用

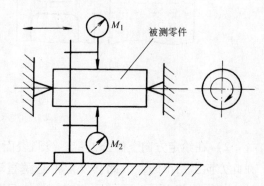

图 3-25  用两只指示器测直线度

（检测方案 3-2）

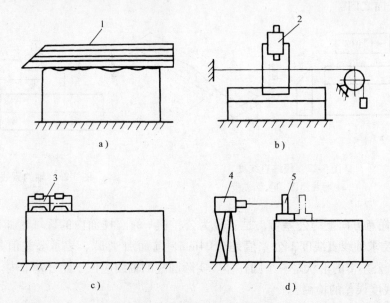

图 3-26  直线度误差的测量

1—刀口尺  2—测量显微镜  3—水平仪  4—自准直仪  5—反射镜

92

塞尺测量或与标准间隙比较。

（3）钢丝法（图3-26b）　　钢丝法是用特别的钢丝作为测量基准，用测量显微镜读数。调整钢丝的位置，使测量显微镜读得两端读数相等。沿被测要素移动显微镜，显微镜中的最大读数即为被测要素的直线度误差值。

（4）水平仪法（图3-26c）　　水平仪法是将水平仪放在被测表面上，沿被测要素按节距，逐段连续测量。对读数进行计算可求得直线度误差值，也可采用作图法求得直线度的误差值。一般是在读数之前先将被测要素调成近似水平，以保证水平仪读数方便。测量时可在水平仪下面放入桥板，桥板长度可按被测要素的长度，以及测量的精度要求决定。

（5）自准直仪法（图3-26d）　　用自准直仪和反射镜测量是将自准直仪放在固定位置上，测量过程中保持位置不变。反射镜通过桥板放在被测要素上，沿被测要素按节距逐段连续移动反射镜，并在自准直仪的读数显微镜中读得对应的读数，对读数进行计算可求得直线度误差。该测量中是以准直光线为测量基准。

3. 直线度误差测量数据的处理

用各种方法测量直线度的误差时，应对所测得的读数进行数据处理后才能得出直线度的误差值。现将用图解法对直线度测量数据处理的方法介绍于后。

当采用分段布点测量直线度误差时，采用图解法求出直线度误差是一种直观而易行的方法。根据相对测量基准的测得数据在直角坐标纸上按一定放大比例可以描绘出误差曲线的图像，然后按图像读出直线度误差。

例如，用水平仪测得下列数据，用图解法求解直线度误差（表中读数已化为线性值，线性值 = 水平仪角度值 × 垫板长度）。

(μm)

| 测点序号 | 0 | 1 | 2 | 3 | 4 | 5 | 6 | 7 | 8 |
|---|---|---|---|---|---|---|---|---|---|
| 水平仪读数 | 0 | +6 | +6 | 0 | -1.5 | -1.5 | +3 | +3 | +9 |
| 累积值 $h_i$ | 0 | +6 | +12 | +12 | +10.5 | +9 | +12 | +15 | +24 |

根据表列数据，从起始点"0"开始逐段累积作图。累积值相当于图中的 $Y$ 坐标值；测点序号相当于图中 $X$ 轴上分段各点。作图时，对于累积值 $h_i$ 来说，采用的是放大比例，根据 $h_i$ 值的大小可以任意选取放大比例，以作图方便，读图清晰为准。横坐标是将被测长度按缩小的比例尺进行分段。一般地说，纵坐标的放大比例和横坐标的缩小比例，两者之间并无必然的联系。但从绘图的要求上来说，对于纵坐标在图上的分度以小于横坐标的分度为好。这样画出的图像在坐标系里比较直观形象，否则就把误差值过分夸大而使误差曲线严重歪曲。

按最小区域法评定直线度误差时，可在绘制出的误差曲线图像上直接寻找最高和最低点，需要找到最高和最低间的三点。从图3-27中可知，该例的最高点为序号2和8的测点，而序号5的测量点为最低点。过这些点，可作两条平行线，将直线度误差曲线全部包容在两平行线之内。由于接触的三点已符合规定的相间准则，于是，可沿 $Y$ 轴坐标方向量取两平行线之间的距离，并按 $Y$ 轴的分度值就可确定直线度误差，从图中可以取得9个分度，因分度值为1μm，故该例按最小区域法评定的直线度误差即为9μm。

如果按两端点连线法来评定该例的直线度误差，则可在图3-27上把误差曲线的首尾

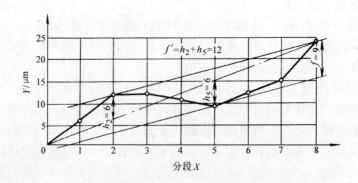

图 3-27 用图解法与最小包容区法求直线度误差

连接成一条直线，该直线即为这种评定法的理想直线。相对于该理想直线来说，序号为 2 的测量点至两端点连线的距离为最大正值，而序号为 5、6、7 三点至两端点连线的距离为最大负值，这里所指的"距离"也是按 $Y$ 轴方向，可在图上量得 $h_2 = 6\mu m$、$h_5 = 6\mu m$。因此，按两端点连线法评定的直线度误差为 $f' = 12\mu m$。

如上所述，用图解法求直线度误差时，必须沿坐标轴的方向量取距离，此时不能按最小区域法规定的垂直距离量取，这是因为绘图时，纵坐标和横坐标采用了十分悬殊的比例。比例不同，虽然绘制的误差曲线在坐标系内倾斜不同，但坐标轴方向始终代表了按相同比例绘制的误差曲线的垂直距离，即与采用的比例无关。

（二）平面度

平面度是限制实际平面对其理想平面变动量的一项指标。

1. 平面度公差带

平面度公差带是距离为公差值 $t$ 的两平行平面之间的区域。如图 3-28 所示，上表面有平面度要求，公差值 0.1mm。公差带的形状是两平行平面。实际面全部要在公差带内，只允许中部向下凹。

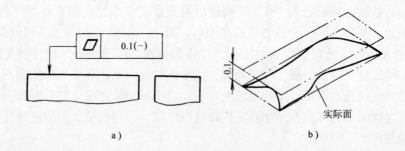

图 3-28 平面度之一

a）标注示例　b）公差带

图 3-29 所示，是指表面上任意 100mm × 100mm 的范围内，实际面要处在距离为公差值 0.1mm 的两平行平面的公差带内。

2. 平面度误差的检测和数据处理

常见的平面度测量方法如图 3-30 所示。图中 a 是用指示器测量，将被测零件支承在平

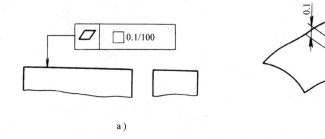

a)

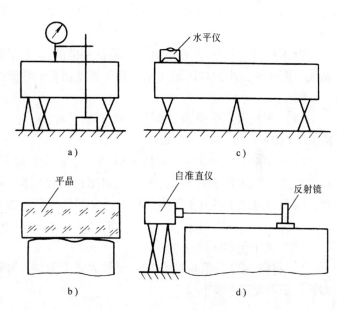

实际面

b)

图 3-29　平面度之二

a）标注示例　b）公差带

板上，将被测平面上两对角线的角点分别调成等高或最近的三点调成距测量平板等高。按一定布点测量被测表面。指示器上最大与最小读数之差即为该平面的平面度误差近似值。

图 3-30b 是用平晶测量平面度误差。将平晶紧贴在被测平面上，由产生的干涉条纹，经过计算得到平面度误差值。此方法适用于高精度的小平面。

图 3-30c 是水平仪测平面度误差。水平仪通过桥板放在被测平面上，用水平仪按一定的布点和方向逐点测量。经过计算得到平面度误差值。

用自准直仪和反射镜测量如图 3-30d 所示。将自准直仪固定在平面外的一定位置，反射镜放在被测平面上。调整自准直仪，使其和被测表面平行，按一定布点和方向逐点测量。经过计算得到平面度误差值。

图 3-30c、d 的读数要整理成对测量基准平面（图 c 为水平面、图 d 为光轴平面）距离值，由于被测实际平面的最小包容区域（两平行平面）一般不平行基准

a)

c)

平晶　　　　自准直仪　　　反射镜

b)

d)

图 3-30　平面度误差的测量

平面，所以一般不能用最大和最小距离值差值的绝对值作为平面度最小包容区域法误差值。为了求得此值，就必须旋转测量基准平面使之和最小包容区域方向平行，此时原来距离读数值就要按坐标变换原理增减。基准平面和最小包容区域平行的判别准则是：

1）和基准平面平行的两平行平面包容被测表面时，被测表面上有三个最低点（或三个最高点）及一个最高点（或一个最低点分别与两包容平面相接触）；并且最高点（或最低点）能投影到三个最低点（或三个最高点）之间。如图 3-31a 所示，称为三角形准则。

2）被测表面上有两个最高点和两个最低点分别和两个平行的包容面相接触，并且两高或两低点投影于两低或两高终点连线之两侧称为交叉准则。

3）被测表面上的同一截面内有两个高点及一个低点（或相反）分别和两个平行的包容平面相接触。如图 3-31c 所示，称为直线准则。

除国家标准规定的最小区域法评定平面度之外，在工厂中常使用三远点法及对角线法评定。三远点法是以通过被测表面上相距最远且不在一条直线上的三个点建立一个基准平面，各测点对此平面的偏差中最大值与最小值的绝对值之和即为平面度误差。实测时，可以在被测表面上找到三个等高点，并且调到零点。在被测表面上按布点测量，与三远点基准平面相距最远的最高和最低点间的距离为平面度误差值。

对角线法是通过被测表面的一条对角线作另一条对角线的平行平面，该平面即为基准平面。偏离此平面的最大值和最小值的绝对值之和为平面度误差。

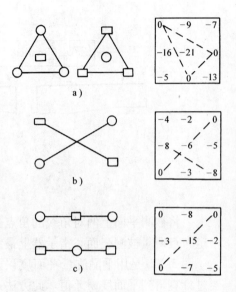

图 3-31　平面度误差的最小条件评定

**例 3-1**　设一平板上各点对同一测量基准的读数如图 3-32 所示。用三远点平面法、对角线平面法和最小包容区域法比较其平面度误差的测量结果。

**解：**

（1）用三远点平面法　如图 3-32 所示，$a_1$、$a_3$、$c_3$ 三点等高，已符合三远点平面法，故 $f_1 = (10 + |-3|)\mu m = 13\mu m$

（2）用对角线平面法　将图 3-32 以 $a_1$、$c_3$ 为转轴，向左下方旋转，使 $a_3$ 和 $c_1$ 两点等高，各点的增减值如图 3-33a 所示（如图杠杆比例）。这样就获得了如图 3-33b 所示的数据。因两对角线顶点分别等高，故已符合对角线平面法。

$$f_2 = (8 + |-1|)\mu m = 9\mu m$$

（3）最小包容区域法

1）将图 3-32 各值均减去 10，使最大正值为零，如图 3-34a 所示。这样做是为了观察方便，如不做这一步也可。

| 0 | −3 | 0 |
|---|---|---|
| $a_1$ | $a_2$ | $a_3$ |
| 10 | 2 | 1 |
| $b_1$ | $b_2$ | $b_3$ |
| 8 | 8 | 0 |
| $c_1$ | $c_2$ | $c_3$ |

图 3-32　平面度误差的测量数据

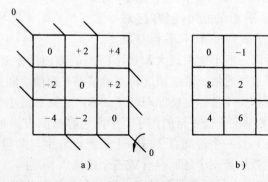

图 3-33　对角线平面法

2）确定旋转轴和各点的增减值，从图 3-34a 的图形分析，可初步断定此平板测量时右上角方向偏低，左下角方向偏高，故先试以 $b_1$、$c_2$ 为转轴反时针旋转。由于 $a_3$ 的最大转动量为 $+10$（旋转中不出现正值），因此各点的增减量按比例如图 3-34b 所示。

3）基面旋转后的结果，在图 3-34 中将 $a+b$ 得 $c$，由图 3-34c 可知，已出现两个等值最高点 0 和两个等值最低点 $-6.7$，且此四点已符合最小条件中的交叉准则。故

$$f_3 = f_{\min} = 6.7 \mu m$$

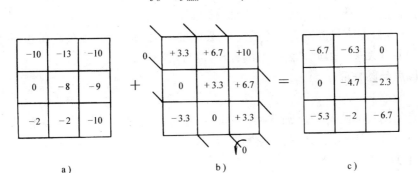

图 3-34　最小区域法

如果第一次基面旋转后的结果，尚未满足最小条件准则，则需进行第二次基面旋转，直至旋转后的结果符合最小条件为止。人们在初次尝试时可能会感到有困难，但只要概念清晰，即使多反复几次，总会获得同样的结果。

由上面三种评定方法可见，最小区域法的评定结果总是最小。当在生产中由于评定方法不同使测量结果数据发生争执时，应以最小条件来仲裁。对角线法由于计算简便，容易为多数人接受，而且它的评定结果与最小区域法比较接近，故也很常用。

三远点基准法的最大缺点是以不同的三点为基准时，其评定结果相差很大，故不提倡使用。如本例数据还可能有如图 3-35 的三种情况，其中 $f_{(a)} = 8\mu m$，$f_{(b)} = 12\mu m$，$f_{(c)} = 14\mu m$。

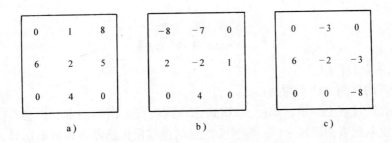

图 3-35　三远点基准法的不同结果

（三）直线度与平面度应用说明

1）对于任意方向直线度的公差值前面要加注"$\phi$"，即 $\phi t$。说明公差带是个直径为公差值 $t$ 的圆柱体。

2）轴线在任意方向上的直线度，代替了过去轴线的弯曲度。

3）圆柱体素线直线度与圆柱体轴线直线度，两者之间是既有联系又有区别的。圆柱

面发生鼓形或鞍形，素线就不直，但轴线不一定不直；圆柱面发生弯曲，素线和轴线都不直。因此，素线直线度公差可以包括和控制轴线直线度误差，而轴线直线度公差不能完全控制素线直线度误差。轴线直线度公差只控制弯曲，用于长径比较大的圆柱件。

4）直线度与平面度的区别：平面度控制平面的形状误差，直线度可控制直线、平面、圆柱面以及圆锥面的形状误差。图样上提出的平面度要求，同时也控制了直线度误差。

5）对于窄长平面（如龙门刨导轨面）的形状误差，可用直线度控制。宽大平面（如龙门刨工作台面）的形状误差，可用平面度控制。

6）直线度公差带只控制直线本身，与其他要素无关；平面度公差带也只控制平面本身，与其他要素无关。因此，公差带的方位都可以浮动。

**二、圆度与圆柱度**

（一）圆度

圆度是限制实际圆对理想圆变动量的一项指标，是对具有圆柱面（包括圆锥面、球面）的零件，在一正截面内的圆形轮廓要求。

1. 圆度公差带

圆度公差带是在同一正截面内半径差为公差值 $t$ 的两同心圆之间的区域。如图 3-36 所示，圆锥面有圆度要求，公差带是半径差为 0.02mm 的两同心圆，实际圆上各点应位于公差带内（其圆心位置和半径大小均可浮动）。

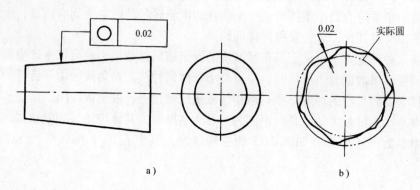

图 3-36　圆度

a）标注示例　b）公差带

2. 圆度误差的检测

圆度误差的检测方法有两类：

一类是在圆度仪上测量，如图 3-37a 所示。圆度仪上回转轴带着传感器转动，使传感器上测量头沿被测表面回转一圈，测量头的径向位移由传感器转换成电信号，经放大器放大，推动记录笔在圆盘纸上画出相应的位移，得到所测截面的轮廓图，如图 3-37b 所示。这是以精密回转轴的回转轨迹模拟理想圆，与实际圆进行比较的方法。用一块刻有许多等距同心圆的透明板，如图 3-37c 所示，置于记录纸下，与测得的轮廓圆相比较，找到紧紧包容轮廓圆，而半径差又为最小的两同心圆，如图 3-37d 所示，其间距就是被测圆的圆度误差（注意应符合最小包容区域判别法：两同心圆包容被测实际轮廓时，至少有四个实测点内外相间地在两个圆周上，称为交叉准则，见图 3-37e）。根据放大倍数不同，透明板上相邻两同心圆之间的格值为 5 ~ 0.05μm，如当放大倍数为 5000 倍数时，格值为 0.2μm。

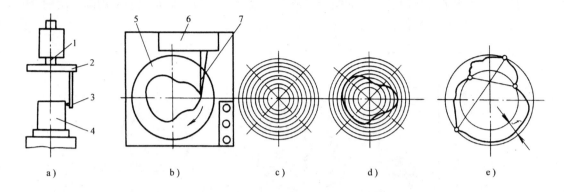

图 3-37　用圆度仪测量圆度（检测方案 1-2）

1—圆度仪回转轴　2—传感器　3—测量头　4—被测零件　5—转盘　6—放大器　7—记录笔

如果圆度仪上附有电子计算机，可将传感器拾到的电信号送入计算机，按预定程序算出圆度误差值。圆度仪的测量精度虽很高，但价格也很高，且使用条件苛刻。也可用直角坐标测量仪来测量圆上各点的直角坐标值，再算出圆度误差。

另一类是将被测零件放在支承上，用指示器来测量实际圆的各点对固定点的变化量，如图 3-38 所示。被测零件轴线应垂直于测量截面，同时固定轴向位置。具体方法如下：

1）在被测零件回转一周过程中，指示器读数的最大差值之半数作为单个截面的圆度误差。

2）按上述方法，测量若干个截面，取其中最大的误差值作为该零件的圆度误差。

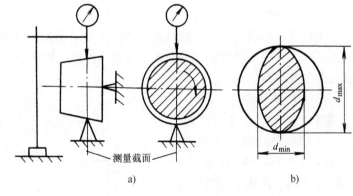

图 3-38　两点法测量圆度（检测方案 3-3）

a）测量方法　b）误差

此方法适用于测量内外表面的偶数棱形状误差。测量时可以转动被测零件，也可转动量具。

由于此检测方案的支承点只有一个，加上测量点，通称两点法测量。通常也可用卡尺测量。

图 3-39 所示为三点法测量圆度。将被测零件放在 V 形架上，使其轴线垂直于测量截面，同时固定轴向位置。具体方法如下：

1）在被测零件回转一周过程中，指示器读数的最大差值之半数，作为单个截面的圆度误差。

2）按上述方法测量若干个截面，取其中最大的误差值作为该零件的圆度误差。

此方法测量结果的可靠性取决于截面形状误差和 V 形架夹角的综合效果。常以夹角

$\alpha =$（90°和120°）或（72°和108°）两块 V 形架分别测量。

此方法适用于测量内、外表面的奇数棱形状误差（偶数棱形状误差采用两点法测量）。使用时可以转动被测零件，也可转动量具。

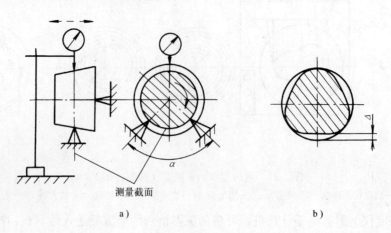

测量截面

a)　　　　　　　　　　b)

图 3-39　三点法测量圆度（检测方案 3-1）
a）测量方法　b）误差

**（二）圆柱度**

圆柱度是限制实际圆柱面对理想圆柱面变动量的一项指标。它控制了圆柱体横截面和轴截面内的各项形状误差，如圆度、素线直线度、轴线直线度等。圆柱度是圆柱体各项形状误差的综合指标。

**1. 圆柱度公差带**

圆柱度公差带是半径差为公差值 $t$ 的两同轴圆柱面之间的区域。如图 3-40 所示，箭头所指的圆柱面要求圆柱度公差值是 0.05mm。公差带形状是两同轴圆柱面，它形成环形空间。实际圆柱面上各点只要位于公差带内，可以是任何形态。

如果另外加上特定要求，如图 3-41 所示，可在公差值后加注符号。

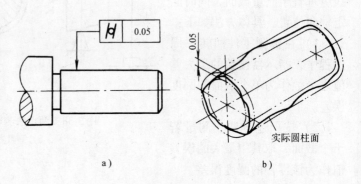

a)　　　　　　　　　　b)

图 3-40　圆柱度
a）标注示例　b）公差带

只允许圆柱面中部向材料外凸起，即鼓形，可加注（＋）；只允许凹下，即鞍形，可加注（－）；只允许锥形，向右减小加注（▷）；向左减小加注（◁）。

**2. 圆柱度误差的检测**

圆柱度误差的检测可在圆度仪上测量若干个横截面的圆度误差，按最小条件确定圆柱度误差。如圆度仪具有使测量头沿圆柱的轴向作精确移动的导轨，使测量头沿圆柱面作螺旋运动，则可以用电子计算机算出圆柱度误差。

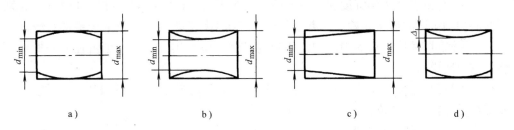

图 3-41　圆柱度误差的特殊形式

a）鼓形　b）鞍形　c）锥形　d）弯曲

$$\left(误差 \Delta = \frac{d_{max} - d_{min}}{2}\right)$$

目前在生产上测量圆柱度误差，像测量圆度误差一样，多用测量特征参数的近似方法来测量圆柱度误差。如图 3-42 所示，将被测零件放在平板上，并紧靠直角座。具体方法如下：

1）在被测零件回转一周过程中，测量一个横截面上的最大与最小读数。

2）按 1）所述方法测量若干个横截面，然后取各截面内所测得的所有读数中最大与最小读数差之半作为该零件的圆柱度误差。此方法适用于测量外表面的偶数棱形状误差。

图 3-43 所示为用三点法测量圆柱度的实例，将被测零件放在平板上的 V 形架内（V 形架的长度应大于被测零件的长度）。具体方法如下：

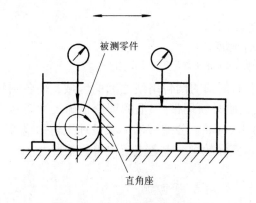

图 3-42　两点法测量圆柱度

（检测方案 3-2）

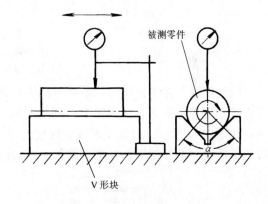

图 3-43　三点法测量圆柱度

（检测方案 3-1）

1）在被测零件回转一周过程中，测量一个横截面上的最大与最小读数。

2）按前述方法，连续测量若干个横截面，然后取各截面内所测得的所有读数中最大与最小读数的差值之半数，作为该零件的圆柱度误差。此方法适用于测量外表面的奇数棱形状误差。为测量准确，通常应使用夹角 $\alpha = 90°$ 和 $\alpha = 120°$ 的两个 V 形架分别测量。

（三）圆度与圆柱度应用说明

1）圆柱度和圆度一样，是用半径差来表示，这是符合生产实际的，因为圆柱面旋转过程中是以半径的误差起作用，所以是比较先进的、科学的指标。两者不同处是：圆度公差控制横截面误差，而圆柱度公差则是控制横截面和轴截面的综合误差。

2）国家标准取消了椭圆度和不柱度两个误差项目。椭圆度和不柱度都用直径分别控制横截面和轴截面的形状误差，没有公差带，因而不符合形状公差中的公差带的概念。

3）圆度和圆柱度在检测中，如需规定要用两点法或用三点法，则可在公差框格下方加注检测方案说明。

4）圆柱度公差值只是指两圆柱面的半径差，未限定圆柱面的半径和圆心位置，因此，公差带不受直径大小和位置的约束，可以浮动。

### 三、线轮廓度和面轮廓度

线轮廓度是限制实际曲线对理想曲线变动量的一项指标，它是对非圆曲线的形状精度要求；而面轮廓度则是限制实际曲面对理想曲面变动量的一项指标，它是对曲面的形状精度要求。

1. 轮廓度公差带

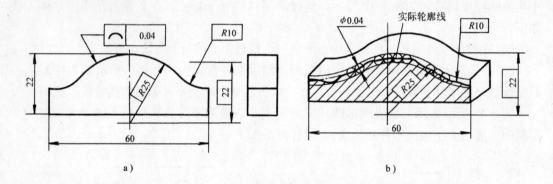

图 3-44　线轮廓度

a）标注示例　b）公差带

线轮廓度公差带是包络一系列直径为公差值 $t$ 的圆的两包络线之间的区域，而各圆的圆心位于理想轮廓上。在图样上，理想轮廓线、面必须用带□框的理论正确尺寸表示出来。如图 3-44 所示，曲线要求线轮廓度公差为 0.04mm。公差带的形状是理想轮廓线等距的两条曲线。在平行于正投影面的任一截面内，实际轮廓线上各点应位于公差带内。

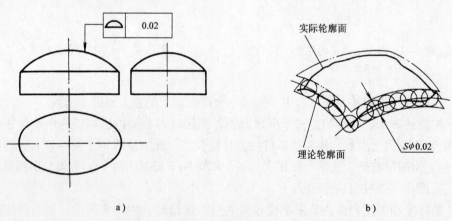

图 3-45　面轮廓度

a）标注示例　b）公差带

面轮廓度公差带是包络一系列直径为公差值 $t$ 的球的两包络面之间的区域，各球的球心应位于理想轮廓曲面上。如图 3-45 所示，曲面要求面轮廓度公差为 0.02mm。公差带的形状是与理想曲面等距的两曲面。实际面上各点应在公差带内。

2. 轮廓度误差的检测

轮廓度误差的检测方法有两类：

一类是用轮廓样板模拟理想轮廓曲线，与实际轮廓进行比较。如图 3-46 所示，将轮廓样板按规定的方向放置在被测零件上，根据光隙法估读间隙的大小，取最大间隙作为该零件的线轮廓度误差。

另一类是用坐标测量仪测量曲线或曲面上若干点的坐标值。如图 3-47 所示，将被测零件放置在仪器工作台上，并进行正确定位。测出实际曲面轮廓上若干个点的坐标值，并将测得的坐标值与理想轮廓的坐标值进行比较，取其中差值最大的绝对值的两倍作为该零件的面轮廓度误差。

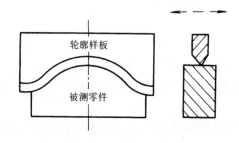

图 3-46　轮廓样板测量线轮廓度
（检测方案 1-2）

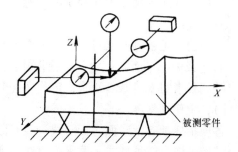

图 3-47　三坐标测量仪测量面轮廓度
（检测方案 2-1）

3. 轮廓度应用说明

1）线轮廓度是控制轮廓线形状和位置的形状公差项目，其公差带为两条等距轮廓线之间的区域，控制一个平面轮廓线，例如样板轮廓面上的素线（轮廓线）的形状要求。

面轮廓度是控制轮廓面形状和位置的形状公差项目，其公差带为两等距轮廓面之间的区域，控制一个空间的轮廓面。各种轮廓面，不管其形状沿厚度是否变化，均可应用面轮廓度公差来控制。

2）由于工艺上的原因，有时也可用线轮廓度来控制曲面形状，即用线轮廓度来解决面轮廓度的问题。其方法是用平行于投影面的平面剖截轮廓面，以形成轮廓线，用线轮廓度来控制此平面轮廓线的形状误差，从而近似地控制轮廓面的形状，就相当于用直线度来控制平面的平面度误差一样。

当轮廓面的形状沿厚度不变时（如某些平面凸轮），由于零件不同厚度上，各截面在投影面上的理想形状均相同，故只需标出一个截面的形状。当轮廓面的形状沿厚度变化时（如叶片），则应采用多个截面标注，截面越多，间隔越小，各截面上轮廓线的组合形状就越接近轮廓面的形状，其对轮廓面的控制精度也越高。

3）在形状公差项目中，直线度、平面度、圆度和圆柱度都是对单一要素提出的形状公差要求，但有时某些曲线和曲面不仅有形状要求，还有位置要求，对于这种情况就会出现带基准的线、面轮廓度公差控制了。

**四、形状公差小结**

形状公差带只用于控制被测要素的形状误差，不与其他要素发生关系。形状误差的检测是确定被测实际要素偏离其理想要素的最大变动量，而理想要素的位置要按最小条件确定。形状误差值用包容实际要素的最小区域的宽度或直径来表示，确定轮廓度误差值的最小区域要以理想要素为对称中心。

# 第三节 位置公差和位置误差检测

位置公差是限制两个或两个以上要素在方向和位置关系上的误差，按照要求的几何关系分为定向、定位和跳动三类公差。定向公差控制方向误差，定位公差控制位置误差，跳动公差是以检测方式定出的项目，具有一定的综合控制形位误差的作用。三类公差的共同特点是以基准作为确定被测要素的理想方向、位置和回转轴线。

**一、定向公差**

定向公差是被测要素对基准在方向上允许的变动全量。国家标准针对直线（或轴线）和平面（或中心平面）制定了三项指标：当要求被测要素对基准等距时，定作平行度；当要求被测要素对基准成90°时，定作垂直度；当要求被测要素对基准成一定角度时（除90°外），定作倾斜度。

各项指标都有面对面、面对线、线对面、线对线四种关系。因此，定向公差带与直线度公差带一样有四种形式：两平行直线、两平行平面、一个四棱柱和一个圆柱体。现选择典型示例说明如下。

**（一）平行度**

平行度公差用来控制零件上被测要素（平面或直线）相对于基准要素（平面或直线）的方向偏离0°的程度。

**1. 平行度公差带**

如图 3-48 所示，要求上平面对孔的轴线平行。公差带是距离为公差值 0.05mm 且平行于基准孔轴线的两平行平面之间的区域，不受平面与轴线的距离约束。实际面上的各点应

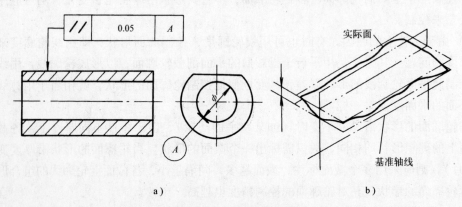

a) b)

图 3-48 面对线的平行度

a) 标注示例 b) 公差带

位于此公差带内。

图 3-49 所示为连杆要求上孔轴线对下孔轴线在相互垂直的两个方向上平行。$\phi D$ 的轴线必须位于距离分别为 0.1mm 和 0.2mm，在给定的相互垂直方向上，且平行于基准轴线的两组平行平面之间。

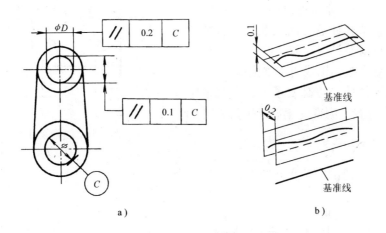

图 3-49　线对线的平行度之一
a）标注示例　b）公差带

如果连杆要求上孔轴线对下孔轴线在任意方向上平行，如图 3-50 所示。这时，公差带是直径为公差值 0.1mm，且平行于基准轴线的圆柱面内的区域。被测实际轴线应位于此圆柱体内，方向可任意倾斜。

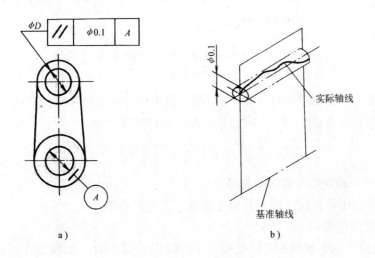

图 3-50　线对线的平行度之二
a）标注示例　b）公差带

## 2. 平行度误差的检测

平行度误差的检测方法，经常是用平板、心轴或 V 形架来模拟平面、孔或轴做基准，然后测量被测轴线、面上各点到基准的距离之差，以最大相对差作为平行度误差。

对于图 3-48 所示的零件，可用如图 3-51 所示的方法测量。基准轴线由心轴模拟。将被测零件放在等高支承上，调整（转动）该零件使 $L_3 = L_4$，然后测量整个被测表面并记录读数。取整个测量过程中指示器的最大与最小读数之差作为该零件的平行度误差。测量时应选用可胀式（或与孔成无间隙配合的）心轴。

测量连杆两孔任意方向或互相垂直的两个方向的平行度可参见图 3-52。

基准轴线和被测轴线由心轴模拟。

将被测零件放在等高支承上，在测量距离为 $L_2$ 的两个位置上测得的读数分别为 $M_1$、$M_2$。则平行度误差为 $f = \dfrac{L_1}{L_2} | M_1 - M_2 |$。

在 0°～180°范围内按上述方法测量若干个

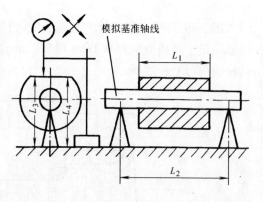

图 3-51　测量面对线的平行度
（检测方案 1-7）

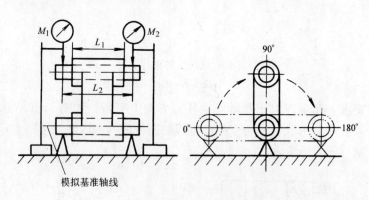

图 3-52　测量连杆两孔的平行度
（检测方案 1-10）

不同角度位置，取各测量位置所对应的 $f$ 值中最大值，作为该零件的平行度误差。

也可仅在相互垂直的两个方向测量，此时平行度误差为

$$f = \frac{L_1}{L_2}\sqrt{(M_{1V} - M_{2V})^2 + (M_{1H} - M_{2H})^2}$$

式中　$V$、$H$——相互垂直的测位符号。

测量时应选用可胀式（或与孔成无间隙配合的）心轴。

3. 平行度应用说明

1）当被测实际要素的形状误差相对于位置误差很小时（如精加工过的平面），测量可直接在被测实际表面上进行，不必排除被测实际要素的形状误差的影响。如果必须排除时，需在有关的公差框格下加注文字说明。

2）定向误差值是定向最小包容区域的宽度（距离）或直径，定向最小包容区域和项目与形状公差带完全相同。它和决定形状误差最小包容区域不同之处在于，定向最小包容区域在包容被测实际要素时，它的方向不像最小包容区域那样可以不受约束，而必须和基准保持图样规定的相互位置（如平行度则应平行，垂直度则为 90°），同时要符合最小条

件。

3）被测实际表面满足平行度要求，若被测点偶然出现一个超差的凸点或凹点时，这特殊点的数值，是否要作为平行度误差，应根据零件的使用要求来确定。

（二）垂直度

垂直度公差用来控制零件上被测要素（平面或直线）相对于基准要素（平面或直线）的方向偏离90°的程度。

1. 垂直度公差带

图 3-53 所示为要求 $\phi d$ 轴的轴线对底平面垂直，这里只给定一个方向。公差带是距离为公差值 0.1mm 且垂直于基准平面的两平行平面之间的区域。实际轴线应位于此公差带内。

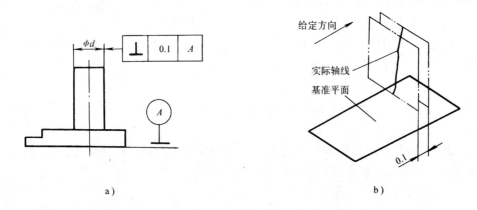

图 3-53　线对面的垂直度
a）标注示例　b）公差带

图 3-54 所示为箱体的两个轴线要求垂直的孔（轴线可以不在同一平面内）。公差带是距离为公差值 0.02mm 且垂直于基准孔轴线 $A$ 的两平行平面之间的区域，实际孔的轴线应位于此公差带内。

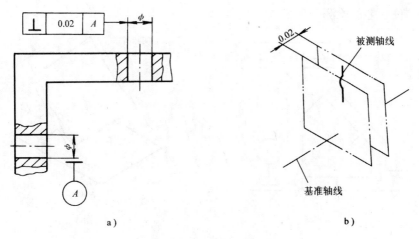

图 3-54　线对线的垂直度
a）标注示例　b）公差带

2. 垂直度误差的检测

垂直度误差常采用转换成平行度误差的方法进行检测。如测量图 3-54 所示的零件，可用图 3-55 所示的方法检测。基准轴线用一根相当标准直角尺的心轴模拟；被测轴线用心轴模拟。转动基准心轴，在测量距离为 $L_2$ 的两个位置上测得的数值分别为 $M_1$ 和 $M_2$。则垂直度误差：$\frac{L_1}{L_2} \mid M_1 - M_2 \mid$。测量时被测心轴应选用可胀式（或与孔成无间隙配合的）心轴，而基准心轴应选用可转动但配合间隙小的心轴。

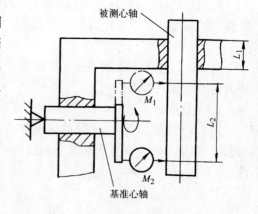

图 3-55　测量线对线的垂直度
（检测方案 1-7）

3. 垂直度应用说明

1）轴线对轴线的垂直度，如没有标注出给定长度，则可按被测孔的实际长度进行测量。

2）直接用 90°角尺测量平面对平面或轴线对平面的垂直度时，由于没有排除基准表面的形状误差，测得的误差值受基准表面形状误差的影响。

3）过去曾有用测量端面圆跳动的方法，来测量平面对轴线的垂直度的，这种方法不妥，在后面介绍端面圆跳动时再予以说明。

（三）倾斜度

倾斜度公差是用来控制零件上被测要素（平面或直线）相对于基准要素（平面或直线）的方向偏离某一给定角度（0°~90°）的程度。

1. 倾斜度公差带

图 3-56 所示为要求斜表面对基准平面 A 成 45°角。公差带是距离为公差值 0.08mm 且与基准平面 A 成理论正确角度的两平行平面之间的区域。实际斜面上各点应位于此公差带内。

2. 倾斜度误差的检测

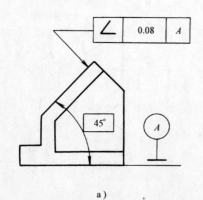

a）

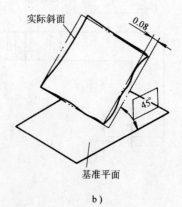

b）

图 3-56　面对面的倾斜度
a）标注示例　b）公差带

　　倾斜度误差的检测也可转换成平行度误差的检测。只要加一个定角座或定角套即可。测量图 3-56 的零件，可用如图 3-58 所示的方法检测。将被测零件放置在定角座上，调整被测件，使整个被测表面的读数差为最小值。取指示器的最大与最小读数之差作为该零件的倾斜度误差。定角座可用正弦规（或精密转台）代替。

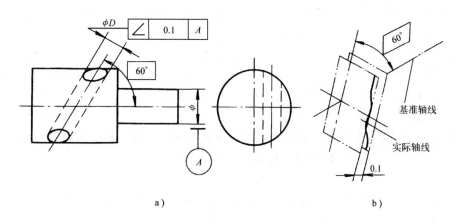

图 3-57　线对线的倾斜度

a）标注示例　b）公差带

　　图 3-57 所示零件，可用如图 3-59 的方法检测。调整平板处于水平位置，并用心轴模拟被测轴线。调整被测零件，使心轴的右侧处于最高位置（如图示）。用水平仪在心轴和平板上测得的数值分别为 $A_1$ 和 $A_2$，则倾斜度误差为 $|A_1 - A_2| iL$，其中 $i$ 是水平仪的分度值（线值），$L$ 是被测孔的长度。测量时应选用可胀式（或与孔成无间隙配合的）心轴。

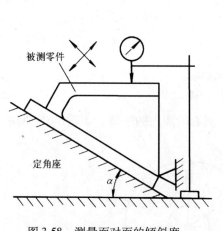

图 3-58　测量面对面的倾斜度

（检测方案 1-1）

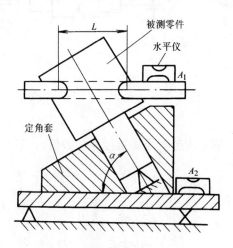

图 3-59　测量线对线的倾斜度

（检测方案 1-7）

3. 倾斜度应用说明

1）标注倾斜度时，被测要素与基准要素间的夹角是不带偏差的理论正确角度，标注时要带方框。

2）平行度和垂直度可看成是倾斜度的两个极端情况：当被测要素与基准要素之间的

倾斜角 $\alpha=0°$ 时，就是平行度；$\alpha=90°$ 时，就是垂直度。这两个项目名称的本身已包含了特殊角 0° 和 90° 的含义。因此，标注不必再带有方框了。

（四）定向公差小结

定向公差带是控制被测要素对基准要素的方向角，同时也控制了形状误差。由于合格零件的实际要素相对基准的位置，允许在其尺寸公差内变动，所以定向公差带的位置允许在一定范围内（尺寸公差带内）浮动。

**二、定位公差**

定位公差是被测要素对基准在位置上允许的变动全量。当被测要素和基准都是中心要素，要求重合或共面时，可用同轴度或对称度，其他情况规定位置度。

（一）同轴度

同轴度公差用来控制理论上应同轴的被测轴线与基准轴线的不同轴程度。而同心度则是用来控制理论上应同心的被测圆心与基准圆心同心的程度。

1. 同轴度与同心度公差带

同轴度公差带是直径为公差值 $t$，且与基准轴线同轴的圆柱面内的区域。如图 3-60 所示，台阶轴要求 $\phi d$ 的轴线必须位于直径为公差值 0.1mm，且与基准轴线同轴的圆柱面内。$\phi d$ 的实际轴线应位于此公差带内。

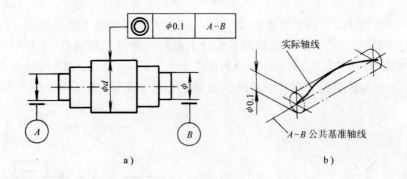

图 3-60　台阶轴的同轴度
a）标注示例　b）公差带

同心度公差带是直径为公差值 $t$，且与基准圆同心的圆内的区域，如图 3-61a 所示。图

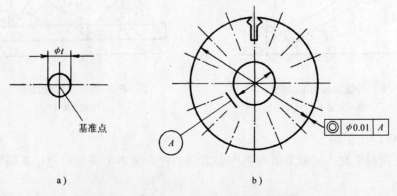

图 3-61　电动机转子硅钢片零件的同心度

3-61b 表示外圆的圆心必须位于直径为公差值 0.01mm 且与基准圆心同心的圆内。

### 2. 同轴度误差的检测

同轴度误差的检测是要找出被测轴线离开基准轴线的最大距离，以其两倍值定为同轴度误差。

图 3-60 所示的同轴度要求，可用图 3-62 所示的方法测量。以两基准圆柱面中部的中心点连线作为公共基准轴线，即将零件放置在两个等高的刃口状 V 形架上，将两指示器分别在铅垂轴截面调零。

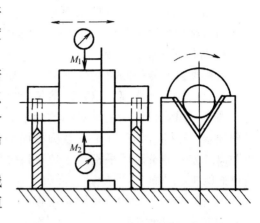

图 3-62　用两只指示器测量同轴度
（检测方案 3-2）

1）在轴向测量，取指示器在垂直基准轴线的正截面上测得各对应点的读数差值 $|M_1-M_2|$ 作为在该截面上的同轴度误差。

2）转动被测零件按上述方法测量若干个截面，取各截面测得的读数差中的最大值（绝对值）作为该零件的同轴度误差。

此方法适用于测量形状误差较小的零件。

### 3. 同轴度与同心度的应用说明

1）同轴度误差反映在横截面上是圆心的不同心。过去常把同轴度叫做不同心度是不确切的，因为要控制的是轴线，而不是圆心点的偏移。

2）检测同轴度误差时，要注意基准轴线不能搞错，用不同的轴线作基准将会得到不同的误差值。

3）同心度主要用于薄的板状零件，如电动机转子中的硅钢片零件，此时要控制的是在横截面上内外圆的圆心的偏移，而不是控制轴线。

### （二）对称度

对称度一般控制理论上要求共面的被测要素（中心平面、中心线或轴线）与基准要素（中心平面、中心线或轴线）的不重合程度。

### 1. 对称度公差带

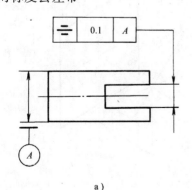

a）

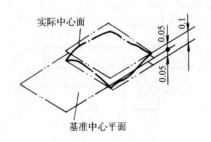

b）

图 3-63　面对面的对称度
a）标注示例　b）公差带

对称度公差带是距离为公差值 $t$，且相对基准中心平面（或中心线、轴线）对称配置的两平行平面之间的区域。

如图 3-63 所示，滑块要求槽的中心面必须位于距离为公差值 0.1mm，且相对基准中心平面对称配置的两平行平面之间。槽的实际中心面应位于此公差带内。

2. 对称度误差的检测

对称度误差的检测要找出被测中心要素离开基准中心要素的最大距离，以其两倍值定为对称度误差。通常是用测长量仪测量对称的两平面或圆柱面的两边素线，各自到基准平面或圆柱面的两边素线的距离之差。测量时用平板或定位块模拟基准滑块或槽面的中心平面。

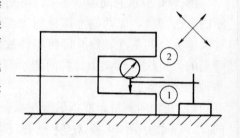

图 3-64　测量面对面的对称度
（检测方案 1-1）

测量图 3-63 所示的零件对称度误差，可用如图 3-64 的方法。将被测零件放置在平板上，测量被测表面与平板之间的距离。将被测件翻转后，测量另一被测表面与平板之间的距离，取测量截面内对应两测点的最大差值作为对称度误差。

3. 对称度应用说明

1）对称度误差是在被测要素的全长上进行测量，取测得的最大值作为误差值。

2）和同轴度一样，过去标注的对称度公差是半值公差，而现在标注的是全值公差。

（三）位置度

位置度公差用来控制被测实际要素相对于其理想位置的变动量，其理想位置是由基准和理论正确尺寸确定。理论正确尺寸是不附带公差的精确尺寸，用以表示被测理想要素到基准之间的距离，在图样上用加方框的数字表示，如 $\boxed{30}$，以便与未注尺寸公差的尺寸相区别。

1. 位置度公差带

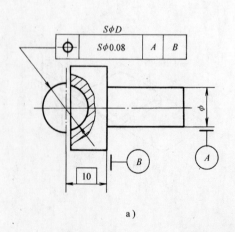

a）

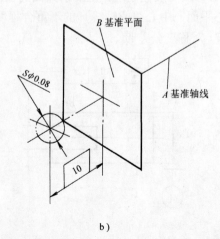

b）

图 3-65　点的位置度
a）标注示例　b）公差带

位置度公差带可分为点、线、面的位置度。

点的位置度用于控制球心或圆心的位置误差。如图 3-65 所示，球 $\phi D$ 的球心必须位于直径为公差值 0.08mm，并以相对基准 $A$、$B$ 所确定的理想位置为球心的球内。

线的位置度，多用于控制板件上孔的位置误差。孔的位置有孔位、孔间和复合三种位置度。这里只介绍孔位与孔间的位置度。

孔的位置度要求按基面定位。如图 3-66 所示，$\phi D$ 孔的轴线要求按基面定位，$\phi 0.1$mm 表示公差带是直径为 0.1mm，且以孔的理想位置为轴线的圆柱面内的区域。其孔的理想位置要垂直于基面 $A$，到基面 $B$ 和 $C$ 的距离要等于理论正确尺寸。孔的实际轴线应位于此圆柱面内。

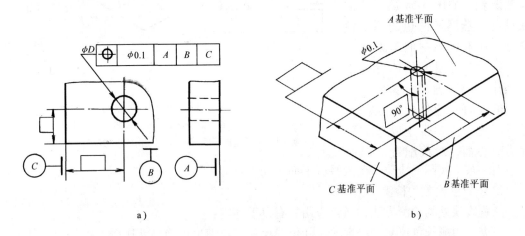

图 3-66　孔的位置度
a）标注示例　b）公差带

如果是薄板，孔的轴线很短，则可看成为一个点，成为点的位置度。这时，公差带变为以基准 $B$ 和 $C$ 以及理论正确尺寸所确定的理想点为中心，直径为 0.1mm 的圆。

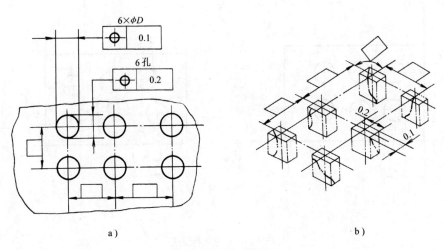

图 3-67　孔间位置度
a）标注示例　b）公差带

孔间位置度要求控制各孔之间的距离。如图3-67所示，由6个孔组成的孔组，要求控制各孔之间的距离，位置度公差在水平方向是0.1mm，在垂直方向是0.2mm。公差带是6个四棱柱，它们的轴线是孔的理想位置，要由理论正确尺寸确定。每个孔的实际轴线应在各自的四棱柱内。此处未给基准，意思是这组孔与零件上其他孔组或表面，没有严格要求，可用坐标尺寸公差定位。此例多用于箱体和盖板上。

如果给定的是任意方向的位置度公差，则公差带是6个圆柱体。

面的位置度用于控制面的位置误差。如图3-68所示，滑块只要求燕尾槽两边的两平面重合，并不要求它们与下面平行，这时，可用面的位置度表示。其理论正确尺寸为零。因此，被测面的理想位置就在基准平面上，公差带是以基准平面为中心面，对称配置的两平行平面。被测实际面应位于此两平行平面之间。

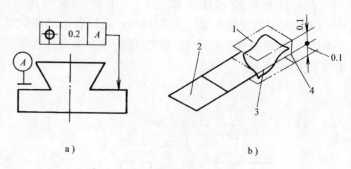

图 3-68　面的位置度

a）标注示例　b）公差带

1—实际面　2—基准平面　3—被测表面的理想位置　4—公差带

2. 位置度误差的检测

位置度误差的检测方法，通常应用的有以下两类：

一类是用测长量仪测量要素的实际位置尺寸，与理论正确尺寸比较，以最大差的两倍作为位置度误差。对于多孔的板件，特别适宜放在坐标测量仪上测量孔的坐标。如图3-69a所示，测量前要调整零件，使基准平面与仪器的坐标方向一致。未给定基准时，可调整最远两孔的实际中心连线与坐标方向一致，如图3-69b所示。逐个地测量孔边的坐标，定出孔的位置度误差。

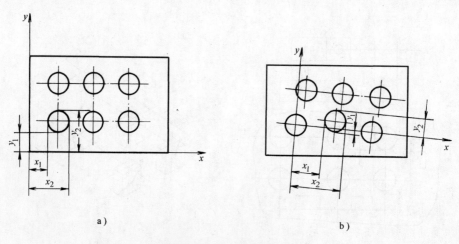

图 3-69　孔的坐标测量

a）以平面为基准　b）以两孔为基准

（检测方案2-2）　（检测方案2-3）

另一类是用位置量规测量要素的合格性。如图 3-70 所示，要求在法兰盘上装螺钉用的 4 个孔具有以中心孔为基准的位置度。将量规的基准测销和固定测销插入零件中，再将活动测销插入其他孔中，如果都能插入零件和量规的对应孔中，即可判断被测件是合格品。

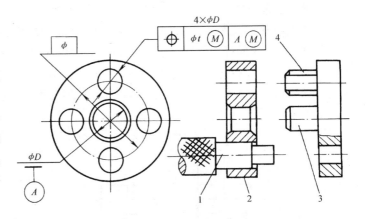

图 3-70　位置量规检验孔的位置度
（检测方案 5-1）
1—活动测销　2—被测零件　3—基准测销　4—固定测销

3. 位置度应用说明

1）由上述各例可以看出，位置度公差带有两平行平面、四棱柱、球、圆和圆柱，其宽度或直径为公差值，但都是以被测要素的理想位置中心对称配置。这样，公差带位置固定，不仅控制了被测要素的位置误差，还能控制它的形状和方向误差。

2）在大批大量生产中，为了测量的准确和方便，一般都采用量规检验。在新产品试制、单件小批量生产、精密零件和工装量具的生产中，常使用量仪来测量位置度误差。这时，应根据位置度的要求，选择具有适当测量精度的通用量仪，按照图样规定的技术要求，测量出各被测要素的实际坐标尺寸，然后再按照位置度误差定义，将坐标测量值换算成相对于理想位置的位置度误差。

（四）定位公差小结

定位公差带是以理想要素为中心对称布置的，所以位置固定，不仅控制了被测要素的位置误差，而且控制了被测要素的方向和形状误差，但不能控制形成中心要素的轮廓要素上的形状误差。具体来说，同轴度可控制轴线的直线度，不能完全控制圆柱度；对称度可以控制中心面的平面度，不能完全控制构成中心面的两对称面的平面度和平行度。定位误差的检测是确定被测实际要素偏离其理想要素的最大距离的两倍值，而理想要素的位置，对同轴度和对称度来说，就是基准的位置，对位置度来说，可以由基准和理论正确尺寸或尺寸公差（或角度公差）等确定。

**三、跳动公差**

跳动公差是被测实际要素绕基准轴线回转一周或连续回转时所允许的最大跳动量。跳动是按测量方式定出的公差项目。跳动误差测量方法简便，但仅限于应用在回转表面。

（一）圆跳动

圆跳动是被测实际要素某一固定参考点围绕基准轴线作无轴向移动、回转一周中，由位置固定的指示器在给定方向上测得的最大与最小读数之差。它是形状和位置误差的综合（圆度、同轴度等），所以圆跳动是一项综合性的公差。

圆跳动有三个项目：径向圆跳动、端面圆跳动和斜向圆跳动。对于圆柱形零件，有径向圆跳动和端面圆跳动；对于其他回转要素如圆锥面、球面或圆弧面，则有斜向圆跳动。

**1. 圆跳动公差带**

（1）径向圆跳动公差带　如图 3-71 所示，表示零件上 $\phi d_1$ 圆柱面对两个 $\phi d_2$ 圆柱面的公共轴线 $A—B$ 的径向圆跳动，其公差带是在垂直于基准轴线的任一测量平面内半径差为公差 $t$，且圆心在基准线上的两同心圆之间的区域。当 $\phi d_1$ 圆柱面绕 $A—B$ 基准轴线作无轴向移动回转时，在任一测量平面内的径向跳动量均不得大于公差值 $t$。

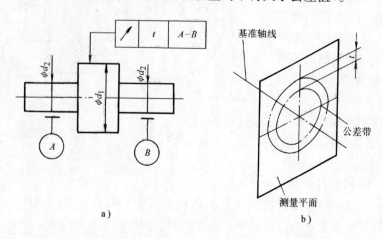

图 3-71　径向圆跳动
a）标注示例　b）公差带

跳动通常是围绕轴线旋转一整周，也可以对部分圆周进行限制。

图 3-72 所示为被测圆柱面绕基准轴线作无轴向移动，旋转部分圆周时（给出角度的部位），在任一测量平面内的径向圆跳动量均不得大于公差值 0.2mm。

（2）端面圆跳动公差带　如图 3-73 所示，为表示零件的端面对 $\phi d$ 的端面圆跳动，其公差带是在与基准轴线同轴的任一直径位置的测量圆柱面上沿母线方向宽度为 $t$ 的圆柱面区域。轴线作无轴向移动回转时，在右端面上任一测量直径处的轴向跳动量均不得大于公差值 $t$。

（3）斜向圆跳动公差带　如图 3-74 所示，为表示被测圆锥面相对于基准轴线 $A$，在斜向（除特殊规定外，一般为被测面的法线方向）的跳动量不得大于公差值 $t$。若圆锥面绕基准轴线作无轴向移动的回转时，在各个测量圆锥面上的跳动量的最大值，作为被测回转表面的斜向圆跳动误差。

所以，斜向圆跳动公差带是在与基准轴线同轴的任一测量圆锥面上，沿母线方向宽度为 $t$ 的圆锥面区域。

**2. 圆跳动误差的检测**

（1）径向圆跳动的检测　如图 3-75 所示，基准轴线由 V 形架模拟，被测零件支承在 V 形架上，并在轴向定位。

1）在被测零件回转一周过程中指示器读数最大差值即

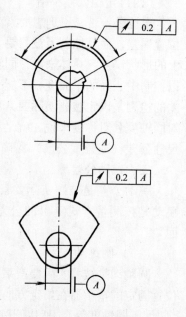

图 3-72　径向跳动实例

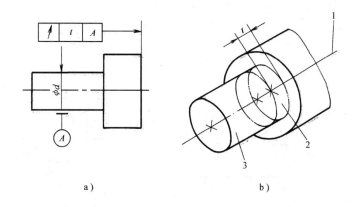

图 3-73　端面圆跳动
a）标注示例　b）公差带

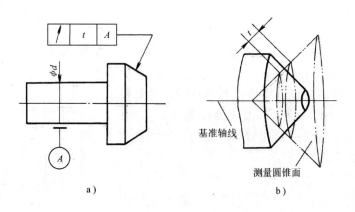

图 3-74　斜向圆跳动
a）标注示例　b）公差带

为单个测量平面上的径向跳动。

2）按上述方法测量若干个截面，取各截面上测得的跳动量中的最大值，作为该零件的径向跳动。该测量方法受 V 形架角度和基准实际要素形状误差的综合影响。

（2）端面圆跳动的检测　如图 3-76 所示，将被测件固定在 V 形架上，并在轴向上固定。

1）在被测件回转一周过程中，指示器读数最大差值即为单个测量圆柱面上的端面跳动。

2）按上述方法，测量若干个圆柱面，取各测量圆柱面上测得的跳动量中的最大值作为该零件的端面跳动。该测量方法受 V 形架角度和基准实际要素形状误差的综合影响。

（3）斜向圆跳动的检测　如图 3-77

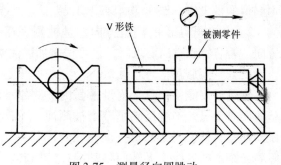

图 3-75　测量径向圆跳动
（检测方案 4-2）

117

所示，将被测零件固定在导向套筒内，且在轴向固定。

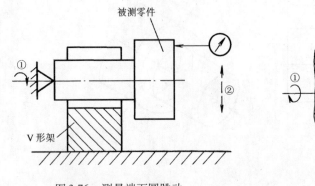

图 3-76　测量端面圆跳动
（检测方案 4-7）

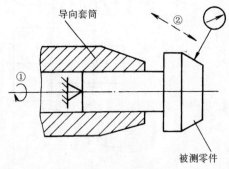

图 3-77　测量斜向圆跳动
（检测方案 4-9）

1）在被测件回转一周过程中，指示器读数最大差值即为单个测量圆锥面上的斜向跳动。

2）按上述方法在若干测量圆锥面上测量，取各测量圆锥面上测得的跳动量中的最大值，作为该零件的斜向跳动。

当在机床或转动装置上直接进行测量时，具有一定直径的导向套筒不易获得（最小外接圆柱面），可用可调圆柱套（弹簧夹头）代替导向套筒，但测量结果受夹头误差影响。

3. 圆跳动应用说明

1）若未给定测量直径，则检测时不能只在被测面的最大直径附近测量一次，因为端面圆跳动规定在被测表面上任一测量直径处的轴向跳动量，均不得大于公差值 $t$。在许多情况下，端面的跳动最大值，并非都出现在最大直径处。如果需要在指定直径处测量（包括最大直径处），则应说明，如图 3-78 所示。

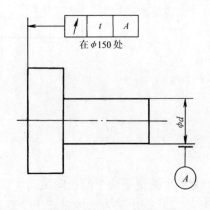

图 3-78　标注检测直径的端面圆跳动

如果要求在指定的局部范围内测量，则应标注出相应的尺寸，以说明被测范围。如图 3-79 所示，要求在 $\phi150$mm 范围内测量，以此范围内测得的最大值，作为端面圆跳动误差。

2）斜向圆跳动的测量方向，是被测表面的法向方向。若有特殊方向要求时，也可按需加以注明。

（二）全跳动

圆跳动仅能反映单个测量平面内被测要素轮廓形状的误差情况，不能反映出整个被测面上的误差。全跳动则是对整个表面的形位误差综合控制，是被测实际要素绕基准轴线作无轴向移动的连续回转，同时指示器沿理想素线连续移动（或被测实际要素每回转一

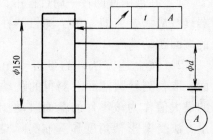

图 3-79　标注检测范围的端面圆跳动

周，指示器沿理想素线作间断移动），由指示器在给定方向上测得的最大与最小读数之差。

全跳动有两个项目：径向全跳动和端面全跳动。

1. 全跳动公差带

（1）径向全跳动公差带　如图 3-80 所示，表示 $\phi d_1$ 圆柱面对两个 $\phi d_2$ 圆柱面的公共轴线 $A$—$B$ 的径向全跳动，不得大于公差值 $t$。公差带是半径差为公差值 $t$，且与基准轴线同轴的两圆柱面之间的区域。$\phi d_1$ 表面绕 $A$—$B$ 作无轴向移动地连续回转，同时，指示器作平行于基准轴线的直线移动，在 $\phi d_1$ 整个表面上的跳动量不得大于公差值 $t$。

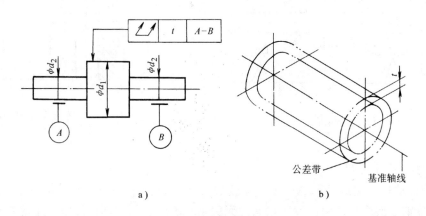

图 3-80　径向全跳动

a）标注示例　b）公差带

（2）端面全跳动公差带　如图 3-81 所示，表示零件的右端面对 $\phi d$ 圆柱面轴线 $A$ 的端面全跳动量，不得大于公差值 $t$。其公差带是距离为公差值 $t$，且与基准轴线垂直的两平行平面之间的区域。被测端面绕基准轴线作无轴向移动地连续回转，同时，指示器作垂直于基准轴线的直线移动（被测端面的法向为测量方向），此时，在整个端面上的跳动量不得大于 $t$。

2. 全跳动误差的检测

（1）径向全跳动误差的检测　如图 3-82 所示，将被测零件固定在两同轴导向套筒内，同时在轴向上固定并调整该对套筒，使其同轴和与平板平行。

在被测件连续回转过程中，同时让指示器沿基准轴线的方向作直线运动。

在整个测量过程中指示器读数最大差值即为该零件的径向全跳动。

基准轴线也可以用一对 V 形架或一对顶尖的简单方法来体现。

（2）端面全跳动误差的检测　如图 3-83 所示，将被测零件支承在导向套筒内，并在轴向上固定。导向套筒的轴线应与平板垂直。在被测零件连续回转过程中，指示

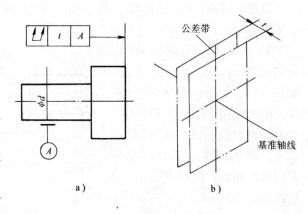

图 3-81　端面全跳动

a）标注示例　b）公差带

器沿其径向作直线运动。在整个测量过程中指示器的读数最大差值即为该零件的端面全跳动。基准轴线也可以用 V 形架等简单方法来体现。

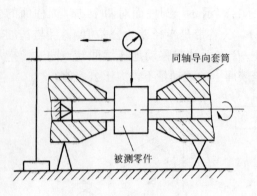

图 3-82　测量径向全跳动
（检测方案 4-1）

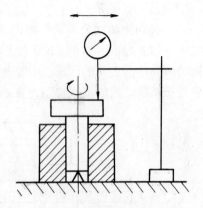

图 3-83　测量端面全跳动
（测量方案 4-2）

3. 全跳动应用说明

1）全跳动是在测量过程中一次总计读数（整个被测表面最高点与最低点之差），而圆跳动是分别多次读数，每次读数之间又无关系。因此，圆跳动仅反映单个测量面内被测要素轮廓形状的误差情况，而全跳动则反映整个被测表面的误差情况。

全跳动是一项综合性指标，它可以同时控制圆度、同轴度、圆柱度、素线的直线度、平行度、垂直度等的形位误差。对一个零件的同一被测要素，全跳动包括了圆跳动。显然，当给定公差值相同时，标注全跳动的要比标注圆跳动的要求更严格。

2）径向全跳动的公差带与圆柱度的公差带形式一样，只是前者公差带的轴线与基准轴线同轴，而后者的轴线是浮动的。因此，如可忽略同轴度误差时，可用径向全跳动的测量来控制该表面的圆柱度误差。因为同一被测表面的圆柱度误差必小于径向全跳动测得值。虽然在径向全跳动的测量中得不到圆柱度误差值，但如果全跳动不超差，圆柱度误差也不会超差。

3）在生产中有时用检测径向全跳动的方法测量同轴度。这样，表面的形状误差必须反映到测量值中去，得到偏大的同轴度误差值。该值如不超差，同轴度误差不会超差；若测得值超差，同轴度也不一定超差。

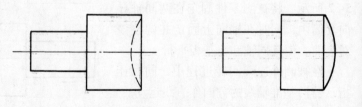

图 3-84　端面呈圆弧形

4）端面全跳动的公差带与平面对轴线的垂直度公差带完全一样，故可用端面全跳动或其测量值代替垂直度或其误差值。两者控制结果是一样的，而端面全跳动的检测方法比较简单。但端面圆跳动则不同，不能用检测端面圆跳动的方法检测平面对轴线的垂直度。

如图 3-84 所示，被测实际端面为圆弧形，测得端面圆跳动误差为零。而该表面对轴线的垂直度误差并不等于零。

## 第四节 形位公差与尺寸公差的相关性要求

### 一、有关公差要求的基本概念

公差要求明确规定了形位公差与尺寸公差的相互关系，公差要求可分为独立原则和相关要求。相关要求又分为包容要求、最大实体要求、最小实体要求、可逆要求。

1. 作用尺寸和关联作用尺寸

任何零件加工后，所产生的尺寸、形状和位置误差都会综合地影响零件的功能。如图 0-1 所示的齿轮轴的轴颈与齿轮液压泵两端盖孔的配合 $\phi15H7$ $\left(\,^{+0.018}_{0}\,\right)$ /f6 $\left(\,^{-0.016}_{-0.027}\,\right)$ 若加工后两端盖的孔具有理想的形状，且实际尺寸处处皆为 $\phi15mm$，而轴颈的实际尺寸处处为 $\phi14.984mm$，倘若轴颈加工后产生了轴线弯曲的形状误差，如图 3-85 所示。这将表示轴颈与孔装配时起作用的尺寸增大了；如果孔存在轴线弯曲形状误差，则表示孔装配时起作用的尺寸减小了。结果轴颈与端盖孔装配时的间隙就可能减小，甚至产生轴颈装不进孔中，成为过盈配合，改变了零件的功能要求。故不可只从实际尺寸的大小来判断配合性质，而应根据实际尺寸和形状误差的综合影响结果形成的作用尺寸来判断配合性质。

同样，零件加工后的实际尺寸与位置误差的结合，也可以对配合和功能要求产生影响。我们将只有形状误差影响的要素，简称为单一要素；而将有位置误差影响的要素，则称为关联要素。

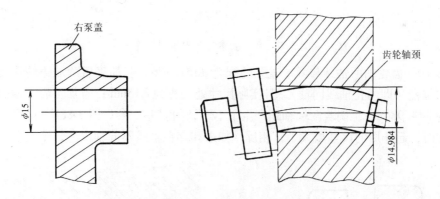

图 3-85 实际尺寸与形状误差的综合作用

（1）单一要素的作用尺寸 单一要素的作用尺寸分为体外作用尺寸与体内作用尺寸，所谓体外作用尺寸是指在被测要素的给定长度上，与实际内表面体外相接的最大理想面或与实际外表面相接的最小理想面的直径或宽度。如图 3-86a 中的 $D_{fe}$ 与 b 图中的 $d_{fe}$，单一要素的体外作用尺寸是直接影响配合与装配功能的尺寸。所谓单一要素的体内作用尺寸是指在被测要素给定长度上，与实际内表面体内相接的最小理想面或与实际外表面体内相接的最大理想面的直径或宽度。如图 3-87 所示，当左图零件的孔与右图零件的外圆产生大的椭圆误差时，a 图中的 $D_{fi}$ 与 b 图中的 $d_{fi}$ 都将直接影响壁厚，从而影响其强度。

（2）关联要素的作用尺寸 关联要素的体外作用尺寸是指在结合面的全长上，与有位置要求的实际要素外接的最小理想孔（对轴）或内接的最大理想轴（对孔）的尺寸。如

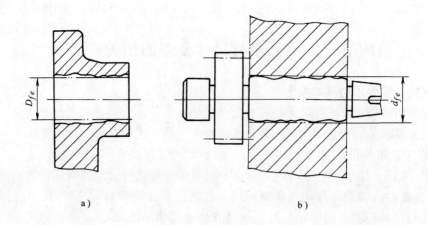

a)                                           b)

图 3-86    单一要素的体外作用尺寸

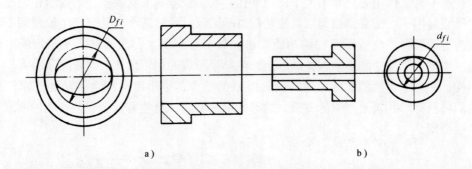

a)                                           b)

图 3-87    单一要素的体内作用尺寸

图 3-88 所示的齿轮轴两轴颈与两端盖孔的配合 $\phi15H7/f6$。若加工后两端盖的孔具有理想的形状和位置（即两孔轴线同轴），且实际尺寸处处皆为 $\phi15mm$；若加工后轴颈的实际尺寸处处为 $\phi14.984mm$，倘若两端轴颈产生了不同轴的误差，参见图 3-88b。这将表示轴颈与孔装配时，起作用的尺寸增大了；相反，如果孔存在轴线不同轴误差，则表示孔装配时

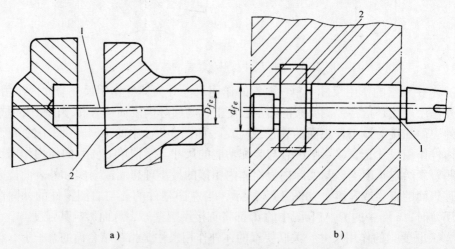

a)                                           b)

图 3-88    关联要素的体外作用尺寸

起作用的尺寸减小了。结果，同样使轴颈与两端盖孔装配时各偏向一个方向，造成间隙减小和不均匀，破坏油膜，降低润滑效果，严重时，还将影响轴颈装不进两端孔内。

关联要素的体内作用尺寸则是指在结合面的全长上，与有位置要求的实际内表面体内相接的最小理想面或与实际外表面体内相接的最大理想面的直径或宽度。如图3-89所示，当两孔不平行时的 $D_{fi}$ 尺寸，将影响 $B$ 的最小厚度。

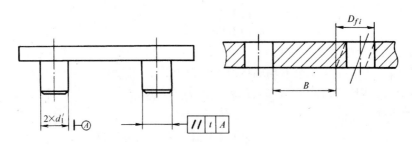

图 3-89  关联要素的体内作用尺寸

2. 最大、最小实体状态和最大、最小实体实效状态

（1）最大、最小实体状态  在上面所介绍的齿轮液压泵两端盖孔与齿轮轴两轴颈在配合时，由于它们的实际尺寸可以在各自的尺寸公差范围内变化，当孔加工后的实际尺寸正好等于孔公差范围所允许的最小极限尺寸、轴加工后的实际尺寸正好等于轴公差范围所允许的最大极限尺寸时，我们称此时的孔、轴处于最大实体状态 MMC（即具有材料量最多时的状态）。在最大实体状态时所具有的尺寸称为最大实体尺寸（$D_M$ 与 $d_M$）。在前例中，端盖孔的最大实体尺寸应为 $\phi15$mm，轴颈的最大实体尺寸应为 $\phi14.984$mm。相反，当孔的实际尺寸等于最大极限尺寸、轴的实际尺寸等于最小极限尺寸时的状态称为最小实体状态 LMC（具有材料量最少时的状态），此时所具有的尺寸称为最小实体尺寸（$D_L$ 与 $d_L$）。在上例中，端盖孔的最小实体尺寸应为 $\phi15.018$mm，轴颈的最小实体尺寸应为 $\phi14.973$mm。

（2）实体实效状态

1）最大实体实效状态：指孔、轴的实际尺寸正好等于最大实体尺寸，且产生的形位误差也正好等于图样上规定的形位公差值时的状态，用 MMVC 表示。此种状态下所具有的尺寸称为最大实体实效尺寸，用 $D_{MV}$ 与 $d_{MV}$ 表示。

显然，对单一要素

孔或内表面

$$D_{MV} = D_M - 带Ⓜ的形状公差$$

轴或外表面

$$d_{MV} = d_M + 带Ⓜ的形状公差$$

式中　$D_{MV}$——孔或内表面单一要素的最大实体实效尺寸；

　　　$d_{MV}$——轴或外表面单一要素的最大实体实效尺寸。

对关联要素

孔或内表面

$$D_{MV} = D_M - 带Ⓜ的位置公差$$

轴或外表面

$$d_{MV} = d_M + 带Ⓜ的位置公差$$

式中　$D_M$、$d_M$——分别为孔（内表面）、轴（外表面）的最大实体尺寸。

以前述的齿轮轴轴颈为例，如图样上规定两轴颈的同轴度公差值为 0.012mm 时（后加注Ⓜ符号），则轴颈关联要素的最大实体实效尺寸应为

$$d_{MV} = \phi14.984\text{mm} + 0.012\text{mm}$$

$$= \phi14.996\text{mm}$$

2）最小实体实效状态：在给定长度上，实际要素处于最小实体状态，且其中心要素的形状或位置误差等于给出公差值时的综合极限状态，用 LMVC 表示。最小实体实效状态下的体内作用尺寸称为最小实体实效尺寸，用 $D_{LV}$ 与 $d_{LV}$ 表示。

对于内表面

$$D_{LV} = D_L + 形位公差值（加注符号Ⓛ的）$$

对于外表面

$$d_{LV} = d_L - 形位公差值（加注符号Ⓛ的）$$

式中　$D_L$、$d_L$——分别为孔（内表面）与轴（外表面）的最小实体尺寸。

3. 理想边界

理想边界为设计所给定，所谓理想边界是指具有理想形状的极限边界。对于孔和内表面，它的理想边界是相当于一个具有理想形状的外表面；对于轴和外表面，它的理想边界是相当于一个具有理想形状的内表面。

设计时，根据零件的功能和经济性要求，常给出以下几种理想边界：

（1）最大实体边界（MMB）　当理想边界的尺寸等于最大实体尺寸时，称为最大实体边界。

（2）最大实体实效边界（MMVB）　当尺寸为最大实体实效尺寸时的理想边界。

边界是用来控制被测要素的实际轮廓的。如对于轴，该轴的实际圆柱面不能超越边界，以此来保证装配。而形位公差值则是对于中心要素而言的，如轴的轴线直线度采用最大实体要求，则是对轴线而言。应该说形位公差值是对轴线直线度误差的控制，而最大实体实效边界则是对其实际的圆柱面的控制，这一点应特别注意。

（3）最小实体边界（LMB）　尺寸为最小实体尺寸时的理想边界。

（4）最小实体实效边界（LMVB）　尺寸为最小实体实效尺寸时的理想边界。

**二、独立原则**

对图样上给定的形位公差与尺寸公差采取彼此无关的处理原则，称为独立原则。

按独立原则标注时，应分别满足图样上对形位公差与尺寸公差的要求。运用独立原则时，在图样上对形位公差与尺寸公差应采取分别标注的形式，不附加任何标记。如图 3-90 所示，该零件轴加工后其尺寸与轴线直线度误差应分别进行检验。要求轴的实际尺寸在 $\phi29.979 \sim \phi30$mm 的范围内；直线度误差允许在 $0 \sim \phi0.12$mm 范围

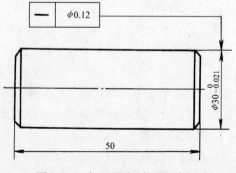

图 3-90　独立原则的标注示例

内，显然该轴的体外作用尺寸最大值可达到 $\phi30.12$mm，但根据独立原则规定不需控制体外作用尺寸。

独立原则一般用于非配合零件，或对形状和位置要求严格，而对尺寸精度要求相对较低的场合。例如印刷机的滚筒，尺寸精度要求不高，但对圆柱度要求高，以保证印刷清晰，因而按独立原则给出了圆柱度公差 $t$，而其尺寸公差则按未注公差处理。又譬如，液压传动中常用的液压缸的内孔，为防止泄漏，对液压缸内孔的形状精度（圆柱度、轴线直线度）提出了较严格的要求，而对其尺寸精度则要求不高，故尺寸公差与形位公差按独立原则给出。

### 三、包容要求

包容要求是指被测要素处处位于具有理想形状的包容面内的一种公差要求，该理想形状的尺寸为最大实体尺寸。

包容要求主要用于单一要素，在被测要素的尺寸公差后加注符号Ⓔ。如图 3-91 所示，要求轴径 $\phi52_{-0.03}^{0}$mm 的尺寸公差和轴线直线度之间遵守包容要求。该轴的实际表面和轴线应位于具有最大实体尺寸、具有理想形状的包容圆柱面之内。在此条件下，轴径尺寸允许在（$\phi51.97\sim\phi52$）mm 之间变化，而轴线的直线度误差允许值视轴径的局部实际尺寸而定，当零件的局部实际轴径为最小实体尺寸 $\phi51.97$mm 时，轴的直线度误差可允许为 $\phi0.03$mm；当轴径尺寸为最大实体尺寸 $\phi52$mm 时，轴线直线度公差为零。当轴径为最大和最小实体尺寸之间的任一尺寸时，轴线的直线度公差值将为最大实体尺寸减实际尺寸的差值。又如实际尺寸为 $\phi51.98$mm，则轴线直线度公差值为（$\phi52\sim\phi51.98$）mm $=0.02$mm。总之，该轴的实体不得超出具有最大实体尺寸 $\phi52$mm、具有理想形状的包容圆柱面。这时的尺寸公差控制了形状公差。

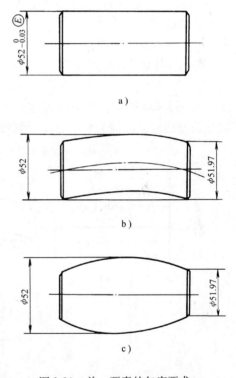

图 3-91 单一要素的包容要求

标注包容要求的几何要素应检验其实际尺寸，同时还应检验其体外作用尺寸。局部实际尺寸不超出最小实体尺寸，体外作用尺寸则应不超出最大实体边界。局部实际尺寸可用通用量具按两点法测量，体外作用尺寸用综合量规测量。

包容要求用于机器零件上的配合性质要求较严格的配合表面，如回转轴的轴颈和滑动轴承、滑动套筒和孔、滑块和滑块槽等。

图 3-92 是在图 3-91 标注的基础上又标注了轴线的直线度公差 $\phi0.01$mm。其意义是当轴的尺寸为（$\phi51.99\sim\phi52$）mm 时，则轴线的直线度公差应为 $\phi0\sim\phi0.01$mm；当轴的尺寸为（$\phi51.99\sim\phi51.97$）mm（最小实体尺寸）时，轴线直线度公差仍允许为 $\phi0.01$mm。总之，按标注轴线直线度误差不得大于 $\phi0.01$mm，而圆柱表面不能超出具有最大实体尺寸 $\phi52$mm 的理想包容圆柱面。

## 四、最大实体要求

它是指被测要素的实际轮廓应遵守其最大实体实效边界。当其实际尺寸偏离最大实体尺寸时，允许其形位误差值超出在最大实体状态下给出的公差值的一种要求，即允许形位公差值增大。一般表示是在被测要素的公差框格中的公差值后或基准代号字母后标注Ⓜ符号。

按最大实体要求规定，图上标注的形位公差值是在被测要素或基准要素处在最大实体条件下所给定的。当被测要素偏离最大实体尺寸时，形

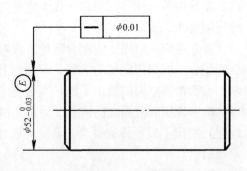

图 3-92　同时应用独立原则和包容要求

位公差值可得到一个补偿值，该补偿值是最大实体尺寸和局部实际尺寸之差。当基准要素偏离最大实体尺寸时，则允许基准要素在其偏离的区域内浮动，它的浮动范围就是基准要素的体外作用尺寸与其边界尺寸之差。基准要素的浮动改变了被测要素相对于它的位置误差值，能间接地进行补偿。

最大实体要求常用于对零件配合性质要求不严、但要求顺利保证零件可装配性的场合下。

（一）最大实体要求用于单一要素时

如图 3-93a 所示，按图样规定，轴的最大实体尺寸为 20mm，这时相应中心要素，即轴线的直线度公差值为 0.01mm，轴的最大实体实效尺寸为

$$d_{MV} = d_M + t = (20 + 0.01)\text{mm} = 20.01\text{mm}$$

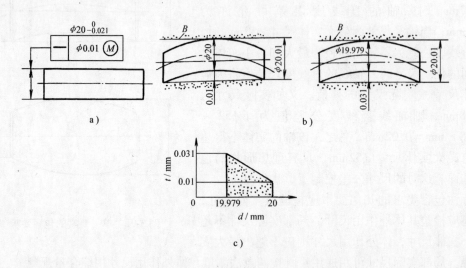

图 3-93　最大实体要求用于单一要素示例

图 3-93b 表示，按实体实效边界，当轴处于最小实体状态时，允许轴线直线度误差可达 0.031mm；实际尺寸不得超越极限尺寸，即应在最大极限尺寸 20mm 与最小极限尺寸 19.979mm 范围内。图 3-93c 表示形状公差值能够增大多少，取决于被测要素偏离最大实体状态的程度。形状公差的最大值为图样上给定的形状公差值与尺寸公差值之和。

（二）最大实体要求用于关联要素时

1. 最大实体要求应用于被测要素时

如图 3-94 所示，图样给定孔的最大实体尺寸为 $\phi50\text{mm}$，孔轴线垂直度公差值为 $\phi0.08\text{mm}$，孔的实体实效尺寸应为

$$D_{MV} = D_M - t = (50 - 0.08)\text{mm} = 49.92\text{mm}$$

当孔的直径为最大实体尺寸 $\phi50\text{mm}$ 时，垂直度公差值为 $\phi0.08\text{mm}$。孔的直径为最小实体尺寸 $\phi50.13\text{mm}$ 时，垂直度公差值可达图样上给定的公差值与尺寸公差值之和，即 $\phi0.21\text{mm}$。

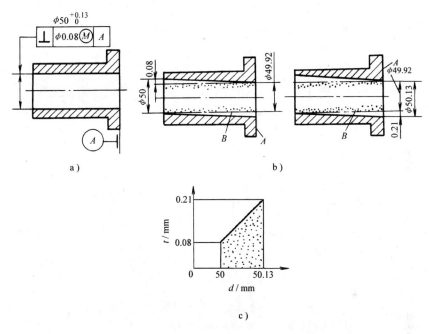

图 3-94　最大实体要求应用于被测要素

a) 图样给定的公差　b) 最大实体实效边界 B　c) 垂直度公差变化规律

$t$—位置公差值　$d$—实际尺寸

## 2. 最大实体要求应用于基准要素时

1) 当基准要素本身采用最大实体要求并遵守最大实体实效边界时。如图 3-95 所示，被测要素为 $\phi15_{-0.1}^{0}\text{mm}$ 的轴线对基准要素 $\phi20_{-0.2}^{0}\text{mm}$ 的轴线有垂直度要求，并要求基准要素应用最大实体要求，但基准要素本身对轴线的直线度又提出了最大实体要求。此时垂直度公差值 $\phi0.05\text{mm}$ 必须是在基准要素的边界尺寸为最大实体实效尺寸时（即 $\phi20.1\text{mm}$），而不是处于最大实体尺寸（$\phi20\text{mm}$）时。当基准要素的尺寸偏离最大实体尺寸（$\phi20\text{mm}$）时，允许其实际轮廓在尺寸偏离的区域内浮动。基准实际轮廓的这种浮动相对于被测要素的误差值（如同轴度误差、位置度误差）就会起变化。必须指出：

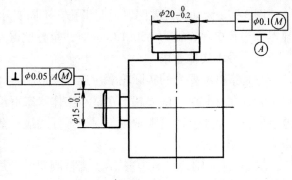

图 3-95　最大实体要求应用于基准要素

这个变化不同于被测要素采用最大实体要求时的直接补偿，而是根据基准要素的实际浮动情况影响其允许的误差值。

必须强调：当基准要素本身采用最大实体要求时，基准代号此时只能标注在基准要素公差框格的下端，而不能将基准代号与基准要素的尺寸线对齐。

2）当基准要素本身不是采用最大实体要求，而遵守独立原则或包容要求时，此种情况下基准要素本身应遵守最大实体边界，如图3-96a、b所示。

图3-96a、b所示的两种标注，都表示基准要素本身不采用最大实体要求，它们应遵守最大实体边界（$\phi$20mm）。当基准要素的实际尺寸偏离最大实体边界尺寸时，其偏离量可作为基准要素浮动的区域。

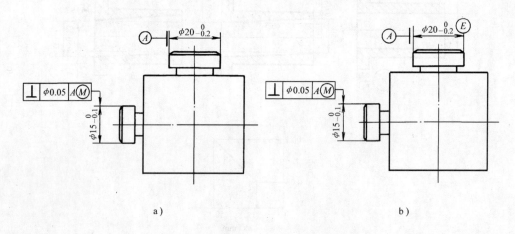

a)                                              b)

图3-96　基准要素本身不采用最大实体要求
a）基准要素遵守独立原则时　b）基准要素遵守包容要求时

3. 零形位公差的应用

它是指当被测要素采用最大实体要求，给出的形位公差值为零时，称零形位公差，用$\phi$Ⓜ表示，如图3-97所示。

图3-97a表示孔$\phi 50^{+0.13}_{-0.08}$mm的轴线相对于基准面$A$的垂直度公差在最大实体状态下为$\phi$0mm。

图3-97b表示当孔处于最大实体实效边界尺寸$\phi$49.92mm的理想圆柱面时，垂直度的公差值为$\phi$0mm。

图3-97c为动态公差图，说明了孔在不同实际直径时，对垂直度公差的补偿量的大小。显然，当孔实际直径为$\phi$50.13mm时，垂直度误差可允许为$\phi$0.21mm。

**五、最小实体要求**

它是指被测要素的实际轮廓应遵守其最小实体实效边界，当其实际尺寸偏离最小实体尺寸时，允许其形位误差超出在最小实体状态下给出的公差值的一种要求，即允许形位公差值增大。最小实体要求常用于保证零件的最小壁厚，以保证必要的强度要求的场合下。

（一）标注

最小实体要求用符号Ⓛ表示。当被测要素采用最小实体要求将符号Ⓛ标在公差框格中形位公差值的右边，如图3-98a所示。当基准要素采用最小实体要求时，将符号Ⓛ标在公

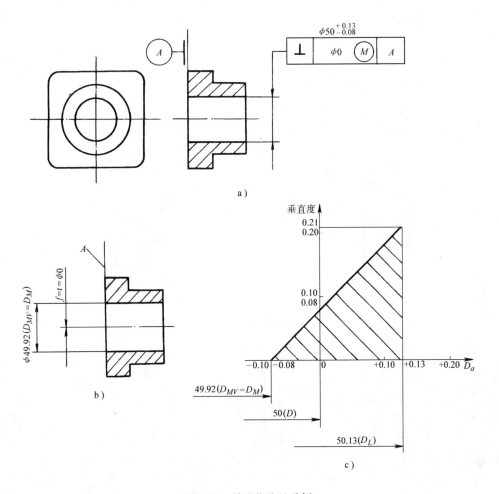

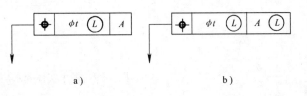

图 3-97　零形位公差示例

差框格中基准符号的右边；被测要素和基准要素同时采用最小实体要求时，形位公差值和基准符号右边同时加注Ⓛ，如图 3-98b 所示。

（二）示例与说明

1. 应用于被测要素

图 3-99a 表示 $\phi 8^{+0.25}_{0}$ mm 孔在以基准 $A$ 标注的理论正确尺寸 $\boxed{6}$ 所确定的中心为位置度公差带 $\phi 0.4$mm 的理论位置，当孔的实际尺寸为最小实体尺寸

图 3-98　最小实体要求的标注形式

（即 $\phi 8.25$mm）时，允许的位置度误差为 $0.2$mm（指孔中心的左右移动），此时孔边距平面 $A$ 的最小距离为

$$S_{\min} = (6 - 0.2 - 4.125)\text{mm} = 1.675\text{mm}$$

当孔的实际轮廓偏离最小实体状态，即它的实际尺寸不是最小实体尺寸时，实际尺寸与最小实体尺寸的偏离量可以补偿给形位公差值，使其形位误差值可以超出在最小实体状态下给出的形位公差值（本例当孔的实际尺寸为 $\phi 8$mm 时，位置度公差最大可增至 $0.4$mm

$+0.25\text{mm} = 0.65\text{mm}$）。

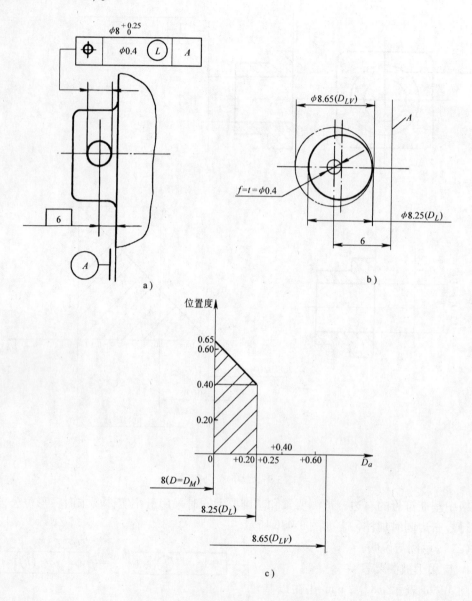

图 3-99　最小实体要求应用于被测要素

图 3-99c 表示了孔的实际直径（假设处处相等）与允许的位置度误差之间的关系，即动态公差图。

2. 应用于基准要素

（1）当基准要素本身采用最小实体要求时　这种情况下，基准要素自身要遵守最小实体实效边界（而不是最小实体边界），此时，基准代号应标在表示基准要素采用最小实体要求的那个公差框格下面，而不能将基准代号与尺寸线相连，见图 3-100。

图 3-100 所示为被测要素 $\phi20^{+1.5}_{\ 0}$mm 孔相对 $A$、$D$ 基准面的位置度为 $\phi0.5$mm，公差带

的理论位置由两理论正确尺寸 $\boxed{80}$ 与 $\boxed{100}$ 所确定。被测要素与基准要素皆应用最小实体要求，$D$ 基准为凸缘外圆 $\phi30_{-1.5}^{\ 0}$mm 的轴线，本身也应用最小实体要求。此种情况下，基准代号只能标注在公差框格的下面，且基准要素 $D$ 要求要遵守最小实体实效边界（即 $28.5\text{mm}-0.5\text{mm}=28\text{mm}$），即当基准要素凸缘尺寸为 $\phi28\text{mm}$，被测要素孔为 $\phi21.5\text{mm}$ 时，孔的位置度公差为 $\phi0.5\text{mm}$；当被测要素实际孔径偏离最小实体尺寸时，被测要素孔的位置度可获得补偿而增大；若基准要素凸缘的外径尺寸偏离最小实体尺寸时，则实际轮廓可浮动，而这种浮动可间接补偿给被测要素孔的位置度公差。

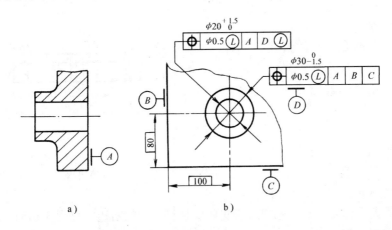

图 3-100　最小实体要求应用于基准要素

（2）当基准要素本身未应用最小实体要求而是遵循独立原则时　则要求此时的基准要素应遵守最小实体边界，如图 3-101 所示。

由于包容要求所遵守的是最大实体边界，因此基准要素采用最小实体要求时，基准要素本身不可能同时又采用包容要求，即图 3-101 中，当被测要素孔对基准要素采用 $Ⓛ$ 时，不能在基准要素 $\phi30_{-0.05}^{\ 0}$mm 后加注 $Ⓔ$。

（3）应用最小实体要求时的零形位公差　当被测要素采用最小实体要求，给出的形位公差为零时，称零形位公差，用 $\phi0\ Ⓛ$ 表示。

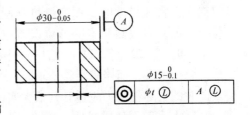

图 3-101　基准要素不采用最小实体要求

如图 3-102 表示了孔 $\phi39_{\ 0}^{+1}$mm 的轴线与外圆 $\phi51_{-0.5}^{\ 0}$mm 的轴线的同轴度公差为 $\phi0\ Ⓛ$，即在最小实体状态下的同轴度公差值为零。对基准也应用了最小实体要求。

上图中，显然实际孔的直径必须在 $\phi39\text{mm}\sim\phi40\text{mm}$ 之间变化，控制实际孔的最小实体实效边界为直径是 $\phi40\text{mm}$ 的理想圆柱面，也即该孔的最小实体边界，见图 3-102a。

当基准圆柱面的直径为 $\phi50.5\text{mm}$，即为最小实体尺寸时，其轴线不得有任何浮动。如此时被测孔的直径也是最小实体尺寸 $\phi40\text{mm}$，被测轴线相对于基准轴线不得有任何同轴度误差（见图 3-102b）。当基准圆柱的直径仍为 $\phi50.5\text{mm}$，但被测孔的直径做到 $\phi39\text{mm}$（最大实体尺寸），此时实际孔直径偏离最小实体尺寸的数值为 1mm，可补偿给被测轴线，因而被测轴线的同轴度误差可为 1mm，见图 3-102c。如基准圆的直径为 $\phi51\text{mm}$（最大实

体尺寸），偏离了最小实体尺寸
0.5mm，也即其实际轮廓偏离了
$\phi 50.5$mm的控制边界。此时基准
轴线可获得一个浮动的区域即
$\phi 0.5$mm。基准轴线的浮动，使
被测轴线相对于基准轴线的同轴
度误差因此而改变，但两者均仍
然受自身的边界所控制。

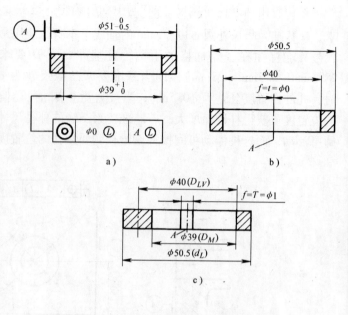

### 六、可逆要求

可逆要求是既允许尺寸公差
补偿给形位公差，反过来也允许
形位公差补偿给尺寸公差的一种
要求。

#### （一）标注

可逆要求用符号®表示，必
须与Ⓜ或Ⓛ符号一起使用。使用
时将®符号置于被测要素形位公

图 3-102  应用最小实体要求时的零形位公差

差框格中的最大实体要求符号Ⓜ或最小实体要求符号Ⓛ的右边，见图 3-103a、b 所示。

#### （二）原理解释

1. ®与Ⓜ共同使用时

此时，要求被测要素既要满足Ⓜ要
求，也要满足®要求。当被测要素实际尺
寸偏离最大实体尺寸时，偏离量可补偿给
形位公差值；当被测要素的形位误差值小

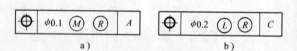

图 3-103  可逆要求®的标注

于给定值时，小的差值可补偿给尺寸公差值。换句话说，当满足Ⓜ要求时，可使被测要素
的形位公差增大；而当满足®要求时，可使被测要素的尺寸公差增大。但必须强调：被测
要素此时的实际轮廓仍应遵守其最大实体实效边界。

2. ®与Ⓛ共同使用时

此时，要求被测要素既要满足Ⓛ要求，也要满足®要求。当被测要素实际尺寸偏离最
小实体尺寸时，偏离量可补偿给形位公差值；当被测要素的形位误差值小于公差框格中的
给定值时，也允许实际尺寸超出尺寸公差所给出的极限尺寸（最小实体尺寸）。此时被测
要素的实际轮廓仍应遵守其最小实体实效边界。

通过上述讨论可知：当同时使用Ⓜ与®要求时，被测要素的实际尺寸可在最小实体尺
寸与最大实体实效尺寸之间变化；当同时使用Ⓛ与®要求时，被测要素的实际尺寸可在最
大实体尺寸与最小实体实效尺寸之间变化。显然，可逆要求的应用并不破坏它本应遵守的
边界，因此仍保持Ⓜ或Ⓛ的功能要求。

可逆要求®只应用于被测要素，而不应用于基准要素。

#### （三）示例

1. ®要求与Ⓜ要求一起使用

图 3-104a 所示为外圆 $\phi20_{-0.1}^{\ 0}$ mm 的轴线对基准端面 $D$ 的垂直度公差要求为 $\phi0.2$mm，同时采用了最大实体要求和可逆要求。

当轴的实际直径为 $\phi20$mm 时，垂直度误差为 $\phi0.2$mm，见图 3-104b；当轴的实际直径偏离最大实体尺寸（$\phi20$mm）为 $\phi19.9$mm 时（最小实体尺寸），偏离量可补偿给垂直度误差为 $\phi0.3$mm，见图 3-104c；当轴线相对基准 $D$ 的垂直度小于 $\phi0.2$mm 时，则可给公差以补偿，如：当垂直度误差为 $\phi0.1$mm 时，实际直径可作到 $\phi20.1$mm；当垂直度误差为 $\phi0$mm 时，实际直径此时可做到 $\phi20.2$mm，见图 3-104d。此时，轴的实际轮廓仍在控制边界为（最大实体实效边界为 $\phi20.2$mm）。图 3-104e 为表达上述变化关系的动态公差图。

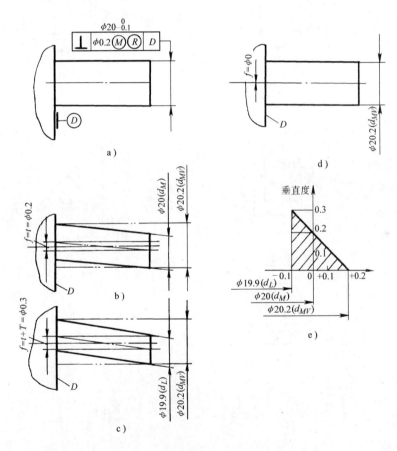

图 3-104　可逆要求与最大实体要求一起使用

## 2. Ⓡ要求与Ⓛ要求一起使用

图 3-105a 所示为孔 $\phi8_{0}^{+0.25}$ mm 的轴线相对基准面 $A$ 的位置度公差为 $\phi0.4$mm，既采用最小实体要求，又同时采用可逆要求。

当孔的实际直径为 $\phi8.25$mm 时，则其轴线的位置度误差可达 $\phi0.4$mm，见图 3-105b；当孔的实际直径为 $\phi8$mm，其轴线的位置度误差可达到 $\phi0.65$mm，见图 3-105c；当轴线的位置度误差小于 $\phi0.4$mm 时，可给尺寸以补偿，如：当位置度误差为 $\phi0.3$mm 时，实际直径可做到 $\phi8.35$mm；当位置度误差为 $\phi0.2$mm 时，实际直径可做到 $\phi8.45$mm；当位置度

误差为 $\phi 0mm$ 时，实际直径可做到 $\phi 8.65mm$。此时，孔的实际轮廓仍在控制边界内（最小实体实效边界为 $\phi 8.65mm$），见图 3-105d。图 3-105e 为表达上述关系的动态公差图。图中实际直径大于 $\phi 8.25mm \sim \phi 8.65mm$ 时，位置度允许值为 $\phi 0mm \sim \phi 0.4mm$。在动态公差图上的这一段粗实线表示了在可逆要求下的实际尺寸和位置度公差的关系。

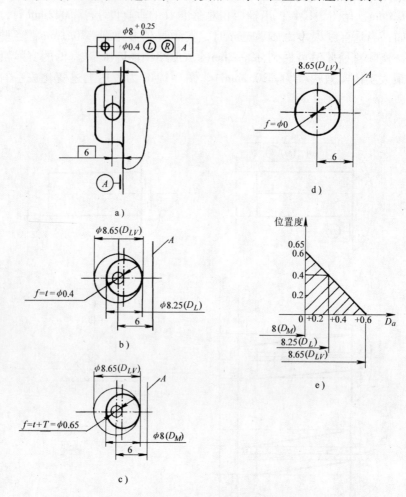

图 3-105    可逆要求与最小实体要求一起使用

# 第五节    形位公差的选择

正确地选用形位公差项目，合理地确定形位公差数值，对提高产品的质量和降低成本，具有十分重要的意义。

形位公差的选用，主要包含：选择和确定公差项目、公差数值、基准以及选择正确的标注方法。

## 一、形位公差项目的选择

形位公差项目选择的基本依据是要素的几何特征、零件的结构特点和使用要求。因为任何一个机械零件，都是由简单的几何要素组成，机械加工时，零件上的要素总是存在着形位误差的。形位公差项目就是根据零件上某个要素的形状和要素之间的相互位置的精度要求而确定的。所以选择形位公差项目的基本依据是要素。然后，按照零件的结构特点、使用要求、检测的方便和形位公差项目之间的协调来选定。

例如，回转类（轴类、套类）零件中的阶梯轴，它的轮廓要素是圆柱面、端面；中心要素是轴线。圆柱面选择圆柱度是理想项目，因为它能综合控制径向的圆度误差，轴向的直线度误差和素线的平行度误差。考虑检测的方便性，也可选圆度和素线的平行度。但需注意，当选定为圆柱度，若对圆度无进一步要求，就不必再选圆度，以避免重复。

要素之间的位置关系，例如，阶梯轴的轴线有位置要求，可选用同轴度或跳动项目。具体选哪一项目，应根据项目的特征、零件的使用要求、检测等因素确定。

从项目特征看，同轴度主要用于轴线，是为了限制轴线的偏离。跳动能综合限制要素的形状和位置误差，且检测方便，但它不能反映单项误差。再从零件的使用要求看，若阶梯轴两轴承位明确要求限制轴线间的偏差，应采用同轴度。但如阶梯轴对形位精度有要求，而又无需区分轴线的位置误差与圆柱面的形状误差，则可选择跳动项目。

**二、形位公差值的确定**

1. 公差等级

形位公差值的确定原则是根据零件的功能要求，并考虑加工的经济性和零件的结构、刚性等情况，其大小由形位公差等级确定（结合主参数），因此，确定形位公差值实际上就是确定形位公差等级。在国标中，将形位公差分为 12 个等级，1 级最高，依次递减，6 级与 7 级为基本级（见表 3-2）。

表 3-2　形位公差基本级

| 基本级 | 项　　　目 |
|---|---|
| 6 | —　　▱　　∥　　⊥　　∠ |
| 7 | ○　　⌀　　◎　　═　　／ |

2. 形位公差等级与有关因素的关系

形位公差等级与尺寸公差等级、表面粗糙度值、加工方法等因素有关，故选择形位公差等级时，可参照这些影响因素综合加以确定，详见表 3-3 ～ 表 3-15。

表 3-3　几种主要加工方法能达到的直线度和平面度公差等级

| 加工方法 | | | 公　差　等　级 | | | | | | | | | | |
|---|---|---|---|---|---|---|---|---|---|---|---|---|---|
| | | | 1 | 2 | 3 | 4 | 5 | 6 | 7 | 8 | 9 | 10 | 11 | 12 |
| 车 | 卧式车 立车 自动车 | 粗 | | | | | | | | | | | ○ | ○ |
| | | 细 | | | | | | | | | ○ | ○ | | |
| | | 精 | | | | | ○ | ○ | ○ | ○ | | | | |

（续）

| 加工方法 | | | 公 差 等 级 | | | | | | | | | | | |
|---|---|---|---|---|---|---|---|---|---|---|---|---|---|
| | | | 1 | 2 | 3 | 4 | 5 | 6 | 7 | 8 | 9 | 10 | 11 | 12 |
| 铣 | 万能铣 | 粗 | | | | | | | | | | | ○ | |
| | | 细 | | | | | | | | | ○ | ○ | | |
| | | 精 | | | | | ○ | ○ | ○ | ○ | | | | |
| 刨 | 龙门刨 牛头刨 | 粗 | | | | | | | | | | | ○ | ○ |
| | | 细 | | | | | | | | | ○ | | | |
| | | 精 | | | | | | | ○ | ○ | ○ | | | |
| 磨 | 无心磨 外圆磨 平 磨 | 粗 | | | | | | | | | ○ | ○ | ○ | |
| | | 细 | | | | | | | ○ | ○ | ○ | | | |
| | | 精 | | ○ | ○ | ○ | ○ | ○ | | | | | | |
| 研磨 | 机动研磨 手工研磨 | 粗 | | | | ○ | ○ | | | | | | | |
| | | 细 | | | ○ | | | | | | | | | |
| | | 精 | ○ | ○ | | | | | | | | | | |
| 刮 | | 粗 | | | | | | ○ | ○ | | | | | |
| | | 细 | | | | ○ | ○ | | | | | | | |
| | | 精 | ○ | ○ | ○ | | | | | | | | | |

**表 3-4　直线度和平面度公差等级与表面粗糙度值的对应关系**　　　　（μm）

| 主参数/mm | 公 差 等 级 | | | | | | | | | | | |
|---|---|---|---|---|---|---|---|---|---|---|---|---|
| | 1 | 2 | 3 | 4 | 5 | 6 | 7 | 8 | 9 | 10 | 11 | 12 |
| | 表面粗糙度 $R_a$ 值不大于 | | | | | | | | | | | |
| ≤25 | 0.025 | 0.050 | 0.10 | 0.10 | 0.20 | 0.20 | 0.40 | 0.80 | 1.60 | 1.60 | 3.2 | 6.3 |
| >25~160 | 0.050 | 0.10 | 0.10 | 0.20 | 0.20 | 0.40 | 0.80 | 0.80 | 1.60 | 3.2 | 6.3 | 12.5 |
| >160~1000 | 0.10 | 0.20 | 0.40 | 0.40 | 0.80 | 1.60 | 1.60 | 3.2 | 3.2 | 6.3 | 12.5 | 12.5 |
| >1000~10000 | 0.20 | 0.40 | 0.80 | 1.60 | 1.60 | 3.2 | 6.3 | 6.3 | 12.5 | 12.5 | 12.5 | 12.5 |

注：6、7、8、9级为常用的形位公差等级，6级为基本级。

**表 3-5　直线度和平面度公差等级应用举例**

| 公差等级 | 应 用 举 例 |
|---|---|
| 1、2 | 用于精密量具，测量仪器以及精度要求较高的精密机械零件。如零级样板、平尺、零级宽平尺、工具显微镜等精密测量仪器的导轨面，喷油嘴针阀体端面平面度，液压泵柱塞套端面的平面度等 |
| 3 | 用于零级及1级宽平尺工作面，1级样板平尺的工作面，测量仪器圆弧导轨的直线度、测量仪器的测杆等 |
| 4 | 用于量具，测量仪器和机床的导轨。如1级宽平尺、零级平板，测量仪器的 V 形导轨，高精度平面磨床的 V 形导轨和滚动导轨，轴承磨及平面磨床床身直线度等 |
| 5 | 用于1级平板、2级宽平尺、平面磨床纵导轨、垂直导轨、立柱导轨和平面磨床的工作台，液压龙门刨床导轨面、转塔车床床身导轨面，柴油机进排气门导杆等 |
| 6 | 用于1级平板，卧式车床床身导轨面，龙门刨床导轨面，滚齿机立柱导轨，床身导轨及工作台，自动车床床身导轨，平面磨床垂直导轨，卧式镗床、铣床工作台以及机床主轴箱导轨，柴油机进排气门导杆直线度，柴油机机体上部结合面等 |

（续）

| 公差等级 | 应 用 举 例 |
|---|---|
| 7 | 用于2级平板，0.02游标卡尺尺身的直线度，机床主轴箱体，滚齿机床身导轨的直线度，镗床工作台，摇臂钻底座工作台，柴油机汽门导杆，液压泵盖的平面度，压力机导轨及滑块 |
| 8 | 用于2级平板，车床溜板箱体，机床主轴箱体，机床传动箱体，自动车床底座的直线度，汽缸盖结合面、汽缸座、内燃机连杆分离面的平面度，减速机壳体的结合面 |
| 9 | 用于3级平板，机床溜板箱，立钻工作台，螺纹磨床的挂轮架，金相显微镜的载物台，柴油机汽缸体连杆的分离面，缸盖的结合面，阀片的平面度，空气压缩机汽缸体，柴油机缸孔环面的平面度以及辅助机构及手动机械的支承面 |
| 10 | 用于3级平板，自动车床床身底面的平面度，车床挂轮架的平面度，柴油机汽缸体，摩托车的曲轴箱体，汽车变速箱的壳体与汽车发动机缸盖结合面，阀片的平面度，以及液压、管件和法兰的连接面等 |
| 11、12 | 用于易变形的薄片零件，如离合器的摩擦片、汽车发动机缸盖的结合面等 |

### 表3-6 圆度和圆柱度公差等级与尺寸公差等级的对应关系

| 尺寸公差等级（IT） | 圆度、圆柱度公差等级 | 公差带占尺寸公差的百分比 | 尺寸公差等级（IT） | 圆度、圆柱度公差等级 | 公差带占尺寸公差的百分比 | 尺寸公差等级（IT） | 圆度、圆柱度公差等级 | 公差带占尺寸公差的百分比 |
|---|---|---|---|---|---|---|---|---|
| 01 | 0 | 66 | 5 | 4 | 40 | 9 | 10 | 80 |
| 0 | 0 | 40 | 5 | 5 | 60 | 10 | 7 | 15 |
| 0 | 1 | 80 | 5 | 6 | 95 | 10 | 8 | 20 |
| 1 | 0 | 25 | 6 | 3 | 16 | 10 | 9 | 30 |
| 1 | 1 | 50 | 6 | 4 | 26 | 10 | 10 | 50 |
| 1 | 2 | 75 | 6 | 5 | 40 | 10 | 11 | 70 |
| 2 | 0 | 16 | 6 | 6 | 66 | 11 | 8 | 13 |
| 2 | 1 | 33 | 6 | 7 | 95 | 11 | 9 | 20 |
| 2 | 2 | 50 | 7 | 4 | 16 | 11 | 10 | 33 |
| 2 | 3 | 85 | 7 | 5 | 24 | 11 | 11 | 46 |
| 3 | 0 | 10 | 7 | 6 | 40 | 11 | 12 | 83 |
| 3 | 1 | 20 | 7 | 7 | 60 | 12 | 9 | 12 |
| 3 | 2 | 30 | 7 | 8 | 80 | 12 | 10 | 20 |
| 3 | 3 | 50 | 8 | 5 | 17 | 12 | 11 | 28 |
| 3 | 4 | 80 | 8 | 6 | 28 | 12 | 12 | 50 |
| 4 | 1 | 13 | 8 | 7 | 43 | 13 | 10 | 14 |
| 4 | 2 | 20 | 8 | 8 | 57 | 13 | 11 | 20 |
| 4 | 3 | 33 | 8 | 9 | 85 | 13 | 12 | 35 |
| 4 | 4 | 53 | 9 | 6 | 16 | 14 | 11 | 11 |
| 4 | 5 | 80 | 9 | 7 | 24 | 14 | 12 | 20 |
| 5 | 2 | 15 | 9 | 8 | 32 | 15 | 12 | 12 |
| 5 | 3 | 25 | 9 | 9 | 48 | | | |

表 3-7　圆度和圆柱度公差等级与表面粗糙度的对应关系　　　　　　（μm）

| 主参数/mm | 公　差　等　级 | | | | | | | | | | | | |
|---|---|---|---|---|---|---|---|---|---|---|---|---|---|
| | 0 | 1 | 2 | 3 | 4 | 5 | 6 | 7 | 8 | 9 | 10 | 11 | 12 |
| | 表面粗糙度 $R_a$ 值不大于 | | | | | | | | | | | | |
| ≤3 | 0.00625 | 0.0125 | 0.0125 | 0.025 | 0.05 | 0.1 | 0.2 | 0.2 | 0.4 | 0.8 | 1.6 | 3.2 | 3.2 |
| >3 ~18 | 0.00625 | 0.0125 | 0.025 | 0.05 | 0.1 | 0.2 | 0.2 | 0.4 | 0.8 | 1.6 | 3.2 | 6.3 | 12.5 |
| >18 ~120 | 0.0125 | 0.025 | 0.05 | 0.1 | 0.2 | 0.2 | 0.4 | 0.8 | 1.6 | 3.2 | 6.3 | 12.5 | 12.5 |
| >120 ~500 | 0.025 | 0.05 | 0.1 | 0.2 | 0.2 | 0.4 | 0.8 | 1.6 | 3.2 | 6.3 | 12.5 | 12.5 | 12.5 |

注：7、8、9 级为常用的形位公差等级，7 级为基本级。

表 3-8　圆度和圆柱度公差等级应用举例

| 公差等级 | 应　用　举　例 |
|---|---|
| 1 | 高精度量仪主轴，高精度机床主轴、滚动轴承滚珠和滚柱等 |
| 2 | 精密量仪主轴、外套、阀套，高压液压泵柱塞及套，纺锭轴承，高速柴油机进、排气门、精密机床主轴轴颈，针阀圆柱表面；喷油泵柱塞及柱塞套 |
| 3 | 工具显微镜套管外圈，高精度外圆磨床轴承，磨床砂轮主轴套筒，喷油嘴针、阀体，高精度微型轴承内外圈 |
| 4 | 较精密机床主轴，精密机床主轴箱孔，高压阀门活塞、活塞销、阀体孔，工具显微镜顶针，高压液压泵柱塞，较高精度滚动轴承配合轴，铣削动力头箱体孔等 |
| 5 | 一般量仪主轴，测杆外圆，陀螺仪轴颈，一般机床主轴，较精密机床主轴及主轴箱孔，柴油机、汽油机活塞、活塞销孔，铣削动力头轴承箱座孔，高压空气压缩机十字头销、活塞，较低精度滚动轴承配合轴等 |
| 6 | 仪表端盖外圆，一般机床主轴及箱体孔，中等压力下液压装置工作面（包括泵、压缩机的活塞和汽缸），汽车发动机凸轮轴，纺机锭子，通用减速器轴颈，高速船用发动机曲轴，拖拉机曲轴主轴颈 |
| 7 | 大功率低速柴油机曲轴、活塞、活塞销、连杆、汽缸，高速柴油机箱体孔，千斤顶或压力液压缸活塞，液压传动系统的分配机构，机车传动轴，水泵及一般减速器轴颈 |
| 8 | 低速发动机、减速器、大功率曲柄轴轴颈，压气机连杆盖、体，拖拉机汽缸体、活塞，炼胶机冷铸轴辊，印刷机传墨辊，内燃机曲轴，柴油机机体孔、凸轮轴，拖拉机、小型船用柴油机汽缸套 |
| 9 | 空气压缩机缸体，液压传动筒，通用机械杠杆与拉杆用套筒销子，拖拉机活塞环、套筒孔 |
| 10 | 印染机导布辊、绞车、吊车、起重机滑动轴承轴颈等 |

表 3-9　几种主要加工方法能达到的圆度和圆柱度公差等级

| 表面 | 加工方法 | | 公　差　等　级 | | | | | | | | | | | |
|---|---|---|---|---|---|---|---|---|---|---|---|---|---|---|
| | | | 1 | 2 | 3 | 4 | 5 | 6 | 7 | 8 | 9 | 10 | 11 | 12 |
| 轴 | 车 | 自动、半自动车 | | | | | | | ○ | ○ | ○ | | | |
| | | 立车、转塔车 | | | | | | ○ | ○ | ○ | ○ | | | |
| | | 卧式车 | | | | | ○ | ○ | ○ | ○ | ○ | ○ | ○ | ○ |
| | | 精车 | | | ○ | ○ | ○ | | | | | | | |
| | 磨 | 无心磨 | | | ○ | ○ | ○ | ○ | | | | | | |
| | | 外圆磨 | ○ | ○ | ○ | ○ | ○ | | | | | | | |
| | 研　磨 | | ○ | ○ | ○ | | | | | | | | | |

（续）

| 表面 | 加工方法 | | 公差等级 | | | | | | | | | | | |
|---|---|---|---|---|---|---|---|---|---|---|---|---|---|---|
| | | 1 | 2 | 3 | 4 | 5 | 6 | 7 | 8 | 9 | 10 | 11 | 12 |
| 孔 | 普通钻孔 | | | | | | | ○ | ○ | ○ | ○ | ○ | ○ |
| | 铰、拉孔 | | | | | | ○ | ○ | ○ | | | | |
| | 车（扩）孔 | | | | | ○ | ○ | ○ | ○ | ○ | | | |
| | 普通镗 | | | | | | ○ | ○ | ○ | ○ | ○ | | |
| | 精镗 | | | ○ | ○ | ○ | | | | | | | |
| | 珩磨 | | | | | | ○ | ○ | ○ | | | | |
| | 磨孔 | | | | ○ | ○ | ○ | | | | | | |
| | 研磨 | ○ | ○ | ○ | ○ | | | | | | | | |

表 3-10　几种主要加工方法能达到的平行度、垂直度和倾斜度公差等级

### 平行度

轴线对轴线（或对平面）的平行度：车（粗、细）、钻、镗（粗、细、精）、磨、坐标镗钻
平面对平面的平行度：刨（粗、细）、铣（粗、细）、拉、磨（粗、细、精）、刮（粗、细、精）、研磨、超精磨

| 公差等级 | 车粗 | 车细 | 钻 | 镗粗 | 镗细 | 镗精 | 磨 | 坐标镗钻 | 刨粗 | 刨细 | 铣粗 | 铣细 | 拉 | 磨粗 | 磨细 | 磨精 | 刮粗 | 刮细 | 刮精 | 研磨 | 超精磨 |
|---|---|---|---|---|---|---|---|---|---|---|---|---|---|---|---|---|---|---|---|---|---|
| 1 | | | | | | | | | | | | | | | | | | | ○ | ○ | ○ |
| 2 | | | | | | | | | | | | | | | | ○ | | | ○ | ○ | ○ |
| 3 | | | | | | | | | | | | | | | | ○ | | ○ | | ○ | |
| 4 | | | | | | | | ○ | | | | | | | ○ | | | ○ | | ○ | |
| 5 | | | | | | ○ | ○ | | | | | | | ○ | ○ | | ○ | | | | |
| 6 | | | | | ○ | ○ | | ○ | | | | ○ | | | ○ | | | ○ | | | |
| 7 | | ○ | | | ○ | | | ○ | ○ | | ○ | | | | | | | | | | |
| 8 | | ○ | | ○ | | | ○ | | | | ○ | | | | | | | | | | |
| 9 | | ○ | ○ | ○ | | | | | ○ | | ○ | | | | | | | | | | |
| 10 | ○ | ○ | ○ | ○ | | | | | ○ | | ○ | | | | | | | | | | |
| 11 | ○ | | | | | | | | ○ | | ○ | | | | | | | | | | |
| 12 | | | | | | | | | | | | | | | | | | | | | |

### 垂直度和倾斜度

轴线对轴线（或对平面）的垂直度和倾斜度：车（粗、细）、钻、镗〔车立铣（细）｜镗床（粗、细、精）〕、金刚石镗
平面对平面的垂直度和倾斜度：磨（粗、细）、刨（粗、细、精）、铣（粗、细）、插（粗、细）、磨（粗、细、精）、刮（细、精）、研磨

| 公差等级 | 车粗 | 车细 | 钻 | 车立铣细 | 镗床粗 | 镗床细 | 镗床精 | 金刚石镗 | 磨粗 | 磨细 | 刨粗 | 刨细 | 刨精 | 铣粗 | 铣细 | 插粗 | 插细 | 磨粗 | 磨细 | 磨精 | 刮细 | 刮精 | 研磨 |
|---|---|---|---|---|---|---|---|---|---|---|---|---|---|---|---|---|---|---|---|---|---|---|---|
| 1 | | | | | | | | | | | | | | | | | | | | | | | |
| 2 | | | | | | | | | | | | | | | | | | | | | | | |
| 3 | | | | | | | | | | | | | | | | | | | | ○ | | | ○ |
| 4 | | | | | | | | ○ | | | | | | | | | | | | ○ | | ○ | ○ |

（续）

| 加工方法 / 公差等级 | 轴线对轴线（或对平面）的垂直度和倾斜度 ||||||||| 平面对平面的垂直度和倾斜度 |||||||||||||||
|---|---|---|---|---|---|---|---|---|---|---|---|---|---|---|---|---|---|---|---|---|---|---|---|---|
| 垂直度和倾斜度 ||||||||||||||||||||||||| |
| | 车 || 钻 | 镗 ||||| 金刚石镗 | 磨 || 刨 ||| 铣 || 插 || 磨 ||| 刮 || 研磨 |
| | | | | 车立铣 || 镗床 ||| | | | | | | | | | | | | | | | |
| | 粗 | 细 | | 细 | 精 | 粗 | 细 | 精 | | 粗 | 细 | 粗 | 细 | 精 | 粗 | 细 | 粗 | 细 | 粗 | 细 | 精 | 细 | 精 | |
| 5 | | | | | | | | | ○ | | | | | | | | | | | | ○ | | ○ | ○ |
| 6 | | | | | ○ | | | | | | | | | | | | | | | ○ | ○ | ○ | ○ | |
| 7 | | | | | ○ | ○ | ○ | ○ | | | | | | | | | | | ○ | ○ | | ○ | | |
| 8 | | | ○ | ○ | | | | | | | | | | ○ | | ○ | | ○ | ○ | | | | | |
| 9 | | ○ | | | | | | | | | | | ○ | | ○ | ○ | | ○ | | | | | | |
| 10 | ○ | ○ | ○ | | | | | | | | | ○ | ○ | | ○ | | ○ | | | | | | | |
| 11 | ○ | | | | | | | | | | | ○ | | | | | | | | | | | | |
| 12 | | | ○ | | | | | | | | | | | | | | | | | | | | | |

表 3-11　平行度、垂直度和倾斜度公差等级与尺寸公差等级的对应关系

| 平行度（线对线、面对面）公差等级 | 3 | 4 | 5 | 6 | 7 | 8 | 9 | 10 | 11 | 12 |
|---|---|---|---|---|---|---|---|---|---|---|
| 尺寸公差等级（IT） | | | | | 3、4 | 5、6 | 7、8、9 | 10、11、12 | 12、13、14 | 14、15、16 |
| 垂直度和倾斜度公差等级 | 3 | 4 | 5 | 6 | 7 | 8 | 9 | 10 | 11 | 12 |
| 尺寸公差等级（IT） | 5 | 6 | 7、8 | 8、9 | 10 | 11、12 | 12、13 | 14 | 15 | |

注：6、7、8、9级为常用的形位公差等级，6级为基本级。

表 3-12　平行度和垂直度公差等级应用举例

| 公差等级 | 面对面平行度应用举例 | 面对线、线对线平行度应用举例 | 垂直度应用举例 |
|---|---|---|---|
| 1 | 高精度机床，高精度测量仪器以及量具等主要基准面和工作面 | | 高精度机床、高精度测量仪器以及量具等主要基准面和工作面 |
| 2、3 | 精密机床，精密测量仪器、量具以及夹具的基准面和工作面 | 精密机床上重要箱体主轴孔对基准面及对其他孔的要求 | 精密机床导轨，普通机床重要导轨，机床主轴轴向定位面，精密机床主轴端面，滚动轴承座圈端面，齿轮测量仪的心轴，光学分度头心轴端面，精密刀具、量具工作面和基准面 |
| 4、5 | 卧式车床，测量仪器、量具的基准面和工作面，高精度轴承座圈，端盖，挡圈的端面 | 机床主轴孔对基准面要求，重要轴承孔对基准面要求，床头箱体重要孔间要求，齿轮泵的端面等 | 普通机床导轨，精密机床重要零件，机床重要支承面，普通机床主轴偏摆，测量仪器、刀、量具，液压传动轴瓦端面，刀量具工作面和基准面 |
| 6、7、8 | 一般机床零件的工作面和基准面，一般刀、量、夹具 | 机床一般轴承孔对基准面要求，主轴箱一般孔间要求，主轴花键对定心直径要求，刀、量、模具 | 普通精度机床主要基准面和工作面，回转工作台端面，一般导轨，主轴箱体孔、刀架、砂轮架及工作台回转中心，一般轴肩对其轴线 |
| 9、10 | 低精度零件，重型机械滚动轴承端盖 | 柴油机和煤气发动机的曲轴孔、轴颈等 | 花键轴轴肩端面，带运输机法兰盘等对端面、轴线，手动卷场机及传动装置中轴承端面，减速器壳体平面等 |

（续）

| 公差等级 | 面对面平行度应用举例 | 面对线、线对线平行度应用举例 | 垂直度应用举例 |
|---|---|---|---|
| 11、12 | 零件的非工作面，绞车、运输机上用的减速器壳体平面 | | 农业机械齿轮端面等 |

注：1. 在满足设计要求的前提下，考虑到零件加工的经济性，对于线对线和线对面的平行度和垂直度公差等级，应选用低于面对面的平行度和垂直度公差等级。

2. 使用本表选择面对面平行度和垂直度时，宽度应不大于1/2长度；若大于1/2，则降低一级公差等级选用。

表 3-13　同轴度、对称度、圆跳动和全跳动公差等级与尺寸公差等级的对应关系

| 同轴度、对称度、径向圆跳动、径向全跳动公差等级 | 1 | 2 | 3 | 4 | 5 | 6 | 7 | 8 | 9 | 10 | 11 | 12 |
|---|---|---|---|---|---|---|---|---|---|---|---|---|
| 尺寸公差等级（IT） | 2 | 3 | 4 | 5 | 6 | 7、8 | 8、9 | 10 | 11、12 | 12、13 | 14 | 15 |
| 端面圆跳动、斜向圆跳动、端面全跳动公差等级 | 1 | 2 | 3 | 4 | 5 | 6 | 7 | 8 | 9 | 10 | 11 | 12 |
| 尺寸公差等级（IT） | 1 | 2 | 3 | 4 | 5 | 6 | 7、8 | 8、9 | 10 | 11、12 | 12、13 | 14 |

注：6、7、8、9级为常用的形位公差等级，7级为基本级。

表 3-14　同轴度、对称度、跳动公差等级应用

| 公差等级 | 应 用 举 例 |
|---|---|
| 5，6，7 | 这是应用范围较广的公差等级。用于形位精度要求较高、尺寸公差等级为IT8及高于IT8的零件。5级常用于机床轴颈、计量仪器的测量杆、汽轮机主轴、柱塞液压泵转子、高精度滚动轴承外圈、一般精度滚动轴承内圈、回转工作台端面跳动。7级用于内燃机曲轴、凸轮轴、齿轮轴、水泵轴、汽车后轮输出轴、电动机转子、印刷机传墨辊的轴颈、键槽 |
| 8，9 | 常用于形位精度要求一般，尺寸公差等级IT9至IT11的零件。8级用于拖拉机发动机分配轴轴颈，与9级精度以下齿轮相配的轴，水泵叶轮，离心泵体，棉花精梳机前后滚子，键槽等。9级用于内燃机汽缸套配合面、自行车中轴 |

表 3-15　几种主要加工方法能达到的同轴度、对称度、圆跳动和全跳动公差等级

| 加工方法 | | 公 差 等 级 | | | | | | | | | | | |
|---|---|---|---|---|---|---|---|---|---|---|---|---|---|
| | | 1 | 2 | 3 | 4 | 5 | 6 | 7 | 8 | 9 | 10 | 11 | 12 |
| | | 同轴度、对称度和径向圆跳动 | | | | | | | | | | | |
| 车 | 粗 | | | | | | | | ○ | ○ | ○ | | |
| | 细 | | | | | | ○ | ○ | | | | | |
| 镗 | 精 | | | | ○ | ○ | ○ | ○ | | | | | |
| 铰 | 细 | | | | | | ○ | ○ | | | | | |
| 磨 | 粗 | | | | | | | | | | | | |
| | 细 | | | | | ○ | ○ | | | | | | |
| | 精 | ○ | ○ | ○ | ○ | | | | | | | | |
| 内圆磨 | 细 | | | | | | | | | | | | |
| 珩磨 | | | | ○ | ○ | ○ | | | | | | | |
| 研磨 | | ○ | ○ | ○ | ○ | | | | | | | | |

（续）

| 加工方法 | | 公 差 等 级 | | | | | | | | | | | |
|---|---|---|---|---|---|---|---|---|---|---|---|---|---|
| | | 1 | 2 | 3 | 4 | 5 | 6 | 7 | 8 | 9 | 10 | 11 | 12 |
| | | 同轴度、对称度和径向圆跳动 | | | | | | | | | | | |
| | | 斜 向 和 端 面 跳 动 | | | | | | | | | | | |
| 车 | 粗 | | | | | | | | | | ○ | ○ | |
| | 细 | | | | | | | | ○ | ○ | ○ | | |
| | 精 | | | | | | ○ | ○ | ○ | ○ | | | |
| 磨 | 细 | | | | ○ | ○ | ○ | ○ | ○ | | | | |
| | 精 | | | ○ | ○ | ○ | ○ | | | | | | |
| 刮 | 细 | | ○ | ○ | ○ | | | | | | | | |

3. 确定形位公差等级应考虑的问题

（1）考虑零件的结构特点　对于刚性较差的零件，如细长的轴或孔；某些结构特点的要素，如跨距较大的轴或孔，以及宽度较大的零件表面（一般大于 1/2 长度），因加工时易产生较大的形位误差，因此应较正常情况选择低 1~2 级形位公差等级。

（2）协调形位公差值与尺寸公差值之间的关系　在同一要素上给出的形状公差值应小于位置公差值。例如：要求平行的两个表面，其平面度公差应小于平行度公差值。

圆柱形零件的形状公差值（轴线的直线度除外）一般情况下应小于其尺寸公差值。

平行度公差值应小于其相应的距离尺寸的尺寸公差值。

所以，形位公差值与相应要素的尺寸公差值，一般原则是

$$t_{形状} < t_{位置} < T_{尺寸}$$

（3）形状公差与表面粗糙度值的关系　表面粗糙度 $R_z$ 的数值与形状公差 $t_形$ 之关系，对于中等尺寸、中等精度的零件，一般为 $R_z = （0.2~0.3）t_形$；对高精度及小尺寸零件，$R_z = （0.5~0.7）t_形$。

### 三、基准的选择

如前所述，基准是确定关联要素间方向或位置的依据。在考虑选择位置公差项目时，必然同时考虑要采用的基准，如选用单一基准、组合基准还是选用多基准。

单一基准由一个要素作基准使用，如平面、圆柱面的轴线，可建立基准平面、基准轴线。组合基准是由两个或两个以上要素构成的作为单一基准使用。选择基准时，一般应从下列几方面考虑：

1）根据要素的功能及对被测要素间的几何关系来选择基准。如轴类零件，通常以两个轴承为支承运转，其运转轴线是安装轴承的两轴颈公共轴线。因此，从功能要求和控制其他要素的位置精度来看，应选这两个轴颈的公共轴线为基准。

2）根据装配关系，应选择零件相互配合、相互接触的表面作为各自的基准，以保证装配要求。

3）从加工、检验角度考虑，应选择在夹具、检具中定位的相应要素为基准。这样能使所选基准与定位基准、检测基准、装配基准重合，以消除由于基准不重合引起的误差。

例如，图 3-106 所示的圆柱齿轮，它以内孔 $\phi40H7$ 安装在轴上，轴向定位以齿轮端面

靠在轴肩上。因此，齿轮端面对 $\phi40H7$ 轴线有垂直度要求，且要求齿轮两端面平行；同时考虑齿轮内孔与切齿分开加工，切齿时齿轮以端面和内孔定位在机床心轴上，当齿顶圆作为测量基准时，还要求齿顶圆的轴线与内孔 $\phi40H7$ 轴线同轴。事实上端面和轴线都是设计基准，因此从使用要求、要素的几何关系、基准重合等考虑，选择 $\phi40H7$ 轴线作为端面与齿顶圆的基准是合适的。为了考虑检测方便，图 3-106 中采用了跳动公差（或全跳动公差）。

选定 $\phi40H7$ 轴线为基准，还满足了装配基准、检测基准、加工基准与设计基准的重合。同时又使圆柱齿轮上各项位置公差采用统一的基准。

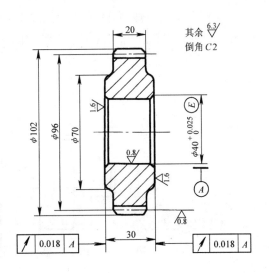

图 3-106 圆柱齿轮基准选择

4）从零件的结构考虑，应选较大的表面、较长的要素（如轴线）作基准，以便定位稳固、准确；对结构复杂的零件，一般应选三个基准，建立三基面体系，以确定被测要素在空间的方向和位置。

通常定向公差项目，只要单一基准，定位公差项目中的同轴度、对称度，其基准可以是单一基准，也可以是组合基准；对于位置度采用三基面较为常见。

**四、形位公差的选择方法与实例**

1. 选择方法

1）根据功能要求确定形位公差项目。

2）参考形位公差与尺寸公差、表面粗糙度、加工方法的关系再结合实际情况修正后确定出公差等级并查表得出公差值。

3）选择基准要素。

4）选择标注方法。

2. 实例

**例 3-2** 试确定图 0-1 齿轮液压泵中齿轮轴两轴颈 $\phi15f6$ 的形位公差和选择合适的标注方法。

**解：**

（1）齿轮轴两轴颈 $\phi15f6$ 形状公差的确定 由于齿轮轴处于较高转速下工作，两轴颈与两端泵盖轴承孔作间隙配合时，为保证沿轴截面与正截面内各处间隙均匀，防止磨损不一致以及避免跳动过大，应严格控制其形状误差。现选择圆度与圆柱度公差项目。

1）确定公差等级。参考表 3-8 可选用 6~7 级；参考表 3-9 可选用 1~7 级。由于圆柱度为综合公差，故可考虑选用 6 级，而圆度公差选用 5 级。

即　　　　　　　　圆度公差查表应为　　　　　　　 $t = 2\mu m$

　　　　　　　　　 圆柱度公差查表应为　　　　　　　$t = 3\mu m$

2）选择公差原则。考虑到为既要保证可装配性，又要保证对中精度与运动精度和齿轮接触良好的功能要求，可采用单一要素的包容要求。

（2）齿轮轴两轴颈 $\phi15f6$ 位置公差的确定　为了保证可装配性和运动精度，应控制两轴颈的同轴度误差，但考虑到两轴颈的同轴度在生产中不便于检测，可用径向圆跳动公差来控制同轴度误差。

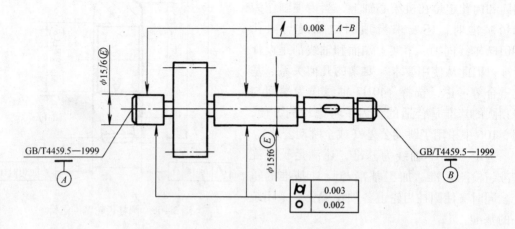

图 3-107　齿轮轴轴颈的形位公差

参考表 3-14 推荐同轴度公差等级可取为 5～7 级；参考表 3-13 则可取为 5～6 级；参考表 3-15（细磨加工方法）可取为 5～6 级，综合考虑以为 6 级较合适。

查表可得到圆跳动公差值 $t=8\mu m$。

（3）齿轮轴形位公差的标注如图 3-107 所示

**例 3-3**　如图 3-108 所示小轴，要求与孔全长间隙配合，轴的极限边界尺寸不允许超出 $\phi30mm$，为了保证沿全长配合间隙不大于 0.005～0.019mm，不允许产生过大的轴线弯曲度。试确定其形位公差和选择合适的标注方法。

**解：**此零件为单一要素，不存在位置要求，为满足其功能要求，只考虑控制素线的直线度误差（同时也控制了轴线的形状误差）。按与表面粗糙度的关系，查表3-4，推荐为 4 级。按与加工方法的关系，查表3-3，推荐为 2～7 级（粗精磨表面）。

综合确定采用 4 级，查表得 $t=0.004mm$。

倒角 $C1$
材料 45
热处理 T235

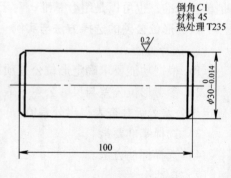

图 3-108　小轴

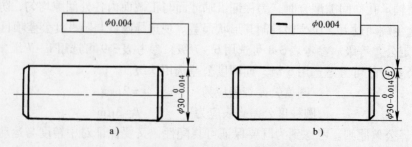

a)　　　　　　　　　　　b)

图 3-109　小轴形位公差的标注形式

形位公差的标注形式可采用两种（参看图 3-109）。由于极限边界尺寸不允许超出 $\phi30$mm，故不能采用图 3-109a 按独立原则标注的形式；为保证小轴与孔沿全长的配合间隙的一致性，可采用图 3-109b 按单一要素的包容要求的标注形式，此时在极限边界尺寸不超过 $\phi30$mm 的前提下，直线度误差在 $0\sim0.004$mm 内变化。

## 习　题

3-1　试将下列各项形位公差要求标注在习题图 3-1 上。

1）$\phi100$h8 圆柱面对 $\phi40$H7 孔轴线的圆跳动公差为 0.018mm；

2）$\phi40$H7 孔遵守包容要求，圆柱度公差为 0.007mm；

3）左、右两凸台端面对 $\phi40$H7 孔轴线的圆跳动公差均为 0.012mm；

4）轮毂键槽对 $\phi40$H7 孔轴线的对称度公差为 0.02mm。

3-2　试将下列各项形位公差要求标注在习题图 3-2 上。

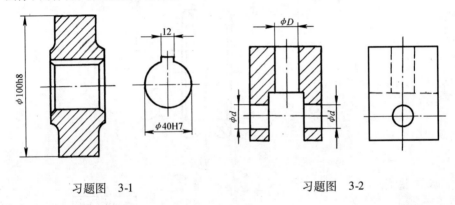

习题图　3-1　　　　　　习题图　3-2

1）$2\times\phi d$ 轴线对其公共轴线的同轴度公差均为 0.02mm；

2）$\phi D$ 轴线对 $2\times\phi d$ 公共轴线的垂直度公差为 0.01∶100mm；

3）$\phi D$ 轴线对 $2\times\phi d$ 公共轴线的对称度公差为 0.02mm。

3-3　试将下列各项形位公差要求标注在习题图 3-3 上。

1）圆锥面 A 的圆度公差为 0.006mm、素线的直线度公差为 0.005mm，圆锥面 A 轴线对 $\phi d$ 轴线的同轴度公差为 $\phi0.015$mm；

2）$\phi d$ 圆柱面的圆柱度公差为 0.009mm，$\phi d$ 轴线的直线度公差为 $\phi0.012$mm；

3）右端面 B 对 $\phi d$ 轴线的圆跳动公差为 0.01mm。

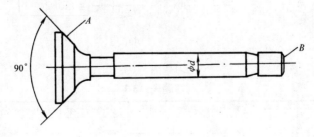

习题图　3-3

3-4　试对习题图 3-4a、b、c、d 所示的四个图样上标注的形位公差作出解释，并按习题表 3-1 规定的栏目填写。四个图样分别填写四个表。

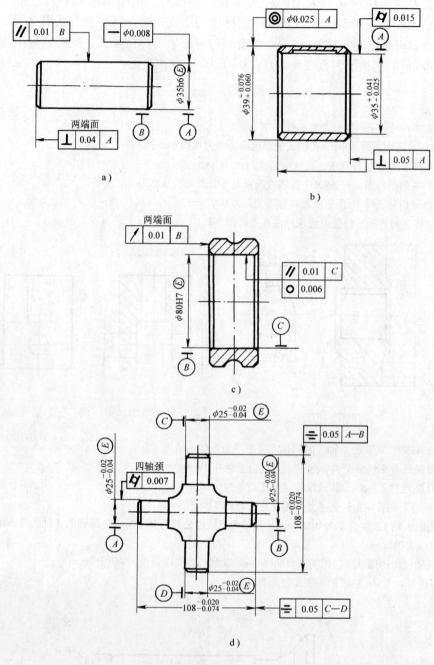

a )

b )

c )

d )

习题图 3-4

习题表 3-1

| 图样序号 | 公差项目符号 | 公差项目名称 | 被测要素 | 基准要素 | 公差带形状和大小 | 公差带相对于基准的方位关系 |
|---|---|---|---|---|---|---|
| a | | | | | | |
| b | | | | | | |
| c | | | | | | |
| d | | | | | | |

3-5　试分别改正习题图 3-5a、b、c、d、e、f 所示的六个图样上形位公差标注的错误（形位公差项

目不允许变更)。

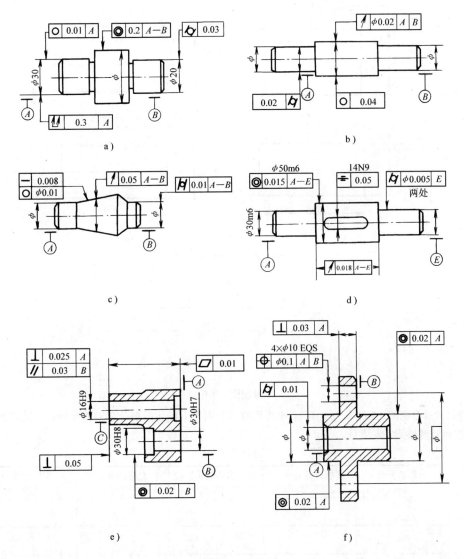

习题图　3-5

3-6　试将习题图 3-6a、b、c、d、e 所示的五个图样的解释按习题表 3-2 规定的栏目分别填写。

习题表　3-2

| 图样序号 | 采用的公差要求 | 理想边界名称及边界尺寸/mm | 允许的最大形状公差值/mm | 实际尺寸合格范围/mm | 检测方法 |
|---|---|---|---|---|---|
| a |  |  |  |  |  |
| b |  |  |  |  |  |
| c |  |  |  |  |  |
| d |  |  |  |  |  |
| e |  |  |  |  |  |

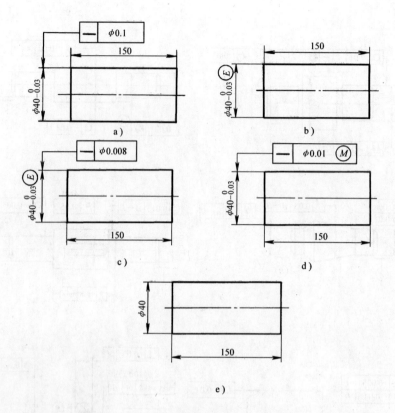

习题图　3-6

3-7　试对习题图3-7a、b、c、d、e、f所示的六个图样上标注的形位公差作出解释，按习题表3-3规定的栏目针对被测要素填写。

习题表　3-3

| 图样序号 | 采用的公差要求 | 理想边界名称及边界尺寸/mm | 最大实体状态下的位置公差值/mm | 允许的最大位置公差值/mm | 实际尺寸合格范围/mm |
|---|---|---|---|---|---|
| a | | | | | |
| b | | | | | |
| c | | | | | |
| d | | | | | |
| e | | | | | |
| f | | | | | |

3-8　用分度值为0.01mm/m的水平仪和跨距为250mm的桥板来测量长度为2m的机床导轨，读数（格）为：0，+2，+2，0，-0.5，-0.5，+2，+1，+3，试按最小条件和两端点连线法分别评定该导轨的直线度误差值。

3-9　用分度值为0.02mm/m的水平仪测量一零件的平面度误差。按网格布线，共测9点，如习题图3-8a所示。在x方向和y方向测量所用桥板的跨距皆为200mm，各测点的读数（格）见习题图3-8b。试按最小条件和对角线法分别评定该被测表面的平面度误差值。

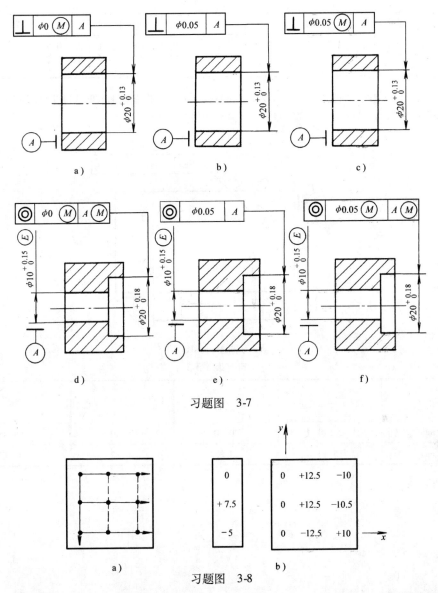

习题图　3-7

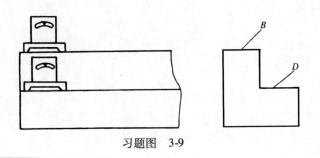

习题图　3-8

3-10　参看习题图 3-9，用分度值为 0.02mm/m 的水平仪测工件平行度误差，所用桥板的跨距为 200mm。对基准要素 *D* 与被测要素 *B* 分别测量后，测得的各测点读数（格）列于习题表 3-4。试用图解法求解被测要素的平行度误差值。

习题图　3-9

习题表　3-4

| 测点序号 | 0 | 1 | 2 | 3 | 4 | 5 | 6 | 7 | 8 |
|---|---|---|---|---|---|---|---|---|---|
| 基准要素 $D$ 读数（格） | 1 | -1.5 | +1 | -3 | +1 | -1.5 | +0.5 | 0 | -0.5 |
| 被测要素 $B$ 读数（格） | 0 | +2 | -3 | +5 | -2 | +0.5 | -2 | +1 | 0 |

3-11　用坐标法测量习题图 3-10 所示零件的位置度误差。测得各孔轴线的实际坐标尺寸如习题表 3-5 所列。试确定该零件上各孔的位置度误差值，并判断合格与否？

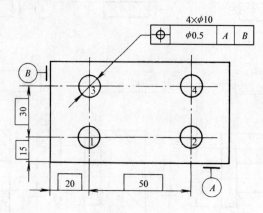

习题图　3-10

习题表　3-5

| 孔序号<br>坐标值 | 1 | 2 | 3 | 4 |
|---|---|---|---|---|
| $x$/mm | 20.10 | 70.10 | 19.90 | 69.85 |
| $y$/mm | 15.10 | 14.85 | 44.82 | 45.12 |

# 第四章 表面粗糙度及其检测

## 第一节 概　述

### 一、表面粗糙度的概念

表面粗糙度反映的是零件被加工表面上的微观几何形状误差。它主要由加工过程中刀具和零件表面间的摩擦、切屑分离时表面金属层的塑性变形以及工艺系统的高频振动等原因形成的。表面粗糙度不同于主要由机床几何精度方面的误差引起的表面宏观几何形状误差；也不同于在加工过程中主要由机床—刀具—工件系统的振动、发热、回转体不平衡等因素引起的介于宏观和微观几何形状误差之间的表面波度，而是指加工表面上具有的较小间距和峰谷所组成的微观几何形状特性。

目前还没有划分这三种误差严格的统一的标准。通常可按波形起伏间距 $\lambda$ 和幅度 $h$（见图4-1）的比值来划分；比值小于 40，算为表面粗糙度；比值范围为 40 ~ 1000 时属表面波度；比值大于 1000，便按形状误差考虑。

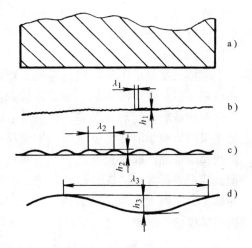

图4-1　加工误差示意图
a）表面实际轮廓　b）表面粗糙度
c）表面波度　d）形状误差

### 二、表面粗糙度对零件使用性能的影响

表面粗糙度对零件使用性能的影响主要有以下几个方面：

（1）对摩擦和磨损的影响　零件实际表面越粗糙，摩擦因数就越大，两相互运动的表面磨损就越快。

（2）对配合性质的影响　表面粗糙度会影响到配合性质的稳定性。对间隙配合，会因表面微观不平度的峰尖在工作过程中很快磨损而使间隙增大。对过盈配合，粗糙表面轮廓的峰顶在装配时被挤平，实际有效过盈减小，降低了联接强度。

（3）对疲劳强度的影响　表面越粗糙，表面微观不平度的凹谷一般就越深，应力集中就会越严重，零件在交变应力作用下，零件疲劳损坏的可能性就越大，疲劳强度就越低。

（4）对接触刚度的影响　表面越粗糙，表面间的实际接触面积就越小，单位面积受力就越大，这就会使峰顶处的局部塑性变形加剧，接触刚度降低，影响机器的工作精度和抗振性。

（5）对耐腐蚀性能的影响　粗糙的表面易使腐蚀性物质附着于表面的微观凹谷，并渗入到金属内层，造成表面锈蚀。

此外，表面粗糙度对零件结合面的密封性能、外观质量和表面涂层的质量等都有很大

的影响。

由上述可知，在设计零件时提出表面粗糙度的要求，是几何精度设计中必不可少的一个方面。

我国现行的表面粗糙度国家标准有三个：GB/T 3505—2000《表面粗糙度术语表面及其参数》；GB/T 1031—1995《表面粗糙度参数及其数值》；GB/T 131—1993《机械制图表面粗糙度符号、代号及其注法》。下面就这三个标准的基本概念和应用进行阐述。

# 第二节　表面粗糙度的评定

### 一、基本术语和定义

### 1. 实际轮廓

实际轮廓是指平面与实际表面相交所得的轮廓线（图4-2）。按相截方向的不同，它们又可分为横向实际轮廓和纵向实际轮廓。在评定表面粗糙度时，除非特别指明，通常均指横向实际轮廓，即与加工纹理方向垂直的轮廓。

### 2. 取样长度 $l$

取样长度是指用于判别具有表面粗糙度特征的一段基准线长度（图4-3）。规定取样长度的目的在于限制和减弱几何形状误差，特别是表面波度对测量结果的影响。取样长度过短，不能反映表面粗糙度的实际情况；取样长度过长，表面粗糙度的测量值又会把表面波度的成分包括进去。取样长度应在轮廓总的走向上量取，其数值（见表4-1）要与表面粗糙度的要求相适应，在取样长度范围内，一般应包含至少5个轮廓峰和轮廓谷。

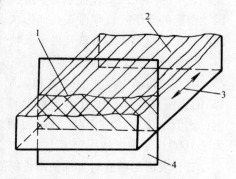

图 4-2　实际轮廓
1—横向实际轮廓　2—实际表面
3—加工纹理方向　4—平面

表 4-1　取样长度与评定长度的选用值（摘自 GB/T 1031—1995）

| $R_a$ /μm | $R_z$ 与 $R_y$ /μm | $l$ /mm | $l_n$（$l_n = 5l$）/mm |
|---|---|---|---|
| ≥0.008 ~ 0.02 | ≥0.025 ~ 0.10 | 0.08 | 0.4 |
| >0.02 ~ 0.1 | >0.10 ~ 0.50 | 0.25 | 1.25 |
| >0.1 ~ 2.0 | >0.50 ~ 10.0 | 0.8 | 4.0 |
| >2.0 ~ 10.0 | >10.0 ~ 50.0 | 2.5 | 12.5 |
| >10.0 ~ 80.0 | >50.0 ~ 320 | 8.0 | 40.0 |

注：$R_a$、$R_z$、$R_y$ 为粗糙度评定参数，详见后述。

### 3. 评定长度 $l_n$

评定长度是指评定轮廓表面粗糙度所必须的一段长度（图4-3）。由于零件各部分的表面粗糙度不一定很均匀，在一个取样长度上往往不能合理地反映某一表面的表面粗糙度特性，故需要在表面上取几个取样长度来评定表面粗糙度。一般 $l_n = 5l$。如被测表面均匀性较好，可选用小于 $5l$ 的评定长度；反之，可选用大于 $5l$ 的评定长度。

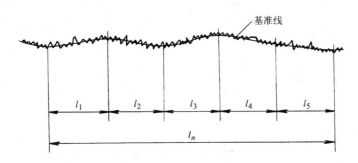

图 4-3　取样长度和评定长度

**4. 基准线**

用以评定表面粗糙度参数值大小的一条参考线称为基准线。基准线有以下两种：

（1）轮廓最小二乘中线　在取样长度内，使轮廓上各点至一条假想线距离的平方和为最小，即 $\sum_{i=1}^{n} Y_i^2 = \text{Min}$。这条假想线就是最小二乘中线（图 4-4a 中的 $O_1 O_1$ 和 $O_2 O_2$）

（2）轮廓算术平均中线　在取样长度内，由一条假想线将实际轮廓分成上下两部分，而且使上部分面积之和等于下部分面积之和，即 $\sum_{i=1}^{n} F_i = \sum_{i=1}^{n} F_i'$。这条假想线就是轮廓算术平均中线（图 4-4b 中的 $O_1 O_1$，$O_2 O_2$），

在轮廓图形上确定最小二乘中线的位置比较困难，规定轮廓算术平均中线是为了用图解法近似确定最小二乘中线。通常轮廓算术平均中线可用目测估计来确定。

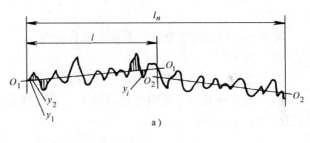

a）

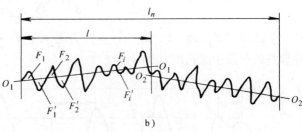

b）

图 4-4　轮廓中线
a）最小二乘中线　b）算术平均中线

**二、表面粗糙度评定参数**

**1. 高度特征参数——主参数**

（1）轮廓算术平均偏差 $R_a$　在取样长度内，被测实际轮廓上各点至基准线距离 $Y_i$ 的绝对值的算术平均值（图 4-5），用下式表示：

$$R_a = \frac{1}{l} \int_0^l |y(x)| \, \mathrm{d}x \tag{4-1}$$

或近似为

$$R_a = \frac{1}{n} \sum_{i=1}^{n} |y_i| \tag{4-2}$$

（2）微观不平度十点高度 $R_z$　在取样长度内，被测实际轮廓上 5 个最大轮廓峰高的

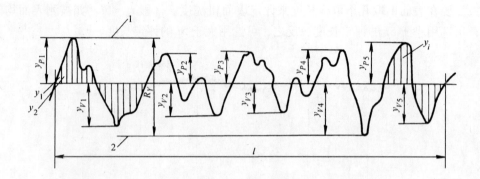

图 4-5  高度特征参数
1—轮廓峰顶线  2—轮廓谷底线

平均值与 5 个最大轮廓谷深的平均值之和（图 4-5），用下式表示：

$$R_z = \frac{1}{5}\left(\sum_{i=1}^{5} y_{Pi} + \sum_{i=1}^{5} y_{Vi}\right) \tag{4-3}$$

式中  $y_{Pi}$——第 $i$ 个最大轮廓峰高；

$y_{Vi}$——第 $i$ 个最大轮廓谷深。

（3）轮廓最大高度 $R_y$  在取样长度内，轮廓峰顶线与轮廓谷底线之间的距离（图 4-5）。

轮廓峰顶线和轮廓谷底线是指在取样长度内，平行于基准线并通过轮廓最高点和最低点的线（图 4-5）。

2. 间距特征、形状特征参数——附加参数

（1）轮廓微观不平度的平均间距 $S_m$  在取样长度内，轮廓微观不平度的间距 $S_{mi}$ 的平均值，用下式表示：

$$S_m = \sum_{i=1}^{n} S_{mi}/n \tag{4-4}$$

上式中的 $S_{mi}$（$i=1$，2，…，$n$）为轮廓不平度的间距，是指含有一个轮廓峰和相邻轮廓谷的一段中线长度（图 4-6）。

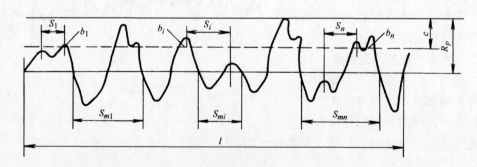

图 4-6  附加评定参数

（2）轮廓的单峰平均间距 $S$  在取样长度内，轮廓的单峰间距 $S_i$ 的平均值，用下式表示：

$$S = \sum_{i=1}^{n} S_i/n \tag{4-5}$$

上式中的 $S_i$（$i=1$，2，$\cdots$，$n$）为轮廓的单峰间距，是指两相邻轮廓单峰最高点在中线上的投影长度（图4-6）。

（3）轮廓支承长度率 $t_P$　在取样长度内，一平行于中线的线与轮廓相截所得到的各段截线长度 $b_i$（图4-6）之和与取样长度的比值，用下式表示：

$$t_P = \frac{1}{l} \sum_{i=1}^{n} b_i \tag{4-6}$$

$t_P$ 是对应于不同的水平截距而给出的。

在三个附加评定参数中，$S_m$ 和 $S$ 是属于间距特征参数，$t_P$ 是属于形状特征参数。

# 第三节　表面粗糙度评定参数及数值的选用

## 一、评定参数的选择

零件表面粗糙度对其使用性能的影响是多方面的。因此，在选择表面粗糙度评定参数时，应能充分合理地反映表面微观几何形状的真实情况。对大多数表面来说，一般只给出高度特征评定参数即可反映被测表面粗糙的特征。故 GB/T 1031—1995 规定，表面粗糙度参数应从高度特征参数 $R_a$、$R_z$ 和 $R_y$ 中选取。附加评定参数只有在高度特征参数不能满足表面功能要求时，才附加选用。考虑到目前对间距、形状有关的参数 $S_m$、$S$ 和 $t_P$ 在应用方面的经验还不多，资料也较缺乏，所以本节仅介绍高度特征评定参数的选择。

评定参数 $R_a$ 较能客观地反映表面微观几何形状的特征，而且所用测量仪器（轮廓仪）的测量方法比较简单，能连续测量，测量的效率高。因此，在常用的参数值范围内（$R_a$ 为 $0.025 \sim 6.3\mu m$，$R_z$ 为 $0.100 \sim 25\mu m$），标准推荐优先选用 $R_a$。但现有的轮廓仪因受触针的限制，不宜作过于粗糙或太光滑的表面的测量。

评定参数 $R_z$ 仅考虑了5个峰顶和5个谷底的几个点，故在反映微观几何形状特征方面不如 $R_a$ 全面。同时，若所取的峰、谷不同，$R_z$ 值也不同，因此测量结果受测量者的主观影响较大。但 $R_z$ 值易于在光学仪器上测得，且计算方便，因而是用得较多的参数。特别是测量超精加工表面（$R_z \leq 0.1\mu m$）最为合适的参数。

评定参数 $R_y$ 所反映的微观几何形状特征更不全面。但由于 $R_y$ 值测量十分简便，同时也弥补了 $R_a$、$R_z$ 不能测量极小面积的不足。因此，$R_y$ 参数可以单独使用，也可以与 $R_a$ 或 $R_z$ 联用，以控制微观不平度谷深，从而控制表面微观裂纹。特别是对要求疲劳强度的表面来说，表面只要有较深的裂纹，在交变载荷的作用下，就易于产生疲劳破坏。对此情况宜采用参数 $R_y$ 或同时选用 $R_a$ 与 $R_y$ 或 $R_z$ 与 $R_y$。此外，当被测表面很小（不足一个取样长度），不宜采用 $R_a$ 或 $R_z$ 来评定时，也常用参数 $R_y$。

## 二、评定表面粗糙度参数值的选用

表面粗糙度的评定参数值已经标准化，设计时应按国家标准 GB/T 1031—1995 规定的参数值系列选取（见表4-2、表4-3）。高度特征参数值分为第一系列和第二系列，选用时应优先采用第一系列的参数值。

表 4-2　轮廓算术平均偏差（$R_a$）的数值（摘自 GB/T 1031—1995）　　　（μm）

| 第1系列 | 第2系列 | 第1系列 | 第2系列 | 第1系列 | 第2系列 | 第1系列 | 第2系列 |
|---|---|---|---|---|---|---|---|
|  | 0.008 |  |  |  |  |  |  |
|  | 0.010 |  |  |  |  |  |  |
| 0.012 |  |  | 0.125 |  | 1.25 | 12.5 |  |
|  | 0.016 |  | 0.160 | 1.6 |  |  | 16 |
|  | 0.020 | 0.20 |  |  | 2.0 |  | 20 |
| 0.025 |  |  | 0.25 |  | 2.5 | 2.5 |  |
|  | 0.032 |  | 0.32 | 3.2 |  |  | 32 |
|  | 0.040 | 0.40 |  |  | 4.0 |  | 40 |
| 0.050 |  |  | 0.50 |  | 5.0 | 50 |  |
|  | 0.063 |  | 0.63 | 6.3 |  |  | 63 |
|  | 0.080 | 0.80 |  |  | 8.0 |  | 80 |
| 0.100 |  |  | 1.00 |  | 10.0 | 100 |  |

表 4-3　微观不平度十点高度（$R_z$）和轮廓最大高度（$R_y$）的数值（摘自 GB/T 1031—1995）

（μm）

| 第1系列 | 第2系列 | 第1系列 | 第2系列 | 第1系列 | 第2系列 | 第1系列 | 第2系列 | 第1系列 | 第2系列 | 第1系列 | 第2系列 |
|---|---|---|---|---|---|---|---|---|---|---|---|
|  |  |  | 0.125 |  | 1.25 | 12.5 |  |  | 125 |  | 1250 |
|  |  |  | 0.160 | 1.60 |  |  | 16.0 |  | 160 | 1600 |  |
|  |  | 0.20 |  |  | 2.0 |  | 20 | 200 |  |  |  |
| 0.025 |  |  | 0.25 |  | 2.5 | 25 |  |  | 250 |  |  |
|  | 0.032 |  | 0.32 | 3.2 |  |  | 32 |  | 320 |  |  |
|  | 0.040 | 0.40 |  |  | 4.0 |  | 40 | 400 |  |  |  |
| 0.050 |  |  | 0.50 |  | 5.0 | 50 |  |  | 500 |  |  |
|  | 0.063 |  | 0.63 | 6.3 |  |  | 63 |  | 630 |  |  |
|  | 0.080 | 0.80 |  |  | 8.0 |  | 80 | 800 |  |  |  |
| 0.100 |  |  | 1.00 |  | 10.0 | 100 |  |  | 1000 |  |  |

　　表面粗糙度参数值总的选用原则是：首先满足功能要求其次顾及经济合理性；在满足功能要求的前提下，参数的允许值应尽可能大。

　　在实际工作中，由于粗糙度和零件的功能关系十分复杂，很难全面而精细地按零件表面功能要求来准确地确定粗糙度的参数值，因此具体选用时多用类比法来确定粗糙度的参数值。

　　按类比法选择表面粗糙度参数值时，可先根据经验统计资料初步选定表面粗糙度参数值，然后再对比工作条件作适当调整。调整时应考虑如下几点：

　　1）同一零件上，工作表面的粗糙度值应比非工作表面小。

　　2）摩擦表面的粗糙度值应比非摩擦表面小，滚动摩擦表面的粗糙度值应比滑动摩擦表面小。

3）运动速度高、单位面积压力大的表面以及受交变应力作用的重要零件圆角、沟槽的表面粗糙度值都应要小。

4）配合性质要求越稳定，其配合表面的粗糙值应越小。配合性质相同时，小尺寸结合面的粗糙度值应比大尺寸结合面小；同一公差等级时，轴的粗糙度值应比孔的小。

5）表面粗糙度参数值应与尺寸公差及形位公差协调。

一般来说，尺寸公差和形位公差小的表面，其粗糙度的值也应小。表 4-4 列出了在正常的工艺条件下，表面粗糙度参数值与尺寸公差及形状公差的对应关系，可供设计参考。

表 4-4　形状公差与表面粗糙度参数值的关系

| 形状公差 $t$ 占尺寸公差 $T$ 的百分比 $t/T$（％） | 表面粗糙度参数值占尺寸公差百分比 | |
|:---:|:---:|:---:|
| | $R_a/T$（％） | $R_z/T$（％） |
| 约 60 | ≤5 | ≤20 |
| 约 40 | ≤2.5 | ≤10 |
| 约 25 | ≤1.2 | ≤5 |

6）防腐性、密封性要求高、外表美观等表面的粗糙度值应较小。

7）凡有关标准已对表面粗糙度要求作出规定（如与滚动轴承配合的轴颈和外壳孔、键槽、各级精度齿轮的主要表面等），则应按标准确定的表面粗糙度参数值。

表 4-4、表 4-5、表 4-6 中列出了表面粗糙度参数值选用的部分资料，可供设计时参考。

表 4-5　表面粗糙度的表面特征、经济加工方法及应用举例　　　　　　（μm）

| 表面微观特性 | | $R_a$ | $R_z$ | 加工方法 | 应用举例 |
|:---:|:---:|:---:|:---:|:---:|:---|
| 粗糙表面 | 可见刀痕 | >20 ~ 40 | >80 ~ 160 | 粗车、粗刨、粗铣、钻、毛锉、锯断 | 半成品粗加工过的表面、非配合的加工表面，如轴端面、倒角、钻孔、齿轮带轮侧面、键槽底面、垫圈接触面等 |
| | 微见刀痕 | >10 ~ 20 | >40 ~ 80 | | |
| 半光表面 | 微见加工痕迹 | >5 ~ 10 | >20 ~ 40 | 车、刨、铣、镗、钻、粗铰 | 轴上不安装轴承、齿轮处的非配合表面，紧固件的自由装配表面，轴和孔的退刀槽等 |
| | 微见加工痕迹 | >2.5 ~ 5 | >10 ~ 20 | 车、刨、铣、镗、磨、拉、粗刮、滚压 | 半精加工表面，箱体、支架、盖面、套筒等和其他零件结合而无配合要求的表面，需要发兰的表面等 |
| | 看不清加工痕迹 | >1.25 ~ 2.5 | >6.3 ~ 10 | 车、刨、铣、镗、磨、拉、刮、压、铣齿 | 接近于精加工表面，箱体上安装轴承的镗孔表面，齿轮的工作面 |

（续）

| 表面微观特性 | | $R_a$ | $R_z$ | 加工方法 | 应用举例 |
|---|---|---|---|---|---|
| 光表面 | 可辨加工痕迹方向 | >0.63~1.25 | >3.2~6.3 | 车、镗、磨、拉、刮、精铰、磨齿、滚压 | 圆柱销、圆锥销、与滚动轴承配合的表面，卧式车床导轨面，内、外花键定心表面等 |
| | 微辨加工痕迹方向 | >0.32~0.63 | >1.6~3.2 | 精铰、精镗、磨、刮、滚压 | 要求配合性质稳定的配合表面，工作时受交变应力的重要零件，较高精度车床的导轨面 |
| | 不可辨加工痕迹方向 | >0.16~0.32 | >0.8~1.6 | 精磨、珩磨、研磨、超精加工 | 精密机床主轴锥孔、顶尖圆锥面、发动机曲轴、凸轮轴工作表面，高精度齿轮齿面 |
| 极光表面 | 暗光泽面 | >0.08~0.16 | >0.4~0.8 | 精磨、研磨、普通抛光 | 精密机床主轴颈表面，一般量规工作表面，汽缸套内表面，活塞销表面等 |
| | 亮光泽面 | >0.04~0.08 | >0.2~0.4 | 超精磨、精抛光、镜面磨削 | 精密机床主轴颈表面，滚动轴承的滚珠，高压液压泵中柱塞和柱塞配合的表面 |
| | 镜状光泽面 | >0.01~0.04 | >0.05~0.2 | | |
| | 镜面 | ≤0.01 | ≤0.05 | 镜面磨削、超精研 | 高精度量仪，量块的工作表面，光学仪器中的金属镜面 |

**表 4-6  表面粗糙度 $R_a$ 的推荐选用值**　　　　（μm）

| 应用场合 | | | 基本尺寸/mm | | | | | |
|---|---|---|---|---|---|---|---|---|
| | | | ≤50 | | >50~120 | | >120~500 | |
| | | 公差等级 | 轴 | 孔 | 轴 | 孔 | 轴 | 孔 |
| 经常装拆零件的配合表面 | | IT5 | ≤0.2 | ≤0.4 | ≤0.4 | ≤0.8 | ≤0.4 | ≤0.8 |
| | | IT6 | ≤0.4 | ≤0.8 | ≤0.8 | ≤1.6 | ≤0.8 | ≤1.6 |
| | | IT7 | ≤0.8 | | ≤1.6 | | ≤1.6 | |
| | | IT8 | ≤0.8 | ≤1.6 | ≤1.6 | ≤3.2 | ≤1.6 | ≤3.2 |
| 过盈配合 | 压入装配 | IT5 | ≤0.2 | ≤0.4 | ≤0.4 | ≤0.8 | ≤0.4 | ≤0.8 |
| | | IT6~IT7 | ≤0.4 | ≤0.8 | ≤0.8 | ≤1.6 | ≤1.6 | |
| | | IT8 | ≤0.8 | ≤1.6 | ≤1.6 | ≤3.2 | ≤3.2 | |
| | 热装 | — | ≤1.6 | ≤3.2 | ≤1.6 | ≤3.2 | ≤1.6 | ≤3.2 |
| | | 公差等级 | 轴 | | | 孔 | | |
| 滑动轴承的配合表面 | | IT6~IT9 | ≤0.8 | | | ≤1.6 | | |
| | | IT10~IT12 | ≤1.6 | | | ≤3.2 | | |
| | | 液体湿摩擦条件 | ≤0.4 | | | ≤0.8 | | |

（续）

| 应用场合 | | 基本尺寸/mm | | |
|---|---|---|---|---|
| 圆锥结合的工作面 | | 密封结合 | 对中结合 | 其他 |
| | | ≤0.4 | ≤1.6 | ≤6.3 |
| 密封材料处的孔、轴表面 | 密封型式 | 速度（m/s） | | |
| | | ≤3 | 3~5 | ≥5 |
| | 橡胶圈密封 | 0.8~1.6（抛光） | 0.4~0.8（抛光） | 0.2~0.4（抛光） |
| | 毛毡密封 | 0.8~1.6（抛光） | | |
| | 迷宫式 | 3.2~6.3 | | |
| | 涂油槽式 | 3.2~6.3 | | |

| 精密定心零件的配合表面 | IT5~IT8 | 径向跳动 | 2.5 | 4 | 6 | 10 | 16 | 25 |
|---|---|---|---|---|---|---|---|---|
| | | 轴 | ≤0.05 | ≤0.1 | ≤0.1 | ≤0.2 | ≤0.4 | ≤0.8 |
| | | 孔 | ≤0.1 | ≤0.2 | ≤0.2 | ≤0.4 | ≤0.8 | ≤1.6 |

| V带和平带轮工作表面 | 带轮直径/mm | | |
|---|---|---|---|
| | ≤120 | >120~315 | >315 |
| | 1.6 | 3.2 | 6.3 |

| 箱体分界面（减速箱） | 类型 | 有垫片 | 无垫片 |
|---|---|---|---|
| | 需要密封 | 3.2~6.3 | 0.8~1.6 |
| | 不需要密封 | 6.3~12.5 | |

# 第四节　表面粗糙度符号和代号及其注法

## 一、表面粗糙度符号和代号

按GB/T 131—1993规定，在图样上表示表面粗糙度的符号有三种（见表4-7）。若零件表面仅需加工，但对表面粗糙度的其他规定没有要求时，可以只注出表面粗糙度符号。

若规定表面粗糙度要求时，必须同时给出表面粗糙度参数值和取样长度两项基本要求。如取样长度按标准（表4-1）选用时，则可省略标注。对其他附加要求（如加工方法、加工纹理方向、加工余量和附加评定参数等），可根据需要确定是否标注。

由表面粗糙度符号及各项有关要求的标注，组成了表面粗糙度的代号。各项表面粗糙度要求的标注位置见表4-7。

表4-8是表面粗糙度高度特征参数的标注示例。由表可见，当参数为$R_a$时，参数值前的符号$R_a$可以不注；参数为$R_z$或$R_y$时，参数值前必须注出相应的参数符号。

## 二、表面粗糙度代（符）号在图样上的标注

表面粗糙度代（符）号在图样上一般标注于可见轮廓线上，也可标注于尺寸界线或其延长线上。符号的尖端应从材料的外面指向被注表面。图4-7是表面粗糙度代号在不同位

置表面上的标注方法。图 4-8 是表面粗糙度要求在图样上的标注示例。常见的零件表面的表面粗糙度标注示例及表面粗糙度的简化注法示例可参看图 4-9 ~ 图 4-13。

表 4-7　表面粗糙度代（符）号及说明

| 符号 | 意义 | 代号 | 意义 |
|---|---|---|---|
| (基本符号) | 基本符号，表示表面粗糙度是用任何方法获得（包括镀涂及其他表面处理） | $\begin{array}{l} a_1 \\ a_2 \end{array} \quad \begin{array}{l} b \\ c/f \end{array}$ $(e)$ $d$ | $a_1$、$a_2$——粗糙度高度参数代号及其数值（μm）<br>$b$——加工要求，镀覆、涂覆、表面处理或其他说明等<br>$c$——取样长度（mm）或波纹度（μm）<br>$d$——加工纹理方向符号<br>$e$——加工余量（mm）<br>$f$——粗糙度间距参数值（mm）或轮廓支承长度率 |
| (符号) | 表示表面粗糙度是用除去材料的方法获得，例如车、铣、钻、磨、剪切、抛光、腐蚀、电火花加工等 | | |
| (符号) | 表示表面粗糙度是用不除去材料的方法获得，例如铸锻、冲压变形、热轧、冷轧、粉末冶金等；或者是用保持原供应状况的表面（包括保持上道工序的状况） | | |

表 4-8　表面粗糙度高度特性参数标注示例

| 符号 | 说明 |
|---|---|
| 3.2 | 用任何方法获得的表面粗糙度，$R_a$ 的上限值为 3.2μm |
| 3.2 | 用除去材料方法获得的表面粗糙度，$R_a$ 的上限值为 3.2μm |
| 3.2 | 用不除去材料方法获得的表面粗糙度，$R_a$ 的上限值为 3.2μm |
| 3.2 / 1.6 | 用除去材料方法获得的表面粗糙度，$R_a$ 的上限值为 3.2μm，$R_a$ 下限值为 1.6μm |
| 3.2max | 用任何方法获得的表面粗糙度，$R_y$ 的最大值为 3.2μm |
| 3.2max | 用不除去材料方法获得的表面粗糙度，$R_z$ 的最大值为 3.2μm |
| 3.2max | 用除去材料方法获得的表面粗糙度，$R_z$ 的最大允许值为 3.2μm |
| 3.2max / 1.6min | 用除去材料方法获得的表面粗糙度，$R_a$ 的最大值为 3.2μm，$R_a$ 的最小值为 1.6μm |

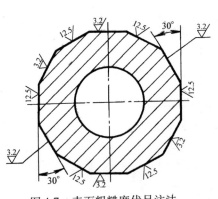

图4-7 表面粗糙度代号注法

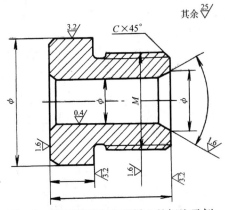

图4-8 表面粗糙度在图样上的标注示例

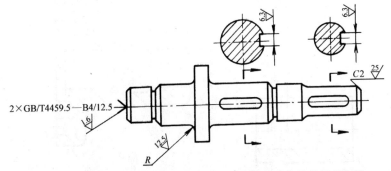

图4-9 中心孔、键槽、圆角、倒角的表面粗糙度代号的简化标注

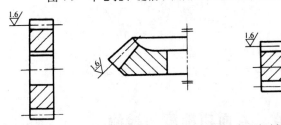

图4-10 齿轮、花键的表面粗糙度注法

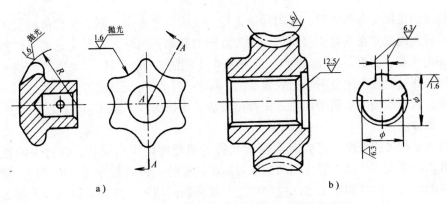

a) 连续表面及重复表面的表面粗糙度注法 b)

图4-11 连续表面及重复表面的表面粗糙度注法

a) 连续表面 b) 重复要素

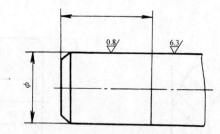

图 4-12　同一表面粗糙度要求不同时的注法

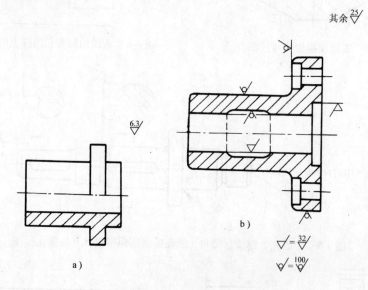

图 4-13　统一和简化注法
a）零件所有表面粗糙度要求相同时的注法　b）简化或省略注法

# 第五节　表面粗糙度的检测

测量表面粗糙度参数值时，若图样上无特别注明测量方向，则应在数值最大的方向上测量。一般来说就是在垂直于表面加工纹理方向的截面上测量。对无一定加工纹理方向的表面（如电火花、研磨等加工表面），应在几个不同的方向上测量，并取最大值为测量结果。此外，测量时还应注意不要把表面缺陷、如沟槽、气孔、划痕等包括进去。

目前，表面粗糙度常用的检测方法有比较法、光切法、干涉法和轮廓法。

## 一、比较法

比较法是指被测表面与已知其高度参数值的粗糙度样板相比较，通过人的视觉或触觉，亦可借助放大镜、显微镜来判断被测表面粗糙度的一种检测方法。比较时，所用的粗糙度样板的材料、形状和加工方法应尽可能与被测表面相同。这样可以减少检测误差，提高判断准确性。当零件批量较大时，也可从加工零件中挑选出样品，经检定后作为表面粗糙度样板使用。

比较法简单易行，适合在车间使用。缺点是评定的可靠性很大程度取决于检验人员的经验，仅适用于评定表面粗糙度要求不高的工件。

## 二、光切法

光切法是利用光切原理测量表面粗糙度的一种方法。常用的仪器是光切显微镜（又称双管显微镜，见图4-14）。它可用于测量车、铣、刨及其他类似方法加工的金属外表面，还可用来观察木材、纸张、塑料、电镀层等表面的微观不平度。对大型工件和内表面的粗糙度，可采用印模法复制被测表面模型，然后再用光切显微镜进行测量。

光切显微镜主要用于测定高度参数 $R_z$ 和 $R_y$。测量 $R_z$ 的范围一般为 $0.8 \sim 100 \mu m$。必要时也可通过测出轮廓图形上各点，用坐标点绘图法作出轮廓图形；或使用仪器上的照相装置，拍摄出被测轮廓，近似评定 $R_a$，或 $S$ 与 $S_m$ 等参数。

光切法的基本原理如图4-15所示。光切显微镜由两个镜管组成，右为投射照明管，左为观察管。两个镜管轴线成90°。照明管中光源1发出的光线经过聚光镜2，光阑3及物镜4后，形成一束平行光带。这束平行光带以45°的倾角投射到被测表面。光带在粗糙不平的波峰 $S_1$ 和波谷 $S_2$ 处产生反射。$S_1$

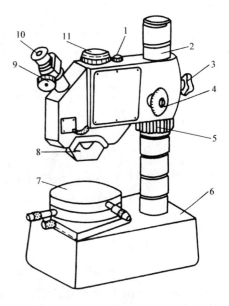

图4-14 双管显微镜

1—光源 2—立柱 3—锁紧螺钉
4—微调手轮 5—粗调螺母 6—底座
7—工作台 8—物镜组 9—测微鼓轮
10—目镜 11—照相机插座

和 $S_2$ 经观察管的物镜4后分别成像于分划板5的 $S'_1$ 和 $S'_2$。若被测表面微观不平度高度为 $h$，轮廓峰、谷 $S_1$ 与 $S_2$ 在45°截面上的距离为 $h_1$，$S'_1$ 与 $S'_2$ 之间的距离 $h'_1$ 是 $h_1$ 经物镜后的放大像。若测得 $h_1'$，便可求出表面微观不平度高度 $h$

$$h = h_1 \cos 45° = \frac{h_1'}{K} \cos 45° \tag{4-7}$$

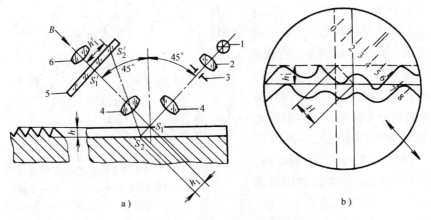

a)　　　　　　　　　　　　　　　　　　b)

图4-15 光切显微镜测量原理

1—光源 2—聚光镜 3—光阑 4—物镜 5—分划板 6—目镜

式中 $K$——物镜的放大倍数。

测量时使目镜测微器中分划板上十字线的横线与波峰对准，记录下第一个读数，然后移动十字线，使十字线的横线对准峰谷，记录下第二个读数。由于分划板十字线与分划板移动方向成45°角，故两次读数的差值即为图中的 $H$，$H$ 与 $h_1'$ 的关系为

$$h_1' = H\cos45° \qquad (4\text{-}8)$$

将式（4-8）代入式（4-7）得

$$h = \frac{H}{K}\cos^2 45° = \frac{H}{2K}$$

令

$$i = \frac{1}{2K}$$

则

$$h = iH \qquad (4\text{-}9)$$

式中 $i$——使用不同放大倍数的物镜时鼓轮的分度值，它由仪器的说明书给定。

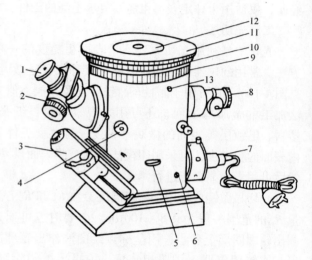

图 4-16　6JA 型干涉显微镜外形图
1—目镜　2—测微鼓轮　3—照相机
4、5、8、13（显微镜背面）—手轮　6—手柄
7—光源　9、10、11—滚花轮　12—工作台

### 三、干涉法

干涉法是利用光波干涉原理来测量表面粗糙度的一种方法。常用的仪器是干涉显微镜。该方法主要用于测量表面粗糙度的 $R_z$ 和 $R_y$ 值，其测量的范围通常为 0.05～0.8μm。

图 4-16 是国产 6JA 型干涉显微镜外形图，其光学系统图见图 4-17。由光源 1 发出的光线经聚光镜 2 和反射镜 3 转向，通过光阑 4、5、聚光镜 6 投射到分光镜 7 上被分为两束光。其中一束光透过分光镜 7，经补偿镜 8、物镜 9 射向工件被测表面 $P_2$，再由 $P_2$ 反射经原光路返回，再经分光镜 7 反射向目镜 14。另一束光由分光镜 7 反射，经滤光片 17、物镜 10 射向标准镜 $P_1$，再由 $P_1$ 反射回来，透过分光镜射向目镜 14。两路光束在目镜 14 的焦平面上相遇叠加。由于它们有光程差，便产生干涉，形成干涉条纹。如果被测表面为理想平面，则在视场中出现一组等距平直的干

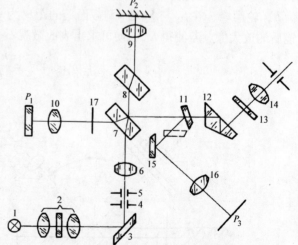

图 4-17　6JA 型干涉显微镜光学系统图
1—光源　2—聚光镜　3、11、15—反射镜
4、5—光阑　6—聚光镜　7—分光镜
8—补偿镜　9、10、16—物镜　12—折射镜
13—聚光镜　14—目镜　17—滤光片

涉条纹；若被测表面存在微观不平度，则会出现一组弯曲的干涉条纹（图4-18），弯曲程度随微观不平度大小而定。

图4-18 干涉条纹

根据光波干涉原理，干涉条纹的弯曲量与微观不平度高度值 $h$ 有确定的数值关系，即

$$h = \frac{a}{b} \frac{\lambda}{2} \tag{4-10}$$

式中   $a$——干涉条纹的弯曲量；

       $b$——相邻干涉条纹的间距；

       $\lambda$——光波波长。

该仪器还附有照相装置，可将成像于平面玻璃 $P_3$ 上的干涉条纹拍下，然后进行测量计算。

**四、轮廓法**

轮廓法是一种接触式测量表面粗糙度的方法，最常用的仪器是电动轮廓仪。图4-19为国产 BCJ-2 型电动轮廓仪，其测量的基本原理是：将被测工件 1 放在工作台 6 的定位块 7 上，调整工件（或驱动箱 4）的倾斜度，使工件被测表面平行于传感器 3 的滑行方向。调整传感器及触针 2 的高度，使触针与被测表面适当接触。起动电动机，使传感器带动触针在工件被测表面滑行。由于被测表面有微小的峰谷，使触针在滑行的同时还沿轮廓的垂直方向上下运动。触针的运动情况实际上反映了被测表面轮廓的情况。将触针运动的微小变化通过传感器转换成电信号，并经计算和放大处理，便可由指示表5直接显示出 $R_a$ 的大小。

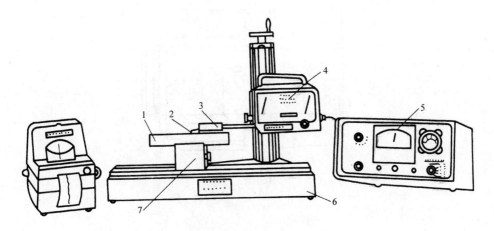

图4-19 BCJ-2 电动轮廓仪

1—被测工件 2—触针 3—传感器 4—驱动箱 5—指示表 6—工作台 7—定位块

轮廓法测量表面粗糙度的最大优点是能够直接读出表面粗糙度 $R_a$ 的数值，此外它还能测量平面、轴、孔和圆弧面等各种形状的表面粗糙度。但因为它是接触式测量，为保证

触针与被测表面的可靠接触，需要适当的测量力，这对材料较软或 $R_a$、$R_z$ 值很小的表面容易产生划痕。此外，由于受触针针尖圆弧半径的限制（现在仪器多在 $2.5 \sim 12.5 \mu m$ 范围内），若测量过于粗糙的零件表面，则会损伤触针。若测量十分光滑的表面，则由于表面的凹谷细小，针尖难以触到凹谷底部，因而测不出轮廓的真实状况。所以，此类测量方法的测量范围一般为 $R_a 0.01 \sim 5 \mu m$。

用轮廓法测量时，也可用记录仪记录下表面轮廓曲线，通过对曲线图形的数学处理，便可得出 $R_a$、$R_z$ 的数值。

### 五、印模法

对笨重零件及某些特殊表面（如大型横梁、深孔、不通孔、凹槽、内螺纹等表面），不便使用仪器测量，可用石腊、低熔点合金（锡铅等）或其他印模材料，压印在被测零件表面，取得被测表面的复印模型，放在显微镜上（工具显微镜、光切显微镜、干涉显微镜）采用非接触法间接地测量被检验表面的粗糙度。

印模法的测量范围适用于 $R_z$ 值为 $0.8 \sim 330 \mu m$。

# 习 题

4-1 表面粗糙度的含义是什么？它与形状误差和表面波度有何区别？

4-2 表面粗糙度对零件的功能有何影响？

4-3 为什么要规定取样长度和评定长度？两者之间的关系如何？

4-4 表面粗糙度国家标准中规定了哪些评定参数？哪些是主要参数，它们各有什么特点？与之相应的有哪些测量方法和测量仪器？大致的测量范围是多少？

4-5 选择表面粗糙度参数值的一般原则是什么？选择时应考虑些什么问题？

4-6 将习题图 4-1 中的心轴、衬套的零件图画出，用类比法确定各个表面粗糙度要求，并将其标注在零件图上。

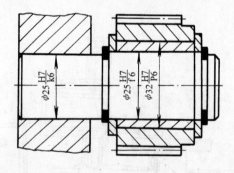

习题图 4-1

# 第五章　量规设计基础

## 第一节　光滑极限量规概述

### 一、极限尺寸判断原则

单一要素的孔和轴遵守包容要求时，要求其被测要素的实体处处不超越最大实体边界，而实际要素局部实际尺寸不得超越最小实体尺寸。从检验角度出发，在国家标准"公差与配合"中规定了极限尺寸判断原则，它是光滑极限量规设计的重要依据，现叙述如下：

孔或轴的作用尺寸不允许超过最大实体尺寸，即对于孔，其作用尺寸应不小于最小极限尺寸；对于轴，则应不大于最大极限尺寸。

任何位置上的实际尺寸不允许超过最小实体尺寸，即对于孔，其实际尺寸不大于最大极限尺寸；对于轴，其实际尺寸不小于最小极限尺寸。

由上述的极限尺寸判断原则可知，孔和轴尺寸的合格性，应是作用尺寸和实际尺寸两者的合格性。作用尺寸由最大实体尺寸控制。最大实体边界即为作用尺寸的界限，而实际尺寸由最小实体尺寸控制。

### 二、光滑极限量规的检验原理

依照极限尺寸判断原则设计的量规，称为光滑极限量规（简称量规）。检验孔用的量规称为塞规，检验轴用的量规叫环规或卡规。量规由通规（通端）和止规（止端）所组成。通规和止规是成对使用的。图 5-1、图 5-2 所示为分别用塞规检验孔和环规检验轴，量规的通规按最大实体尺寸制造（孔为 $D_{\min}$、轴为 $d_{\max}$），用来模拟最大实体边界。止规按最小实体尺寸制造（孔为 $D_{\max}$、轴为 $d_{\min}$）。检测时，通规通过被检轴、孔则表示工件的作用尺寸没有超出最大实体边界（即 $D_m \geqslant D_{\min}$；$d_m \leqslant d_{\max}$）。而止规不通过，则说明该工件实际尺寸也没有超越最小实体尺寸（即 $D_{实际} \leqslant D_{\max}$；$d_{实际} \geqslant d_{\min}$）。故零件合格。

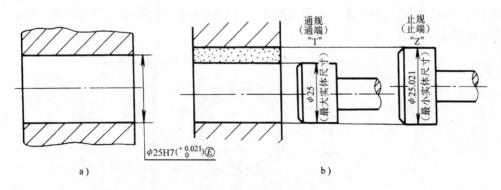

a)　　　　　　　　　　　　　b)

图 5-1　用塞规检验孔

通规体现的是最大实体边界，故理论上通规应为全形规，即除其尺寸为最大实体尺寸外，其轴向长度还应与被检工件的长度相同，若通规不是全形规，会造成检验错误。图 5-3 为用通规检验轴的示例，轴的作用尺寸已超出了最大实体尺寸，为不合格件，通规不

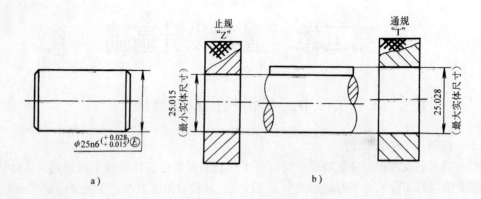

图 5-2　用环规检验轴

通过才是正确的，但不全形的通规却能通过，造成误判。

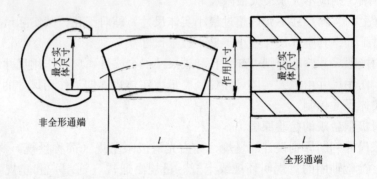

图 5-3　通规形状对检验的影响

止规用于检验工件任何位置上的实际尺寸，理论上其形状应为不全形（两点式）。否则，也会造成检验错误。如图 5-4 所示为止规形状不同对检验结果的影响，图中轴在 $I—I$ 位置上实际尺寸已超出了最小实体尺寸（轴的最小极限尺寸），正确的检验情况是止规应在该位置上通过，从而判断出该轴不合格，但用全形的止规检验时，因其他部位的阻挡，却通不过该轴，造成误判。所以，符合极限尺寸判断原则的通端型式为全形规，而止端则应为点状即非全形规。

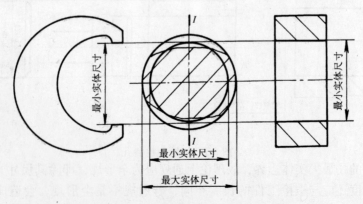

图 5-4　止规形状对检验的影响

在实际中，为了便于使用和制造，通规和止规常偏离其理想形状，如检验曲轴类零件的轴颈尺寸，全形的通规无法套到被检部位，而只能改用不全形的卡规。对大尺寸的检验，全形的通规会笨重得无法使用，也只能用不全形的通规。在小尺寸的检验中，若将止规做成不全形的两点式，则这样的止规不仅使用中强度低，耐磨性差，而且制造也不方便，因此小尺寸的止规也常按全形制造，只是轴向长度短些。这种对量规理论形状的偏离，是有前提的，即通规不是全形时，应由加工工艺等手段保证工件的作用尺寸不超出最大实体尺寸，同时在使用不全形的通规进行检验时，也应注意正确的操作方法，使得检验正确。同理，在使用偏离两点式的止规时，也应有相应的保证措施。国家标准 GB/T 1957—1981《光滑极限量规》中列出了不同尺寸范围下通规、止规的型式，如图 5-5 所示。图 5-6 为常见量规的结构型式，其中图 5-6a ~ f 为常见塞规的型式，图 5-6g ~ k 为常见卡规的型式。

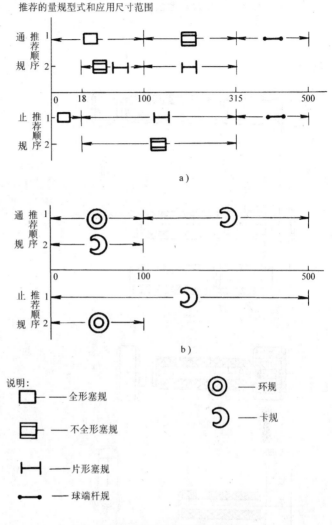

图 5-5 量规型式和应用尺寸范围
a）孔用量规型式和应用尺寸范围
b）轴用量规型式和应用尺寸范围

### 三、光滑极限量规的分类

光滑极限量规可分为工作量规、验收量规、校对量规。

工作量规指工件在加工过程中用于检验工件的量规，一般就是加工时操作者手中所使用的量规。应该以新量规或磨损量小的量规用作工作量规，这样可以促使操作者提高加工精度，保证工件的合格率。

验收量规指验收者所使用的量规。为了使更多的合格件得以验收，并减少验收纠纷，应该使用磨损量大且已接近磨损极限的通规和接近最小实体尺寸的止规作为验收量规。

校对量规是用于校对卡规或环规的。因卡规和环规的工作尺寸属于孔尺寸，不易用一般量具测量，故规定了校对量规。校对量规有三种，分别检验制造中的卡规或环规的止端、通端尺寸以及使用中的通端的磨损量是否合格，也可以不用校对规而改用量块组合成所需的尺寸对卡规或环规进行相应的检验。

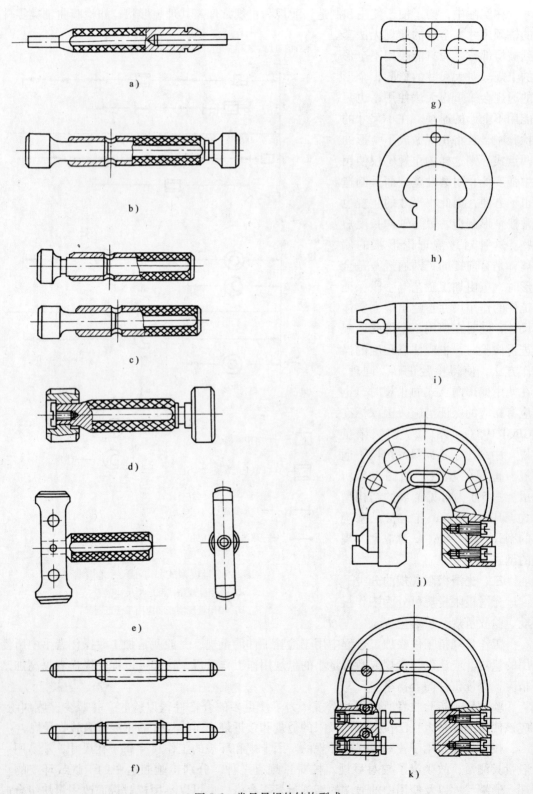

图 5-6　常见量规的结构型式

## 第二节　工作量规的设计

### 一、概述

量规是用于检验工件的，但量规本身也是被制造出来的，有制造误差。故须对量规的通端和止端规定相同的制造公差 T，其公差带均位于被检工件的尺寸公差带内，以避免将不合格工件判为合格（称为误收），见图 5-7。可见止端公差带紧靠在最小实体尺寸线上，而通端公差带距最大实体尺寸线一段距离。这是因为通端检测时频繁通过合格件，容易磨损，为了保证让其有合理的使用寿命，必须给出一定的最小备磨量，其大小就是上述距离值，它由图中通规公差带中心与工件最大实体尺寸之间的距离 Z 的大小确定。Z 为通端位置要素值。

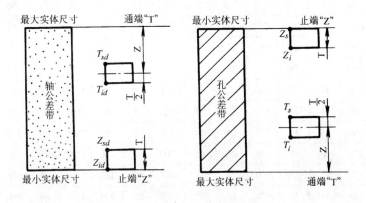

图 5-7　量规的公差带

若通规使用一段时间后，其尺寸由于磨损超过了被检工件的最大实体尺寸（通规的磨损极限），通规即报废。而止端因检测不应通过工件，故不需要备磨量。T 和 Z 的值均与被检工件尺寸公差大小有关，其值分别列于表 5-1 中。

表 5-1　IT6~IT16 级工作量规制造公差和位置要素值　　　　　　　（μm）

| 工件基本尺寸 D/mm | IT6 | | | IT7 | | | IT8 | | | IT9 | | | IT10 | | | IT11 | | |
|---|---|---|---|---|---|---|---|---|---|---|---|---|---|---|---|---|---|---|
| | IT6 | T | Z | IT7 | T | Z | IT8 | T | Z | IT9 | T | Z | IT10 | T | Z | IT11 | T | Z |
| ~3 | 6 | 1 | 1 | 10 | 1.2 | 1.6 | 14 | 1.6 | 2 | 25 | 2 | 3 | 40 | 2.4 | 4 | 60 | 3 | 6 |
| >3~6 | 8 | 1.2 | 1.4 | 12 | 1.4 | 2 | 18 | 2 | 2.6 | 30 | 2.4 | 4 | 48 | 3 | 5 | 75 | 4 | 8 |
| >6~10 | 9 | 1.4 | 1.6 | 15 | 1.8 | 2.4 | 22 | 2.4 | 3.2 | 36 | 2.8 | 5 | 58 | 3.6 | 6 | 90 | 5 | 9 |
| >10~18 | 11 | 1.6 | 2 | 18 | 2 | 2.8 | 27 | 2.8 | 4 | 43 | 3.4 | 6 | 70 | 4 | 8 | 110 | 6 | 11 |
| >18~30 | 13 | 2 | 2.4 | 21 | 2.4 | 3.4 | 33 | 3.4 | 5 | 52 | 4 | 7 | 84 | 5 | 9 | 130 | 7 | 13 |
| >30~50 | 16 | 2.4 | 2.8 | 25 | 3 | 4 | 39 | 4 | 6 | 62 | 5 | 8 | 100 | 6 | 11 | 160 | 8 | 16 |
| >50~80 | 19 | 2.8 | 3.4 | 30 | 3.6 | 4.6 | 46 | 4.6 | 7 | 74 | 6 | 9 | 120 | 7 | 13 | 190 | 9 | 19 |
| >80~120 | 22 | 3.2 | 3.8 | 35 | 4.2 | 5.4 | 54 | 5.4 | 8 | 87 | 7 | 10 | 140 | 8 | 15 | 220 | 10 | 22 |
| >120~180 | 25 | 3.8 | 4.4 | 40 | 4.8 | 6 | 63 | 6 | 9 | 100 | 8 | 12 | 160 | 10 | 18 | 250 | 12 | 25 |
| >180~250 | 29 | 4.4 | 5 | 46 | 5.4 | 7 | 72 | 7 | 10 | 115 | 9 | 14 | 185 | 10 | 20 | 290 | 14 | 29 |

（续）

| 工件基本尺寸 D/mm | IT6 | T | Z | IT7 | T | Z | IT8 | T | Z | IT9 | T | Z | IT10 | T | Z | IT11 | T | Z |
|---|---|---|---|---|---|---|---|---|---|---|---|---|---|---|---|---|---|---|
| >250~315 | 32 | 4.8 | 5.6 | 52 | 6 | 8 | 81 | 8 | 11 | 130 | 10 | 16 | 210 | 12 | 22 | 320 | 16 | 32 |
| >315~400 | 36 | 5.4 | 6.2 | 57 | 7 | 9 | 89 | 9 | 12 | 140 | 11 | 18 | 230 | 14 | 25 | 360 | 18 | 36 |
| >400~500 | 40 | 6 | 7 | 63 | 8 | 10 | 97 | 10 | 14 | 155 | 12 | 20 | 250 | 16 | 28 | 400 | 20 | 40 |

| 工件基本尺寸 D/mm | IT12 | T | Z | IT13 | T | Z | IT14 | T | Z | IT15 | T | Z | IT16 | T | Z |
|---|---|---|---|---|---|---|---|---|---|---|---|---|---|---|---|
| ~3 | 100 | 4 | 9 | 140 | 6 | 14 | 250 | 9 | 20 | 400 | 14 | 30 | 600 | 20 | 40 |
| >3~6 | 120 | 5 | 11 | 180 | 7 | 16 | 300 | 11 | 25 | 480 | 16 | 35 | 750 | 25 | 50 |
| >6~10 | 150 | 6 | 13 | 220 | 8 | 20 | 360 | 13 | 30 | 580 | 20 | 40 | 900 | 30 | 60 |
| >10~18 | 180 | 7 | 15 | 270 | 10 | 24 | 430 | 15 | 35 | 700 | 24 | 50 | 1100 | 35 | 75 |
| >18~30 | 210 | 8 | 18 | 330 | 12 | 28 | 520 | 18 | 40 | 840 | 28 | 60 | 1300 | 40 | 90 |
| >30~50 | 250 | 10 | 22 | 390 | 14 | 34 | 620 | 22 | 50 | 1000 | 34 | 75 | 1600 | 50 | 110 |
| >50~80 | 300 | 12 | 26 | 460 | 16 | 40 | 740 | 26 | 60 | 1200 | 40 | 90 | 1900 | 60 | 130 |
| >80~120 | 350 | 14 | 30 | 540 | 20 | 46 | 870 | 30 | 70 | 1400 | 46 | 100 | 2200 | 70 | 150 |
| >120~180 | 400 | 16 | 35 | 630 | 22 | 52 | 1000 | 35 | 80 | 1600 | 52 | 120 | 2500 | 80 | 180 |
| >180~250 | 460 | 18 | 40 | 720 | 26 | 60 | 1150 | 40 | 90 | 1850 | 60 | 130 | 2900 | 90 | 200 |
| >250~315 | 520 | 20 | 45 | 810 | 28 | 66 | 1300 | 45 | 100 | 2100 | 66 | 150 | 3200 | 100 | 220 |
| >315~400 | 570 | 22 | 50 | 890 | 32 | 74 | 1400 | 50 | 110 | 2300 | 74 | 170 | 3600 | 110 | 250 |
| >400~500 | 630 | 24 | 55 | 970 | 36 | 80 | 1550 | 55 | 120 | 2500 | 80 | 190 | 4000 | 120 | 280 |

由图 5-7 所示的几何关系，可以得出工作量规上、下偏差的计算公式，见表 5-2。

表 5-2　工作量规极限偏差的计算

| | 检验孔的量规 | 检验轴的量规 |
|---|---|---|
| 通端上偏差 | $T_s = EI + Z + \frac{1}{2}T$ | $T_{sd} = es - Z + \frac{1}{2}T$ |
| 通端下偏差 | $T_i = EI + Z - \frac{1}{2}T$ | $T_{id} = es - Z - \frac{1}{2}T$ |
| 止端上偏差 | $Z_s = ES$ | $Z_{sd} = ei + T$ |
| 止端下偏差 | $Z_i = ES - T$ | $Z_{id} = ei$ |

通规、止规的极限尺寸可由被检工件的实体尺寸与通规、止规的上、下偏差的代数和求得。在图样标注中，考虑有利制造量规通、止端工作尺寸的标注推荐采用"入体原则"，即塞规按轴的公差 h 标上、下偏差卡规（环规）按孔的公差 H 标上、下偏差。

**例 5-1**　试设计，检验 $\phi$25H7/n6 配合中孔、轴用的工作量规。

**解：**

1）确定量规的型式。参考图 5-5，检验 $\phi$25H7 的孔用塞规，检验 $\phi$25n6 的轴用卡规。

2）查表 1-2、表 1-5、表 1-6 得 $\phi$25H7/n6 的孔、轴尺寸标注分别为：$\phi$25H7 ( $^{+0.021}_{0}$ )、$\phi$25n6 ( $^{+0.028}_{+0.015}$ )。

3）列表求出通规、止规的上、下偏差及有关尺寸，见表 5-3。

表 5-3　例题 5-1 表　　　　　　　　　　　　　　　　　　（mm）

| | $\phi 25 H7$（$^{+0.021}_{0}$）孔用塞规 | | $\phi 25 n6$（$^{+0.028}_{+0.015}$）轴用卡规 | |
|---|---|---|---|---|
| | 通规 | 止规 | 通规 | 止规 |
| 量规公差带参数（表 5-1） | Z = 0.0034　T = 0.0024 | | Z = 0.0024　T = 0.002 | |
| 基本尺寸 | 25 | 25.021 | 25.028 | 25.015 |
| 量规公差带上偏差 | +0.0046 | +0.021 | +0.0266 | +0.017 |
| 量规公差带下偏差 | +0.0022 | +0.0186 | +0.0246 | +0.015 |
| 量规最大极限尺寸 | 25.0046 | 25.021 | 25.0266 | 25.017 |
| 量规最小极限尺寸 | 25.0022 | 25.0186 | 25.0246 | 25.015 |
| 通规的磨损极限 | 25 | | 25.028 | |
| 尺寸标注 | $25.0046^{0}_{-0.0024}$ | $25.021^{0}_{-0.0024}$ | $25.0246^{+0.002}_{0}$ | $25.015^{+0.002}_{0}$ |

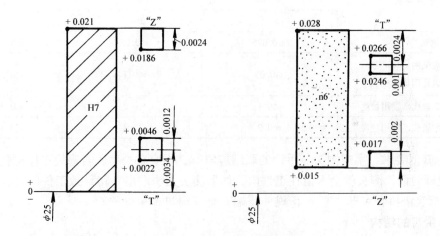

图 5-8　$\phi 25 H7/n6$ 孔、轴用量规公差带图

4）塞规、卡规的公差带图见图 5-8。

5）塞规的工作图见图 5-9，卡规的工作图见图 5-10。

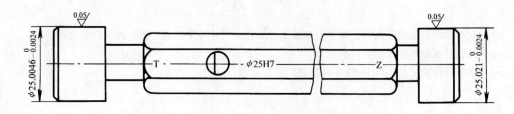

图 5-9　塞规的工作图

## 二、量规的主要技术条件

（1）外观要求　量规的工作表面不应有锈迹、毛刺、黑斑、划痕等明显影响外观和影响使用质量的缺陷。其他表面不应有锈蚀和裂纹。

（2）材料要求　量规要体现精确尺寸，故要求用于制造量规的材料的线膨胀系数小，并要经过一定的稳定性处理后使其内部组织稳定。同时，量规工作表面还应耐磨，以用于提高尺寸的稳定性并延长使用寿命，所以制造量规的材料通常为合金工具钢、碳素工具钢、渗碳钢及其他耐磨性好的材料。

（3）量规工作部位的形位公差要求　量规工作表面的形位公差与尺寸公差之间应遵守包容要求。量规工作部位的形位公差不大于尺寸公差的一半。

（4）量规工作表面的粗糙度要求　见表 5-4 所列的值。

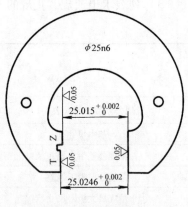

图 5-10　卡规的工作图

表 5-4　量规测量面的表面粗糙度参数 $R_a$ 值

| 工作量规 | 工件基本尺寸/mm | | |
|---|---|---|---|
| | ≤120 | >120 ~ 315 | >315 ~ 500 |
| | $R_a/\mu m$ | | |
| IT6 级孔用量规 | ≤0.025 | ≤0.05 | ≤5.1 |
| IT6 至 IT9 级轴用量规<br>IT7 至 IT9 级孔用量规 | ≤0.05 | ≤0.1 | ≤0.2 |
| IT10 至 IT12 级孔、轴用量规 | ≤0.1 | ≤0.2 | ≤0.4 |
| IT13 至 IT16 级孔、轴用量规 | ≤0.2 | ≤0.4 | ≤0.4 |

（5）其他要求　塞规测头与手柄的联结应牢靠，不应有松动。若塞规正在检验时测头与手柄脱开的话，测头就会卡留在工件内，如果测头无法取出，将导致工件的报废。通规（通端）标汉语拼音字母"T"；止规（止端）标汉语拼音字母"Z"。

**三、量规的结构**

标准量规结构，在 GB/T 6322—1986 "光滑极限量规型式和尺寸"中，对于孔、轴的光滑极限量规的结构，通用尺寸、适用范围、使用顺序都作了详细的规定和阐述，设计时可参阅有关手册。

## 习　题

5-1　光滑极限量规的通规和止规分别检验工件的什么尺寸？工作量规的公差带是如何设置的？

5-2　什么是极限尺寸判断原则？

5-3　试设计检验配合 $\phi40H8/f7$ 中孔和轴的工作量规。

# 第六章 圆锥和角度的公差与检测

## 第一节 概　述

### 一、圆锥结合的特点

圆锥的几何参数有直径、圆锥长度和锥角（锥度），因此圆锥比圆柱的结构复杂。圆锥结合有圆柱结合不能替代的特点，如通过内、外圆锥的轴向位移，可以调整间隙（或过盈），进而可以消除间隙，使内、外圆锥轴线，实现对中；同时圆锥结合又具有密封性好的特点，故常用在有对中或密封要求的场合。

具有过盈的圆锥，可以利用其摩擦力自锁来传递转矩，对中性好又易于装卸。工具圆锥和机床主轴的配合，是最典型的实例。

### 二、圆锥的几何参数及基本圆锥

#### 1. 圆锥角（$\alpha$）

在通过圆锥轴线的截面内，两条素线间的夹角，称为圆锥角 $\alpha$，如图 6-1 所示。对于内圆锥，用 $\alpha_i$ 表示；对外圆锥，用 $\alpha_e$ 表示。相互结合的内、外圆锥，其基本圆锥角是相等的。

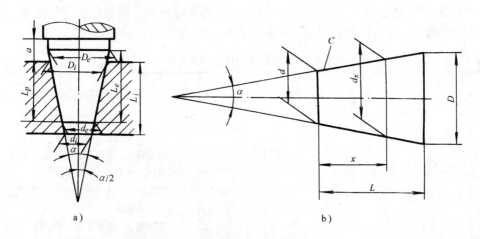

图 6-1　圆锥体的几何参数

#### 2. 圆锥直径

对于内（外）圆锥，分别有最大圆锥直径 $D_e$（$D_i$）、最小圆锥直径 $d_e$（$d_i$）和给定截面的圆锥直径 $d_{xe}$（$d_{xi}$），如图 6-1 所示。

#### 3. 圆锥长度（$L$）

内（外）圆锥最大圆锥直径与最小圆锥直径之间的轴向距离为圆锥长度 $L_e$（$L_i$），如图 6-1 所示。

#### 4. 锥度（$C$）

两个垂直于圆锥轴线截面的圆锥直径之差与该两截面的轴向距离之比，称为锥度 $C$。

换言之，锥度为圆锥体两端的直径差与圆锥长度之比，用公式表示：

$$C = \frac{D-d}{L}$$

由图 6-1 中圆锥参数的几何关系，可得出锥度 $C$ 的另一关系式为

$$C = 2\tan\frac{\alpha}{2}$$

式中　$\alpha$——圆锥角。

在图样标注中，锥度 $C$ 常写成比例或分数形式，如 $C=1:10$ 或 $C=1/10$。相互结合的内、外圆锥，其基本锥度是相同的。

5. 基本圆锥

基本圆锥为设计给定的圆锥。基本圆锥指的是在该圆锥上，所有几何参数均为其基本值。

基本圆锥标准（GB/T 11334—1989）规定可用两种形式。

1）一个基本圆锥直径（最大圆锥直径 $D$，最小圆锥直径 $d$，给定截面圆锥直径 $d_x$）、基本圆锥长度 $L$、基本圆锥角 $\alpha$ 或基本锥度 $C$。

2）两个基本圆锥直径和基本圆锥长度 $L$。

以上几何参数，均为基本尺寸。

三、锥度与锥角系列

GB/T 157—2001《锥度与锥角系列》国家标准中，将锥度与锥角系列分为两类，一类为一般用途圆锥的锥度与锥角，见表 6-1；另一类为特殊用途圆锥的锥度与锥角，见表 6-2。特殊用途的锥度与锥角的应用，仅限于表 6-2 备注栏中所说明的场合。

表 6-1　一般用途圆锥的锥度与锥角

| 基本值 | | 推算值 | | | 应用举例 |
|---|---|---|---|---|---|
| 系列 1 | 系列 2 | 圆锥角 $\alpha$ | | 锥度 $C$ | |
| 120° | | — | — | 1:0.288 675 | 节气阀、汽车、拖拉机阀门 |
| 90° | | — | — | 1:0.500 000 | 重型顶尖、重型中心孔、阀的阀销锥体埋头螺钉、小于 10mm 的丝锥 |
| | 75° | — | — | 1:0.651 613 | |
| 60° | | — | — | 1:0.866 025 | 顶尖、中心孔、弹簧夹头、埋头钻、埋头与半埋头铆钉 |
| 45° | | — | — | 1:1.207 107 | 摩擦轴节、弹簧卡头、平衡块 |
| 30° | | — | — | 1:1.866 025 | 受力方向垂直于轴线易拆开的连接 |
| 1:3 | | 18°55′28.7″ | 18.924 644° | — | 受力方向垂直于轴线的连接、锥形摩擦离合器、磨床主轴 |
| | 1:4 | 14°15′0.1″ | 14.250 033° | — | |
| 1:5 | | 11°25′16.3″ | 11.421 186° | — | 重型机床主轴 |
| | 1:6 | 9°31′38.2″ | 9.527 283 | — | 受轴向力和扭转力的连接处，主轴承受轴向力、调节套筒 |
| | 1:7 | 8°10′16.4″ | 8.171 234° | — | 主轴齿轮连接处、受轴向力之机件连接处，如机车十字头轴 |
| | 1:8 | 7°9′9.6″ | 7.152 669° | — | |
| 1:10 | | 5°43′29.3″ | 5.724 810° | — | 机床主轴、刀具刀杆的尾部、锥形铰刀心轴 |
| | 1:12 | 4°46′18.8″ | 4.771 888° | — | |

（续）

| 基本值 | | 推算值 | | 应用举例 |
|---|---|---|---|---|
| 系列1 | 系列2 | 圆锥角 $\alpha$ | 锥度 $C$ | |
| | 1:15 | 3°49′5.9″ | 3.818 305° | — | |
| | | 2°51′51.1″ | 2.864 192° | — | 锥形铰刀套式铰刀、扩孔钻的刀杆、主轴颈 |
| 1:20 | | 1°54′34.9″ | 1.906 82° | — | |
| 1:30 | 1:40 | 1°25′56.4″ | 1.432 320° | — | 锥销、手柄端部、锥形铰刀、量具尾部及静变负载不拆开的连接件，如心轴等 |
| 1:50 | | 1°8′45.2″ | 1.145 877° | — | |
| 1:100 | | 0°34′22.6″ | 0.572 953° | — | 导轨镶条，受震及冲击负载不拆开的连接件 |
| 1:200 | | 0°17′11.3″ | 0.286 478° | — | |
| 1:500 | | 0°6′52.5″ | 0.114 592° | — | |

表6-2　特殊用途圆锥的锥度与锥角

| 基本值 | 推算值 | | 备注 | |
|---|---|---|---|---|
| | 圆锥角 $\alpha$ | 锥度 $C$ | | |
| 18°30′ | — | — | 1:3.070 115 | 纺织工业 |
| 11°54′ | — | — | 1:4.797 451 | |
| 8°40′ | — | — | 1:6.598 442 | |
| 7°40′ | — | — | 1:7.462 208 | |
| 7:24 | 16°35′39.4″ | 16.594 290° | 1:3.428 571 | 机床主轴，工具配合 |
| 1:9 | 6°21′34.8″ | 6.359 660° | — | 电池接头 |
| 1:16.666 | 3°26′12.7″ | 3.436 853° | — | 医疗设备 |
| 1:12.262 | 4°40′12.2″ | 4.670 042° | — | 贾各锥度　No2 |
| 1:12.972 | 4°24′52.9″ | 4.414 696° | — | No1 |
| 1:15.748 | 3°38′13.4 | 3.637 067° | — | No33 |
| 1:18.779 | 3°3′1.2″ | 3.050 335° | — | No3 |
| 1:19.264 | 2°58′24.9″ | 2.973 573° | — | No6 |
| 1:20.288 | 2°49′24.8″ | 2.823 550° | — | No0 |
| 1:19.002 | 3°0′52.4″ | 3.014 554° | — | 莫氏锥度　No5 |
| 1:19.180 | 2°59′11.7″ | 2.986 590° | — | No6 |
| 1:19.212 | 2°58′53.8″ | 2.981 618° | — | No0 |
| 1:19.254 | 2°58′30.4″ | 2.975 117° | — | No4 |
| 1:19.922 | 2°52′31.4″ | 2.875 402° | — | No3 |
| 1:20.020 | 2°51′40.8″ | 2.861 332° | — | No2 |
| 1:20.047 | 2°51′26.9″ | 2.857 480° | — | No1 |

## 第二节 圆 锥 公 差

### 一、圆锥公差项目

为了保证圆锥零件的精度，限制几何参数误差的影响，须有相应的公差指标。这里介绍国家标准 GB/T 11334—1989《圆锥公差》的有关内容。其中的锥角公差也适用于棱体的角度。

1. 直径公差（$T_D$）

圆锥直径公差 $T_D$ 是圆锥直径的允许变动量。如图 6-2 所示，其公差带是由两个极限圆锥所组成的区域。该公差带在圆锥全长上是等宽的，即圆锥的任一正截面上的直径公差带是一致的。圆锥直径公差是按基本圆锥直径为基本尺寸（一般以最大圆锥直径 $D$）从尺寸标准公差表中查取。

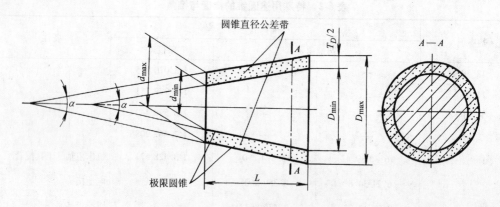

图 6-2 极限圆锥及直径公差带

所谓极限圆锥，是指与基本圆锥共轴，且圆锥角相等，直径分别为最大极限尺寸和最小极限尺寸的两个圆锥，即基本圆锥上的圆锥直径为基本尺寸，极限圆锥上的圆锥直径为极限尺寸。

在圆锥的轴剖面上，若以基本圆锥的素线为零线，则两个极限圆锥素线所形成的圆锥直径公差带相对于零线（即基本圆锥）的位置，由基本偏差来确定。圆锥直径公差带的基本偏差，概念上与圆柱直径公差带的基本偏差相同。图 6-3 为内、外圆锥的直径公差带及基本偏差示意图。圆锥直径公差带的基本偏差值直接从圆柱公差标准中的基本偏差表格中查取。

2. 给定截面圆锥直径公差 $T_{DS}$

给定截面圆锥直径公差 $T_{DS}$ 是指在垂直圆锥轴线的给定截面内，圆锥直径的允许变动量，见图 6-4，$T_{DS}$ 只适用于该给定截面。$T_{DS}$ 的数值是以给定截面的直径 $d_x$ 为基本尺寸从标准公差数值表中查取。

要注意 $T_{DS}$ 与圆锥直径公差 $T_D$ 的区别，$T_D$ 对整个圆锥上任意截面的直径都起作用，而 $T_{DS}$ 只对给定的截面起作用。对一个圆锥而言，一般不同时给出 $T_D$ 与 $T_{DS}$ 两个公差值。

3. 圆锥角公差（$AT$）

圆锥角公差 $AT$ 是指圆锥角的允许变动量。其公差带是由两个极限圆锥角所限定的区域，见图6-5。圆锥角公差 $AT$ 有两种表示方式，一种是以角度值表示的值，符号为 $AT_\alpha$；另一种为以线值表示的值，符号为 $AT_D$。

$AT_\alpha$ 为两极限圆锥角中最大极限圆锥角 $\alpha_{\max}$ 与最小极限圆锥 $\alpha_{\min}$ 的差值，如图6-5所示。其单位为分（′）、秒（″）或微弧度（μrad）表示。微弧度指的是半径为 1m，弧长为 1μm 时所对应的角度，即

$$5\mu\text{rad} \approx 1''; \quad 300\mu\text{rad} \approx 1'$$

$AT_D$ 的单位为 μm，它与 $AT_\alpha$ 的换算关系是

$$AT_D = AT_\alpha \times L \times 10^{-3}$$

式中 $AT_\alpha$——圆锥角之间的差值（μrad）；

$L$——圆锥长度（mm）。

圆锥角公差带（即两极限圆锥角所夹的区域）相对于基本圆锥角所在的素线可以是对称配置，也可以是不对称配置，如图6-6所示。因此，圆锥角的极限偏差可按双向或单向配置。

圆锥角公差分为12个等级，分别

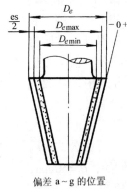
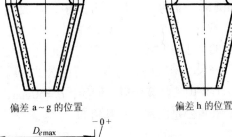

偏差 a～g 的位置　　偏差 h 的位置

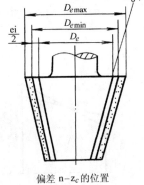
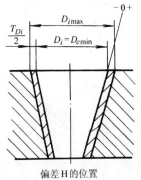

偏差 n-z_c 的位置　　偏差 H 的位置

图6-3　圆锥直径公差带及基本偏差

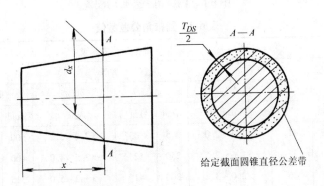

图6-4　给定截面圆锥直径公差 $T_{DS}$

用 AT1、AT2、AT3、…、AT12 表示。其中 AT1 精度最高，AT12 精度最低。常用的角度公差等级应用范围如下：

AT4～AT6：用于高精度的圆锥量规和角度样板。

AT7～AT9：用于工具圆锥、圆锥销、传递大转矩的摩擦圆锥。

AT10～AT11：用于圆锥套、锥齿轮之类中等精度的零件。

AT12：用于低精度的零件。

各公差等级所对应的圆锥角公差值的大小与圆锥长度有关，见表6-3。由表中可以看出，随着圆锥长度的增加，圆锥角公差值 $AT_\alpha$ 却在减小，这是由于从加工工艺上讲，圆锥长度越大，其圆锥角精度就越容易保证，故圆锥角公差值就规定得小。而圆锥角公差值的线值 $AT_D$，在圆锥长度的每个尺寸分段中，其数值是一个范围值，每个 $AT_D$ 首尾两端的值分别对应尺寸段的最小值和最大值。若需知道每个尺寸段中某一尺寸对应的 $AT_D$ 值，可由公式 $AT_D = AT_\alpha \times L \times 10^{-3}$ 计算而得。例如，$L = 50\text{mm}$，AT7 时的锥角公差值 $AT_D$ 计算值为

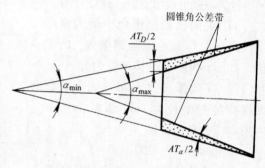

图6-5　圆锥角公差带

$$AT_D = AT_\alpha \times L \times 10^{-3} = 315 \times 50 \times 10^{-3} \mu\text{m} = 15.75\mu\text{m}$$

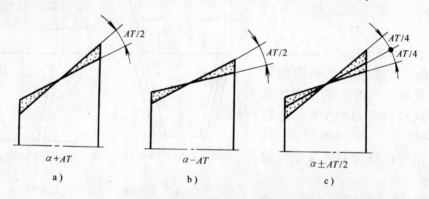

图6-6　圆锥角公差带的配置

表6-3　圆锥角公差数值

| 基本圆锥长度 L/mm | | 圆锥角公差等级 | | | | | | | | |
|---|---|---|---|---|---|---|---|---|---|---|
| | | AT4 | | | AT5 | | | AT6 | | |
| | | $AT_\alpha$ | | $AT_D$ | $AT_\alpha$ | | $AT_D$ | $AT_\alpha$ | | $AT_D$ |
| 大于 | 至 | μrad | (″) | μm | μrad | (′) (″) | μm | μrad | (′) (″) | μm |
| 自6 | 10 | 200 | 41 | >1.3~2.0 | 315 | 1′05″ | >2.0~3.2 | 500 | 1′43″ | >3.2~5.0 |
| 10 | 16 | 160 | 33 | >1.6~2.5 | 250 | 52″ | >2.5~4.0 | 400 | 1′22″ | >4.0~6.3 |
| 16 | 25 | 125 | 26 | >2.0~3.2 | 200 | 41″ | >3.2~5.0 | 315 | 1′05″ | >5.0~8.0 |
| 25 | 40 | 100 | 21 | >2.5~4.0 | 160 | 33″ | >4.0~6.3 | 250 | 52″ | >6.3~10.0 |
| 40 | 63 | 80 | 16 | >3.2~5.0 | 125 | 26″ | >5.0~8.0 | 200 | 41″ | >8.0~12.5 |
| 63 | 100 | 63 | 13 | >4.0~6.3 | 100 | 21″ | >6.3~10.0 | 160 | 33″ | >10.0~16.0 |
| 100 | 160 | 50 | 10 | >5.0~8.0 | 80 | 16″ | >8.0~12.5 | 125 | 26″ | >12.5~20.0 |
| 160 | 250 | 40 | 8 | >6.3~10.0 | 63 | 13″ | >10.0~16.0 | 100 | 21″ | >16.0~25.0 |
| 250 | 400 | 31.5 | 6 | >8.0~12.5 | 50 | 10″ | >12.5~20.0 | 80 | 16″ | >20.0~32.0 |
| 400 | 630 | 25 | 5 | >10.0~16.0 | 40 | 8″ | >16.0~25.0 | 63 | 13″ | >25.0~40.0 |

（续）

| 基本圆锥长度 L/mm | | 圆锥角公差等级 | | | | | | | | |
| --- | --- | --- | --- | --- | --- | --- | --- | --- | --- | --- |
| | | AT7 | | | AT8 | | | AT9 | | |
| | | $AT_\alpha$ | | $AT_D$ | $AT_\alpha$ | | $AT_D$ | $AT_\alpha$ | | $AT_D$ |
| 大于 | 至 | μrad | (') (") | μm | μrad | (') (") | μm | μrad | (') (") | μm |
| 自 6 | 10 | 800 | 2′45″ | >5.0~8.0 | 1250 | 4′18″ | >8.0~12.5 | 2000 | 6′52″ | >12.5~20 |
| 10 | 16 | 630 | 2′10″ | >6.3~10.0 | 1000 | 3′26″ | >10.0~16.0 | 1600 | 5′30″ | >16~25 |
| 16 | 25 | 500 | 1′43″ | >8.0~12.5 | 800 | 2′45″ | >12.5~20.0 | 1250 | 4′18″ | >20~32 |
| 25 | 40 | 400 | 1′22″ | >10.0~16.0 | 630 | 2′10″ | >16.0~20.5 | 1000 | 3′26″ | >25~40 |
| 40 | 63 | 315 | 1′05″ | >12.5~20.0 | 500 | 1′43″ | >20.0~32.0 | 800 | 2′45″ | >32~50 |
| 63 | 100 | 250 | 52″ | >16.0~25.0 | 400 | 1′22″ | >25.0~40.0 | 630 | 2′10″ | >40~63 |
| 100 | 160 | 200 | 41″ | >20.0~32.0 | 315 | 1′05″ | >32.0~50.0 | 500 | 1′43″ | >50~80 |
| 160 | 250 | 160 | 33″ | >25.0~40.0 | 250 | 52″ | >40.0~63.0 | 400 | 1′22″ | >63~100 |
| 250 | 400 | 125 | 26″ | >32.0~50.0 | 200 | 41″ | >50.0~80.0 | 315 | 1′05″ | >80~125 |
| 400 | 630 | 100 | 21″ | >40.0~63.0 | 160 | 33″ | >63.0~100.0 | 250 | 52″ | >100~160 |

注：1μrad 等于半径为 1m，弧长为 1μm 所对应的圆心角 5μrad≈1″（秒）300μrad≈1′（分）。

**4. 圆锥表面的形状公差 $T_F$**

对圆锥表面的形状公差项目，分别是指圆锥素线的直线度公差和任意正截面上的圆度公差。如需要其数值可按直线度和圆度公差等级表格中查取。

**二、圆锥公差的给定方法**

对于不同要求和用途的圆锥，其公差要求的给定方法也不同。所给出的公差要求，出自上面所讲的四项圆锥公差项目。

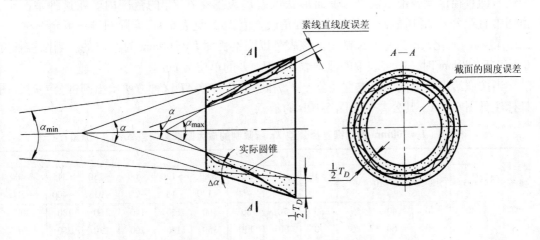

图 6-7　用圆锥直径公差 $T_D$ 控制圆锥误差

**1. 给出圆锥的理论正确圆锥角 $\alpha$（或锥度 $c$）和圆锥直径公差 $T_D$**

对一般用途的圆锥，常按此方案给定圆锥公差。这时所给出的圆锥直径公差具有综合性，即圆锥的直径误差、锥角误差、圆锥表面的形状误差均应控制在 $T_D$ 公差带内，见图6-7。这相当于对圆锥公差运用包容要求。图中由圆锥直径公差带给出了实际圆锥角的两

个极限值 $\alpha_{\max}$、$\alpha_{\min}$，用于限定圆锥角的变化范围，从而达到利用圆锥直径公差 $T_D$ 控制圆锥角误差的目的。

当对圆锥角及圆锥表面形状公差有更高要求时，可再给出圆锥角公差 $AT$ 和圆锥表面形状公差 $T_F$。但这两项只占圆锥直径公差 $T_D$ 的一部分。

2. 给出给定截面圆锥直径公差 $T_{DS}$ 和圆锥角公差 $AT$

这种圆锥公差的给定方法，适宜于那些对给定截面的直径要求较高的圆锥零件，如密封性能要求高的阀类零件。这时，用 $T_{DS}$ 限制给定截面的直径误差，圆锥的锥角误差由圆锥角公差 $AT$ 限制，两项要求分别检验。$T_{DS}$ 和 $AT$ 两者叠加形成的公差带如图 6-8 所示。当对圆锥表面的形状精度有更高要求时，可再给出形状公差 $T_F$。

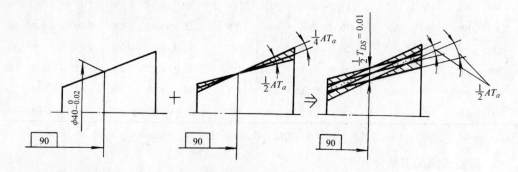

图 6-8　给定 $T_{DS}$ 和 $AT$ 时的圆锥公差带

### 三、圆锥公差要求在图样上的标注

当按照给出圆锥角 $\alpha$（或锥度 $c$）的理论正确值和圆锥直径公差 $T_D$ 这种方法给出圆锥公差要求时，应在圆锥尺寸标注后加⑦，如图 6-9 所示。这时，圆锥直径公差 $T_D$ 具有综合性，即直径误差、锥角误差、表面形状误差均应控制在 $T_D$ 的范围内。在这种情况下，由圆锥直径公差 $T_D$ 所能限制的最大圆锥角误差值 $\Delta\alpha_{\max}$ 见表 6-4。实际圆锥角可允许在 $\alpha \pm \Delta\alpha_{\max}$ 范围内变化，$\alpha$ 为基本圆锥角。该表是以圆锥长度 $L = 100\text{mm}$ 时给出的。当圆锥长度 $L$ 不等于 100mm 时，需将表中的值乘以 $100/L$，$L$ 的单位为 mm。

当按照给出给定截面圆锥直径公差 $T_{DS}$ 和圆锥角公差 $AT$ 这种方法给出圆锥公差时，图样标注见图 6-10a，其公差带见图 6-10b 的示意。

表 6-4　$L = 100\text{mm}$ 的圆锥直径公差 $T_D$ 所限制的最大圆锥角误差 $\Delta\alpha_{\max}$　（μrad）

| 标准公差等级 | 圆锥直径/mm | | | | | | | | | | | | |
|---|---|---|---|---|---|---|---|---|---|---|---|---|---|
| | ≤3 | >3~6 | >6~10 | >10~18 | >18~30 | >30~50 | >50~80 | >80~120 | >120~180 | >180~250 | >250~315 | >315~400 | >400~500 |
| IT4 | 30 | 40 | 40 | 50 | 60 | 70 | 80 | 100 | 120 | 140 | 160 | 180 | 200 |
| IT5 | 40 | 50 | 60 | 80 | 90 | 110 | 130 | 150 | 180 | 200 | 230 | 250 | 270 |
| IT6 | 60 | 80 | 80 | 110 | 130 | 160 | 190 | 220 | 250 | 290 | 320 | 360 | 400 |
| IT7 | 100 | 120 | 150 | 180 | 210 | 250 | 300 | 350 | 400 | 460 | 520 | 570 | 630 |
| IT8 | 140 | 180 | 220 | 270 | 330 | 390 | 460 | 540 | 630 | 720 | 810 | 890 | 970 |
| IT9 | 250 | 300 | 360 | 430 | 520 | 620 | 740 | 870 | 1000 | 1150 | 1300 | 1400 | 1550 |
| IT10 | 400 | 480 | 580 | 700 | 840 | 1000 | 1200 | 1400 | 1300 | 1850 | 2100 | 2300 | 2500 |

注：圆锥长度不等于 100mm 时，需将表中的数值乘以 $100/L$，$L$ 的单位为 mm。

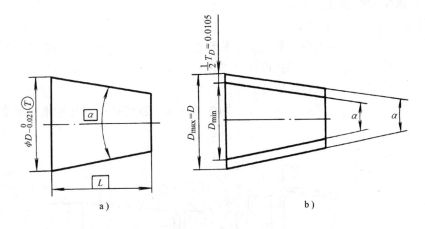

图 6-9 给定圆锥角的圆锥公差标注
a）在图样上标注 b）说明

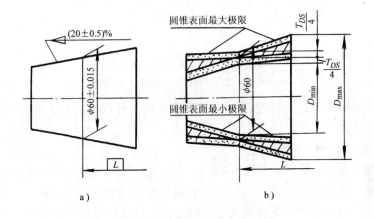

图 6-10 给定锥度的圆锥公差标注
a）在图样上标注 b）说明

# 第三节 圆 锥 配 合

**一、圆锥配合的定义**

圆锥配合是指基本圆锥相同的内、外圆锥直径之间，由于结合不同所形成的关系。

圆锥配合时，其配合间隙或过盈是在圆锥素线的垂直方向上起作用的。但在一般情况下，可以认为圆锥素线垂直方向的量与圆锥径向的量两者差别很小，可以忽略不计，因此这里所讲的配合间隙或过盈为垂直于圆锥轴线的间隙或过盈。

**二、圆锥配合的种类**

圆锥配合也分间隙、过渡、过盈三种配合。间隙配合用于圆锥配合面间有回转要求的场合，过渡配合常用于密封或定心；过盈配合则用于传递转矩，其特点是一旦过盈配合不再需要，内、外圆锥体可以拆开。

### 三、圆锥配合的形成

**1. 由圆锥的结构形成配合**

由圆锥的结构形成的配合,称之为结构型配合。图6-11a所示为结构型配合的第一种,这种配合要求外圆锥的台阶面与内圆锥的端面相贴紧,配合的性质就可确定。图中所示是获得间隙配合的例子。图6-11b是第二种由结构形成配合的例子,它要求装配后,内、外圆锥的基准面间的距离(基面距)为 $a$,则配合的性质就能确定。图中所示是获得过盈配合的例子。

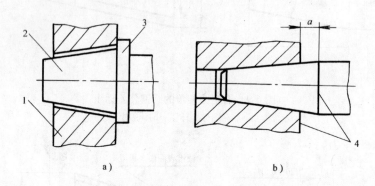

图 6-11　由圆锥的结构形成配合
1—内圆锥　2—外圆锥　3—轴肩　4—基准平面

由圆锥的结构形成的两种配合,选择不同的内、外圆锥直径公差带就可以获得间隙、过盈或过渡配合。

**2. 由圆锥的轴向位移形成配合**

它也有两种方式,第一种如图6-12a所示。内、外圆锥表面接触位置(不施加力)称实际初始位置,从这位置开始让内、外圆锥相对作一定轴向位移($E_a$),则可获得间隙或过盈两种配合,图示为间隙配合的例子。第二种则从实际初始位置开始,施加一定的装配力 $F_s$ 而产生轴向位移,所以这种方式只能产生过盈配合,如图6-12b所示。

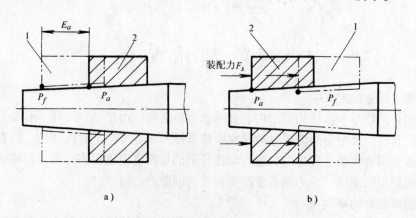

图 6-12　由圆锥的轴向位移形成配合
1—终止位置　2—实际初始位置

### 四、有关圆锥配合的基本概念和术语

**1. 极限初始位置**

极限初始位置是初始位置允许的界限。初始位置是指在不施加力的情况下，相互结合的内、外圆锥表面接触时的轴向位置。

图 6-13 所示为当内、外圆锥结合时，当内圆锥为最小极限圆锥尺寸、外圆锥为最大极限圆锥尺寸时有一极限初始位置 $P_1$，当内圆锥为最大极限圆锥尺寸、外圆锥为最小极限圆锥尺寸时有另一极限初始位置 $P_2$。由极限初始位置 $P_1$ 到极限初始位置 $P_2$，在轴向有一对应的位置量，叫初始位置公差 $T_P$，表征着初始位置的允许变动范围，可按下式计算：

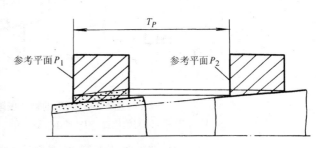

图 6-13　圆锥的极限初始位置

$$T_P = \frac{1}{C}(T_{Di} + T_{De})$$

式中　　　$C$——锥度；

$T_{Di}$（$T_{De}$）——内（外）圆锥的直径公差。

**2. 实际初始位置（$P_a$）**

相互结合的内、外实际圆锥的初始位置叫实际初始位置，见图 6-12。它应在极限初始位置 $P_1$ 和 $P_2$ 所限定的范围内存在。

**3. 终止位置（$P_f$）**

相互结合的内、外圆锥，为使其在终止状态得到要求的间隙或过盈，所规定的最终轴向位置为终止位置，见图 6-12。当内、外圆锥由初始位置开始移动了一个轴向距离 $E_a$，达到给定的配合性质（间隙或过盈）后，内、外圆锥所处的位置，便是终止位置。

**4. 极限轴向位移**

圆锥的轴向位移是指相互结合的内、外圆锥，从实际初始位置 $P_a$ 到终止位置 $P_f$ 所移动的距离 $E_a$，它应位于极限轴向位移所允许的变化范围内。极限轴向位移分最小极限轴向位移 $E_{amin}$ 和最大极限轴向位移 $E_{amax}$。

最小极限轴向位移 $E_{amin}$ 是指相互结合的内、外圆锥的终止位置上，得到最小间隙或最小过盈的轴向位移。最大极限轴向位移 $E_{amax}$ 则是指得到最大间隙或最大过盈的轴向位移，见图 6-14 的示意。

**5. 轴向位移公差 $T_E$**

轴向位移公差 $T_E$（见示意图 6-14）为圆锥轴向位移允许的变动量，用下式表示：

$$T_E = E_{amax} - E_{amin}$$

**6. 轴向位移量的计算（位移型圆锥配合用）**

当由内、外圆锥的结合形成间隙或过盈配合时，其极限轴向位移量及轴向位移公差的计算公式列于表 6-5 中。

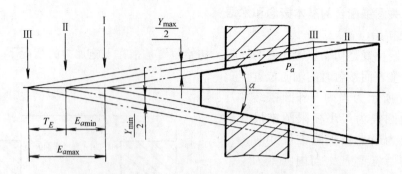

图 6-14　圆锥的轴向极限位移

I—实际初始位置　II—最小过盈位置　III—最大过盈位置

表 6-5　位移型圆锥配合轴向位移量的计算

| 间隙配合 | 过盈配合 |
| --- | --- |
| $E_{a\min} = X_{\min}/C$ | $E_{a\min} = Y_{\min}/C$ |
| $E_{a\max} = X_{\max}/C$ | $E_{a\max} = Y_{\max}/C$ |
| $T_E = E_{a\max} - E_{a\min}$ | $T_E = E_{a\max} - E_{a\min}$ |
| 式中　$X_{\max}$——配合的最大间隙 | 式中　$Y_{\min}$——最小过盈 |
| $X_{\min}$——配合的最小间隙 | $Y_{\max}$——最大过盈 |
| $C$——锥度 | $C$——锥度 |

　　例如，有一位移型圆锥配合，锥度为 1:50，圆锥的基本直径为 $\phi40\text{mm}$，要求内、外圆锥装配后配合为 H7/r6（过盈配合），已知该配合的 $Y_{\min} = -9\mu\text{m}$，$Y_{\max} = -50\mu\text{m}$，则极限轴向位移量及轴向位移公差为

$$E_{a\min} = \frac{1}{C} \times Y_{\min} = 50 \times 9\mu\text{m} = 450\mu\text{m}$$

$$E_{a\max} = \frac{1}{C} \times Y_{\max} = 50 \times 50\mu\text{m} = 2500\mu\text{m}$$

$$T_E = E_{a\max} - E_{a\min} = (2500 - 450)\mu\text{m} = 2050\mu\text{m}$$

**五、圆锥直径公差带的选择**

1. 结构型圆锥配合时直径公差带的选择

　　结构型圆锥配合的性质与内、外圆锥的公差带间的相互位置有关。为了减少定值刀具的数目，推荐采用基孔制配合，即内圆锥的公差带的基本偏差为 H。对于外圆锥，其选用公差带应先考虑用圆柱配合中推荐的基孔制优先、常用配合中的轴公差带，便可获得不同的间隙、过盈及过渡配合。若不能满足要求，再自行按尺寸公差标准定出适宜的公差带及配合。

　　为了保证结构型圆锥配合的精度，内、外圆锥的直径公差等级应≤IT9。

2. 位移型圆锥配合中直径公差带的选择

　　对于位移型圆锥配合，标准中规定内圆锥公差带的基本偏差为 H 或 JS，外圆锥的公差带基本偏差为 h 或 js。位移型圆锥配合中配合量的获得是靠轴向位移或施加轴向力实现的，与内、外圆锥的公差带无关。但圆锥直径公差带的大小对位移型圆锥配合的初始位置有影响。

# 第四节  角 度 公 差

在常见的机械结构中，常用到含角度的构件，如常见的燕尾槽，V 形架、楔块等，见图 6-15。这些构件的主要几何参数是角度。角度的精度高低决定着其工作精度。故对角度这一几何参数也应提出公差要求。角度公差分两种，一种是角度注出公差；另一种是未注公差角度的极限偏差。

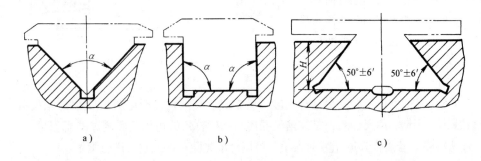

图 6-15  常见角度构件

**一、角度注出公差**

角度注出公差值可以从圆锥角公差表中查取。查取时，以形成角度的两个边的短边长度值为表中的 $L$ 值。

**二、未注公差角度的极限偏差**

国家对金属切削加工件的未注公差角度规定了极限偏差，即 GB/T 1804—2000《未注公差角度的极限偏差》，将未注公差角度的极限偏差分为 3 个等级，即中等级（以 m 表示）、粗糙级（以 c 表示）、最粗级（以 v 表示）。每个等级列有不同的极限偏差值，见表 6-6。以角度的短边长度查取。用于圆锥时，以圆锥素线长度查取。

表 6-6  未注公差角度的极限偏差

| 公差等级 | 长度/mm | | | | |
|---|---|---|---|---|---|
| | ≤10 | >10 ~ 50 | >50 ~ 120 | >120 ~ 400 | >400 |
| m（中等级） | ±1° | ±30′ | ±20′ | ±10′ | ±5′ |
| c（粗糙级） | ±1°30′ | ±1° | ±30′ | ±15′ | ±10′ |
| v（最粗级） | ±3° | ±2° | ±1° | ±30′ | ±20′ |

未注公差角度的公差等级在图样或技术文件上用标准号和公差等级表示，例如选用中等级时，表示为：GB/T 1804—m。

# 第五节　角度和锥度的检测

## 一、角度和锥度的检验

### 1. 角度量块

角度量块代表角度基准，其功能与尺寸量块相同。图6-16所示为角度量块。角度量块有三角形和四边形两种。四边形量块的每个角均为量块的工作角，三角形量块只有一个工作角。角度量块也具有研合性，既可以单独使用，也可借助研合组成所需要的角度对被检角度进行检验。角度量块的工作范围为 $10° \sim 350°$。

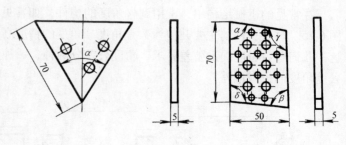

图6-16　角度量块

### 2. 90°角尺

90°角尺（又称直角尺）是另一种角度检验工具。其结构外型见图6-17。90°角尺可用于检验直角和划线。用90°角尺检验，是靠角尺的边与被检直角的边相贴后透过的光隙量进行判断，属于比较法检验。若需要知道光隙的大小，可用标准光隙对比或塞尺进行测量。

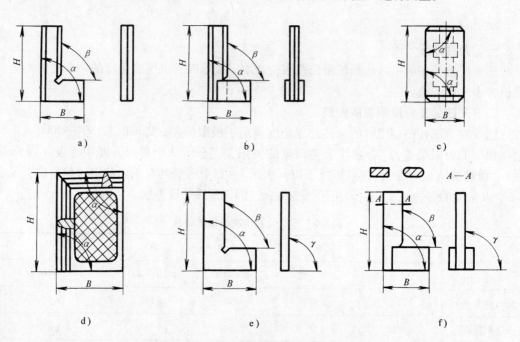

a)　　　　　　　　　　　b)　　　　　　　　　　　c)

d)　　　　　　　　　　　e)　　　　　　　　　　　f)

图6-17　90°角尺

a）平样板角尺　b）宽底坐样板角尺　c）圆柱角尺

d）整体样板角尺　e）V—平角尺　f）宽底坐角尺

### 3. 圆锥量规

对圆锥体的检验，是检验圆锥角、圆锥直径、圆锥表面形状要求的合格性。检验外圆锥用的圆锥量规称为圆锥套规，检验内圆锥用的量规称为圆锥塞规，其外型见图 6-18a。在塞规的大端，有两条刻线，距离为 $Z$；在套规的小端，也有一个由端面和一条刻线所代表的距离 $Z$（有的用台阶表示），该距离值 $Z$ 代表被检圆锥的直径公差 $T_D$ 在轴向的量。被检的圆锥件，若直径合格，其端面（外圆锥为小端，内圆锥为大端）应在距离为 $Z$ 的两条刻线之间，见图 6-18b，然后在圆锥面上均匀地涂上 2～3 条极薄的涂层（红丹或蓝油），使被检圆锥与量规面接触后转动 $\frac{1}{2} \sim \frac{1}{3}$ 周，看涂层被擦掉的情况，来判断圆锥角误差与圆锥表面形状误差的合格与否。若涂层被均匀地擦掉，表明锥角误差和表面形状误差都较小。反之，则表明存在误差，如用圆锥塞规检验内圆锥时，若塞规小端的涂层被擦掉，则表明被检内圆锥的锥角大了；若塞规的大端涂层被擦掉，则表明被检内圆锥的锥角小了。但不能测具体的误差值。

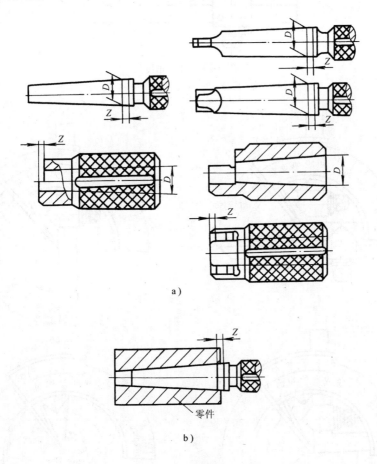

a)

b)

图 6-18 圆锥量规

## 二、角度和锥度的测量

### 1. 用万能角度尺测量

万能角度尺如图 6-19 所示，它是按游标原理读数，其测量范围为 $0° \sim 320°$。其结构为：2 为尺身，1 为游标尺，3 为 $90°$ 角尺架，直尺 4 可在 3 上的夹子 5 中活动和固定。按不同方式组合基尺、角尺和直尺，就能测量不同的角度值，如图 6-20 所示。

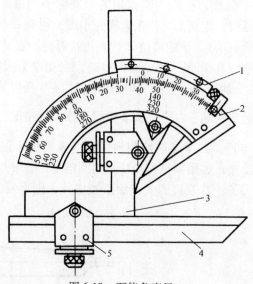

图 6-19　万能角度尺

1—游标尺　2—尺身　3—90°角尺架　4—直尺　5—夹子

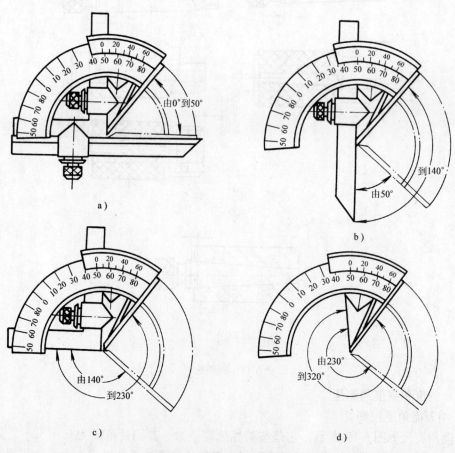

a )

b )

c )

d )

图 6-20　万能角度尺的组合形式

2. 用正弦规进行测量

正弦规的外型结构如图6-21所示,正弦规的主体下两边各安装一个直径相等的圆柱体。利用正弦规测量角度和锥度时,测量精度可达 ±3″ ~ ±1″,但适宜测量小于40°的角度。

用正弦规测量角度和锥度的原理如图 6-22 所示。在图 6-22a 中按照所测角度的理论值 $\alpha$ 算出所需的量块尺寸 $h$($h$ 与 $\alpha$ 的关系为 $h = L\sin\alpha$),然后将组合好的量块和正弦规按图示位置放在平板上,再将被测工件(图示被测件为一圆锥塞规)放在正弦规上。若这时工件的实际角度等于理论值 $\alpha$ 时,工件上端的素线将与平板是平行的。这时若在 $a$、$b$ 两点用表测值,则表的读数应是相等的。若工件的角度不等于理论值 $\alpha$,工件上端的素线将与平板不平

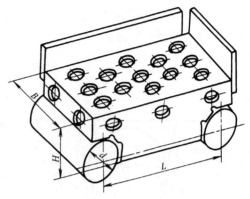

图 6-21　正弦规

行,在 $a$、$b$ 两点用表测值,将得出不同的读数,若两点读数差为 $n$,又知 $a$、$b$ 两点的距离为 $l$,则被测圆锥的锥度偏差 $\Delta c$ 为

$$\Delta c = n/l$$

相应的锥角偏差 $\Delta\alpha$ 为

$$\Delta\alpha = 2\Delta c \times 10^5$$

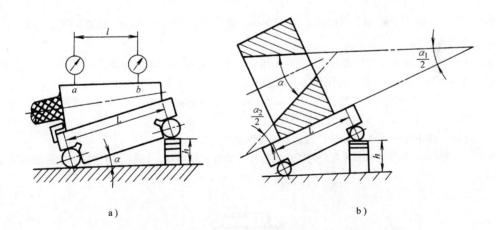

a)

b)

图 6-22　用正弦规测量锥角

具体测量时,须注意 $a$、$b$ 两点测值的大小,若 $a$ 点值大于 $b$ 点值,则实际锥角大于理论锥角 $\alpha$,算出的 $\Delta\alpha$ 为正,反之,$\Delta\alpha$ 为负。

图 6-22b 为用正弦规测内锥角的示意图,其原理与测外锥角相类似。

3. 用钢球和圆柱测量锥角

用精密钢球和精密量柱(滚柱)也可以间接测量圆锥角度。图 6-23 为用双球测内锥角的示例。已知大、小球的直径分别为 $D_0$ 和 $d_0$,测量时,先将小球放入,测出 $H$ 值,再将大球放入,测出 $h$ 值,则内锥角 $\alpha$ 值可按下式求得:

$$\sin\frac{\alpha}{2} = (D_0 - d_0)/[2(H - h) + d_0 - D_0]$$

图 6-24 为用滚柱和量块组测外圆锥的示例。先将两尺寸相同的滚柱夹在圆锥的小端处，测得 $m$ 值，再将这两个滚柱放在尺寸组合相同的量块上，如图示，测量 $M$ 值，则外锥角 $\alpha$ 值可按下式算出：

$$\tan\frac{\alpha}{2} = (M - m)/2h$$

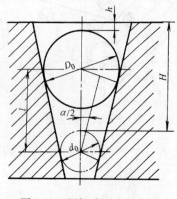

图 6-23　用钢球测内锥角

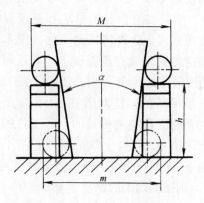

图 6-24　用圆柱测外圆锥角

## 习　题

6-1　有一外圆锥，已知最大圆锥直径 $D_e = 20$mm，最小圆锥直径 $d_e = 5$mm，圆锥长度 $L = 100$mm，试求其锥度及圆锥角。

6-2　C620—1 车床尾架顶针套与顶针结合采用莫氏锥度 No4，顶针的基本圆锥长度 $L = 118$mm，圆锥角公差等级为 AT9。试查出其基本圆锥角 $\alpha$ 和锥度 $C$ 以及锥角公差值。

6-3　已知内圆锥的最大圆锥直径 $D_i = 23.825$mm，最小圆锥直径 $d_i = 20.2$mm，锥度 $C = 1:19.922$，设内圆锥直径公差带为 H8，试计算因直径公差所产生的锥角公差。

6-4　圆锥的轴向位移公差和初始位置公差的区别是什么？

6-5　习题图 6-1 为用两对不同直径的圆柱测量外圆锥角 $\alpha$ 的示例，试列出用这种方法得出圆锥角的计算式。

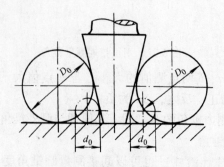

习题图　6-1

# 第七章 平键、花键联结的公差与检测

键联结和花键联结广泛应用于轴和轴上传动件（如齿轮、带轮、联轴器、手轮等）之间的联结，用以传递转矩，需要时也可用作轴上传动件的导向。键和花键联结属于可拆卸联结，常用于需要经常拆卸和便于装配之处。

键（单键）分为平键、半圆键、切向键和楔形键等几种，其中平键的应用最广泛。花键分为矩形花键、渐开线花键和三角形花键等几种，其中以矩形花键的应用最广泛。

本章仅讨论平键和矩形花键的公差与检测。

## 第一节 平键联结的公差与检测

平键分为普通平键和导向平键两种，前者用于固定联结，后者用于导向联结。

### 一、平键联结的公差与配合

1. 平键联结的几何参数

由图7-1可见，平键联结是由键、轴槽和轮毂槽三部分组成，其结合尺寸有键宽、键槽宽（轴槽宽和轮毂槽宽）、键高、槽深和键长等参数。由于平键联结是通过键的侧面与轴槽和轮毂槽的侧面相互接触来传递转矩的，因此在平键联结的结合尺寸中，键和键槽的宽度是配合尺寸，应规定较为严格的公差。其余的尺寸为非配合尺寸，可规定较松的公差。

平键联结的剖面尺寸均已标准化，在 GB/T 1095-1979《平键 键和键槽的剖面尺寸》中作了规定（见表7-1）。

2. 尺寸公差带

平键联结中的键是用标准的精拔钢制造的，是标准件。在键宽与键槽宽的配合中，键宽相当于"轴"，键槽宽相当于"孔"。由于键宽同时要与轴槽宽和轮毂槽宽配合，而且配合性质往往又不同，因此键宽与键槽宽的配合均采用基轴制。

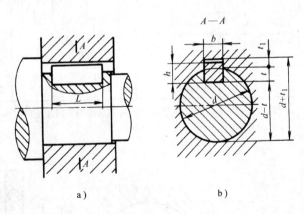

图7-1 平键联结的几何参数

GB/T 1095-1979 规定，键宽与键槽宽的公差带由 GB/T 1801-1999 中选取。对键宽规定了一种公差带，对轴槽宽和轮毂槽宽各规定了三种公差带（图7-2），构成三种配合，以满足各种不同用途的需要。三种配合的应用场合见表7-2。

在平键联结的非配合尺寸中，轴槽深 $t$ 和轮毂槽深 $t_1$ 的公差带由 GB/T 1095-1979 专门规定，见表7-1；键高 $h$ 的公差带一般采用 h11；键长的公差带采用 h14；轴槽长度的公差带采用 H14。

表7-1 平键 键和键槽的剖面尺寸及公差（摘自 GB/T 1095-1979）　　　　（mm）

| 轴 | 键 | | 键槽 | | | | | | | | |
|---|---|---|---|---|---|---|---|---|---|---|---|
| | | | 宽度 b | | | | | 深度 | | | |
| | | | 极限偏差 | | | | | 轴 t | | 毂 t₁ | |
| 公称直径 d | 尺寸 b×h | 公称尺寸 b | 较松键联结 | | 一般键联结 | | 较紧键联结 | | | | |
| | | | 轴 N9 | 毂 D10 | 轴 N9 | 毂 Js9 | 轴和毂 P9 | 公称尺寸 | 极限偏差 | 公称尺寸 | 极限偏差 |
| >12~17 | 5×5 | 5 | +0.030 / 0 | +0.078 / +0.030 | 0 / −0.030 | ±0.015 | −0.012 / −0.042 | 3.0 | +0.1 / 0 | 2.3 | +0.1 / 0 |
| >17~22 | 6×6 | 6 | | | | | | 3.5 | | 2.8 | |
| >22~30 | 8×7 | 8 | +0.036 / 0 | +0.098 / +0.040 | 0 / −0.036 | ±0.018 | −0.015 / −0.051 | 4.0 | | 3.3 | |
| >30~38 | 10×8 | 10 | | | | | | 5.0 | | 3.3 | |
| >38~44 | 12×8 | 12 | | | | | | 5.0 | | 3.3 | |
| >44~50 | 14×9 | 14 | +0.043 / 0 | +0.120 / +0.050 | 0 / −0.043 | ±0.0215 | −0.018 / −0.061 | 5.5 | | 3.8 | |
| >50~58 | 16×10 | 16 | | | | | | 6.0 | | 4.3 | |
| >58~65 | 18×11 | 18 | | | | | | 7.0 | +0.2 / 0 | 4.4 | +0.2 / 0 |
| >65~75 | 20×12 | 20 | | | | | | 7.5 | | 4.9 | |
| >75~85 | 22×14 | 22 | +0.052 / 0 | +0.149 / +0.065 | 0 / −0.052 | ±0.026 | −0.022 / −0.074 | 9.0 | | 5.4 | |
| >85~95 | 25×14 | 25 | | | | | | 9.0 | | 5.4 | |
| >95~110 | 28×16 | 28 | | | | | | 10.0 | | 6.4 | |
| >110~130 | 32×18 | 32 | | | | | | 11.0 | | 7.4 | |
| >130~150 | 36×20 | 36 | | | | | | 12.0 | | 8.4 | |
| >150~170 | 40×22 | 40 | +0.062 / 0 | +0.180 / +0.080 | 0 / −0.062 | ±0.031 | −0.026 / −0.088 | 13.0 | +0.3 / 0 | 9.4 | +0.3 / 0 |
| >170~200 | 45×25 | 45 | | | | | | 15.0 | | 10.4 | |
| >200~230 | 50×28 | 50 | | | | | | 17.0 | | 11.4 | |

注：（d−t）和（d+t₁）两组合尺寸的极限偏差按相应的 t 和 t₁ 的极限偏差选取，但（d−t）的极限偏差应取负号（−）。

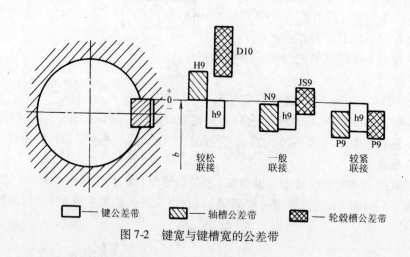

　H9　　D10　　N9　　JS9
　h9　　　　h9　　h9　　h9
　　　　　　　　　　　P9　P9
　较松联接　　一般联接　　较紧联接

□—键公差带　　▨—轴槽公差带　　▩—轮毂槽公差带

图 7-2　键宽与键槽宽的公差带

表7-2　平键联结的三组配合及其应用

| 配合种类 | 尺寸$b$的公差带 | | | 应用 |
|---|---|---|---|---|
| | 键 | 轴键槽 | 轮毂键槽 | |
| 较松联结 | | H9 | D10 | 用于导向平键，轮毂可在轴上移动 |
| 一般联结 | h9 | N9 | Js9 | 键在轴键槽中和轮毂键槽中均固定，用于载荷不大的场合 |
| 较紧联结 | | P9 | P9 | 键在轴键槽中和轮毂键槽中均牢固地固定，用于载荷较大，有冲击和双向扭矩的场合 |

### 3. 键槽的位置公差与表面粗糙度

为保证键宽与键槽宽之间有足够的接触面积，避免装配困难，应分别规定轴槽对轴的轴线和轮毂槽对孔的轴线的对称度公差。根据不同的使用要求，一般可按 GB/T 1184—1996 中对称度公差的 7~9 级选取。

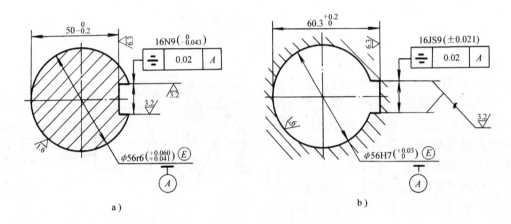

a )　　　　　　　　　　　　b )

图7-3　键槽尺寸和公差的标注

轴槽和轮毂槽两侧面的粗糙度参数 $R_a$ 值推荐为 $1.6 \sim 3.2\,\mu m$，底面的粗糙度参数 $R_a$ 值为 $6.3\,\mu m$。

轴槽和轮毂槽的剖面尺寸，形位公差及表面粗糙度在图样上的标注见图7-3。考虑到测量方便，在工作图中，轴槽深 $t$ 用 $(d-t)$ 标注，其极限偏差与 $t$ 相反；轮毂槽深 $t_1$ 用

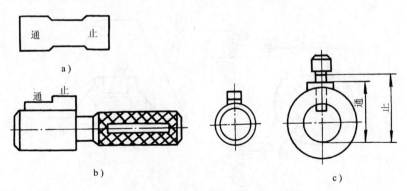

图7-4　键槽尺寸检测的极限量规

a )　键槽宽极限尺寸量规　b )　轮毂槽深极限尺寸量规　c )　轴槽深极限尺寸量规

$(d+t_1)$ 标注，其极限偏差与 $t_1$ 相同。

## 二、键槽的检测

（1）尺寸检测　在单件、小批生产中，键槽宽度和深度一般用游标卡尺，千分尺等通用量仪来测量。在成批、大量生产中，则可用量块或极限量规（图7-4）来检测。

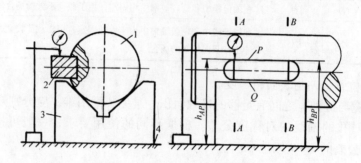

图7-5　轴槽对称度误差测量

1—工件　2—量块　3—V形架　4—平板

（2）对称度误差检测　当对称度公差遵守独立原则（如图7-3所示），且为单件、小批生产时用通用量仪测量。常用的方法如图7-5所示。工件1的被测键槽中心平面和基准轴线用定位块（或量块）2和V形架3模拟体现。先转动V形架上的工件，以调整定位块的位置，使其沿径向与平板4平行。然后用指示表在键槽的一端截面（如图中的 A-A 截面）内测量定位块表面 P 到平板的距离 $h_{AP}$，将工件翻转180°，重复上述步骤，测得定位块表面 Q 到平面的距离 $h_{AQ}$，P、Q 两面对应点的读数差为 $a = h_{AP} - h_{AQ}$，则该截面的对称度误差为

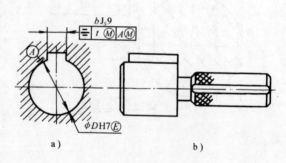

图7-6　轮毂槽对称度量规

a）零件图样的标注　b）量规示意图

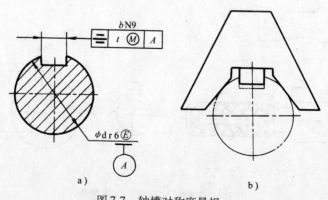

图7-7　轴槽对称度量规

a）零件图样的标注　b）量规示意图

$$f_1 = \frac{a\,\dfrac{t}{2}}{\dfrac{d}{2} - \dfrac{t}{2}} = \frac{at}{d - t} \tag{7-1}$$

再沿键的长度方向测量，在长度方向上 $A$、$B$ 两点的最大差值为

$$f_2 = \left| h_{AP} - h_{BP} \right| \tag{7-2}$$

取 $f_1$、$f_2$ 中的最大值作为该键槽的对称度误差。

在成批、大量的生产或对称度公差采用相关要求时，应采用专用量规来检验。图 7-6 和图 7-7 分别是轮毂槽和轴槽对称度公差采用相关要求时，用于检验对称度的量规。检验对称度的量规只有通规，只要能通过，就表示对称度合格。

# 第二节　矩形花键联结的公差与检测

花键联结是由内花键（花键孔）和外花键（花键轴）两个零件组成。花键联结与单键联结相比，其主要优点是定心精度高，导向性好，承载能力强。

## 一、矩形花键的主要尺寸和定心方式

矩形花键的主要尺寸有三个，即大径 $D$、小径 $d$、键宽（键槽宽）$B$（见图7-8）。GB/T 1144—2001《矩形花键　尺寸、公差和检测》规定，键数为偶数，有 6、8、10 三种。按承载能力，将尺寸分为轻、中两个系列（见表7-3）。对同一小径，两个系列的键数相同，键宽（键槽宽）也相同，仅大径不同。

矩形花键主要尺寸的公差与配合是根据花键联结的使用要求规定的。花键联结的使用要求包括：内、外花键的定心要求，键侧面与键槽侧面接触均匀的要求，装配后是否需要作轴向相对运动的要求，强度和耐磨性要求等。

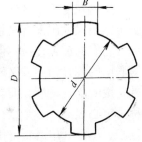

图 7-8　矩形花键的主要尺寸

表 7-3　矩形花键基本尺寸的系列（摘自 GB/T 1144—2001）　　　　（mm）

| $d$ | 轻系列 | | | | 中系列 | | | |
|---|---|---|---|---|---|---|---|---|
| | 标记 | $N$ | $D$ | $B$ | 标记 | $N$ | $D$ | $B$ |
| 11 | | | | | 6×11×14 | 6 | 14 | 3 |
| 13 | | | | | 6×13×16 | 6 | 16 | 3.5 |
| 16 | | | | | 6×16×20 | 6 | 20 | 4 |
| 18 | | | | | 6×18×22 | 6 | 22 | 5 |
| 21 | | | | | 6×21×25 | 6 | 25 | 6 |
| 23 | 6×23×26 | 6 | 26 | 6 | 6×23×28 | 6 | 28 | 6 |
| 26 | 6×26×30 | 6 | 30 | 6 | 6×26×32 | 6 | 32 | 6 |
| 28 | 6×28×32 | 6 | 32 | 7 | 6×28×34 | 6 | 34 | 7 |
| 32 | 8×32×36 | 8 | 36 | 6 | 8×32×38 | 8 | 38 | 6 |
| 36 | 8×36×40 | 8 | 40 | 7 | 8×36×42 | 8 | 42 | 7 |

（续）

| $d$ | 轻系列 | | | | 中系列 | | | |
|---|---|---|---|---|---|---|---|---|
| | 标记 | $N$ | $D$ | $B$ | 标记 | $N$ | $D$ | $B$ |
| 42 | $8 \times 42 \times 46$ | 8 | 46 | 8 | $8 \times 42 \times 48$ | 8 | 48 | 8 |
| 46 | $8 \times 46 \times 50$ | 8 | 50 | 9 | $8 \times 46 \times 54$ | 8 | 54 | 9 |
| 52 | $8 \times 52 \times 58$ | 8 | 58 | 10 | $8 \times 52 \times 60$ | 8 | 60 | 10 |
| 56 | $8 \times 56 \times 62$ | 8 | 62 | 10 | $8 \times 56 \times 65$ | 8 | 65 | 10 |
| 62 | $8 \times 62 \times 68$ | 8 | 68 | 12 | $8 \times 62 \times 72$ | 8 | 72 | 12 |
| 72 | $10 \times 72 \times 78$ | 10 | 78 | 12 | $10 \times 72 \times 82$ | 10 | 82 | 12 |
| 82 | $10 \times 82 \times 88$ | 10 | 88 | 12 | $10 \times 82 \times 92$ | 10 | 92 | 12 |
| 92 | $10 \times 69 \times 98$ | 10 | 98 | 14 | $10 \times 92 \times 102$ | 10 | 102 | 14 |
| 102 | $10 \times 102 \times 108$ | 10 | 108 | 16 | $10 \times 102 \times 112$ | 10 | 112 | 16 |
| 112 | $10 \times 112 \times 120$ | 10 | 120 | 18 | $10 \times 112 \times 125$ | 10 | 125 | 18 |

　　矩形花键联结的使用要求和互换性是由内、外花键的小径 $d$、大径 $D$、键和键槽宽 $B$ 三个主要尺寸的配合精度保证的。但是，若要求三个尺寸同时配合得很精确是相当困难的。它们的配合性质不但受尺寸精度的影响，还会受到形位误差的影响。为了既要保证花键联结的配合精度，又要避免制造困难，花键三个结合面中只能选取一个为主来保证内、外花键的配合精度，而其余两个结合面则作为次要配合面。用于保证配合精度的结合面就称为定心表面。三个结合面都可作为定心表面，因此，花键联结有三种定心方式：大径 $D$ 定心、小径 $d$ 定心、键侧和键槽侧 $B$ 定心（图 7-9）。

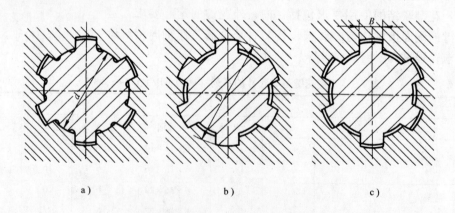

图 7-9　矩形花键联结定心方式示意图
a）小径定心　b）大径定心　c）键侧定心

　　GB/T 1144—2001 规定采用小径 $d$ 定心，即对小径 $d$ 选用公差等级较高的小间隙配合。大径 $D$ 为非定心尺寸，公差等级较低，而且要有足够大的间隙，以保证它们不接触。键和键槽侧面虽然也是非定心结合面，但因它们要传递转矩和起导向作用，所以它们的配合应具有足够的精度。

当前，内、外花键表面一般都要求淬硬（40HRC 以上），以提高其强度、硬度和耐磨性。采用小径定心，对热处理后的变形，外花键小径可采用成形磨削来修正；内花键小径可用内圆磨来修正，而且用内圆磨还可以使小径达到更高的尺寸、形状精度和更细的表面粗糙度要求。而内花键的大径和键侧则难于进行磨削。因此，采用小径定心可使花键联结获得更高的定心精度要求，定心的稳定性较好，使用寿命长。

二、矩形花键的公差与配合及其在图样上的标注

1. 尺寸的公差与配合及其选择

内、外花键定心小径、非定心大径和键宽（键槽宽）的尺寸公差带分一般用和精密用两类（见表7-4）。这些公差带与 GB/T 1801—1999 规定的尺寸公差带是一致的。为减少专用刀具、量具的数目（如拉刀、量规），花键联结采用基孔制配合。但是，对一般用的内花键槽宽规定了两种公差带。加工后不再热处理的，公差带为 H9。加工后再进行热处理的，其键槽宽的变形不易修正，为补偿热处理变形，公差带为 H11。这种公差带用于热处理后不再校正的硬花键。

花键尺寸公差带选用的一般原则是：定心精度要求高或传递转矩大时，应选用精密传动用的尺寸公差带。反之，可选用一般用的尺寸公差带。

表7-4　矩形花键的尺寸公差带（摘自 GB/T1144—2001）

| 内花键 | | | | 外花键 | | | 装配形式 |
|---|---|---|---|---|---|---|---|
| $d$ | $D$ | $B$ | | $d$ | $D$ | $B$ | |
| | | 拉削后不热处理 | 拉削后热处理 | | | | |
| 一般用 | | | | | | | |
| H7 | H10 | H9 | H11 | f7 | a11 | d10 | 滑动 |
| | | | | g7 | | f9 | 紧滑动 |
| | | | | h7 | | h10 | 固定 |
| 精密传动用 | | | | | | | |
| H5 | H10 | H7，H9 | | f5 | a11 | d8 | 滑动 |
| | | | | g5 | | f7 | 紧滑动 |
| | | | | h5 | | h8 | 固定 |
| H6 | | | | f6 | | d8 | 滑动 |
| | | | | g6 | | f7 | 紧滑动 |
| | | | | h6 | | d8 | 固定 |

注：1. 精密传动用的内花键，当需要控制键侧配合间隙时，键槽宽 $B$ 可选用 H7，一般情况下可选用 H9。

2. 小径 $d$ 的公差为 H6 或 H7 的内花键，允许与提高一级的外花键配合。

内、外花键的配合（装配型式）分为滑动、紧滑动和固定三种。其中，滑动联结的间隙较大；紧滑动联结的间隙次之；固定联结的间隙最小。

内、外花键在工作中只传递转矩而无相对轴向移动时，一般选用配合间隙最小的固定联结。除传递转矩外，内、外花键之间还有相对轴向移动时，应选用滑动或紧滑动联结。移动频繁，移动距离长，则应选用配合间隙较大的滑动联结，以保证运动灵活及配合面间有足够的润滑油层。为保证定心精度要求，或为使工作表面载荷分布均匀及为减小反向所

产生的空程和冲击，对定心精度要求高；传递的转矩大或运转中需经常反转等的联结，则应选用配合间隙较小的紧滑动联结。表7-5列出了几种配合应用情况的推荐，可供设计时参考。

表7-5　矩形花键配合应用的推荐

| 应用 | 固定联结 | | 滑动联结 | |
|---|---|---|---|---|
| | 配合 | 特征及应用 | 配合 | 特征及应用 |
| 精密传动用 | H5/h5 | 紧固程度较高，可传递大转矩 | H5/g5 | 可滑动程度较低，定心精度高，传递转矩大 |
| | H6/h6 | 传递中等转矩 | H6/f6 | 可滑动程度中等，定心精度较高，传递中等转矩 |
| 一般用 | H7/h7 | 紧固程度较低，传递转矩较小，可经常拆卸 | H7/f7 | 移动频率高，移动长度大，定心精度要求不高 |

### 2. 形位公差及表面粗糙度

内、外花键定心小径 $d$ 表面的形状公差和尺寸公差的关系遵守包容要求。

内、外花键加工时，不可避免地会产生形位误差。影响花键联结互换性除尺寸误差外，主要是花键齿（或键槽）在圆周上位置分布不均匀和相对于轴线位置不正确。如图7-10所示，假设内、外花键各部分的实际尺寸合格，内花键定心表面和键槽侧面的形状及位置都正确，而外花键定心表面各部分不同轴，各键不等分或不对称。这相当于外花键的作用尺寸增大了，因而造成了它与内花键干涉，甚至无法装配。同理，内花键的形位误差相当于内花键的作用尺寸减小，也同样会造成它与外花键干涉或无法装配的现象。为避免装配困难，并使键侧和键槽侧受力均匀，除用包容要求控制定心表面的形状误差外，还应控制花键的分度误差，必要时应进一步控制各键齿或键槽侧面对定心表面轴线的平行度。

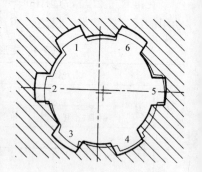

图7-10　花键形位误差对
花键联结的影响
1—键位置正确
2、3、4、5、6—键位置不正确

对花键的分度误差，一般应规定位置度公差，并采用相关要求。位置度的公差值见表7-6。花键位置度在图样上的标注如图7-11所示。

表7-6　矩形花键位置度公差 $t_1$ 和对称度公差 $t_2$（摘自 GB/T 1144—2001）　（mm）

| 键槽宽或键宽 B | | | 3 | 3.5 ~ 6 | 7 ~ 10 | 12 ~ 18 |
|---|---|---|---|---|---|---|
| $t_1$ | 键宽 | 键槽宽 | 0.010 | 0.015 | 0.020 | 0.025 |
| | | 滑动、固定 | 0.010 | 0.015 | 0.020 | 0.025 |
| | | 紧滑动 | 0.005 | 0.010 | 0.013 | 0.016 |
| $t_2$ | 一般用 | | 0.010 | 0.012 | 0.015 | 0.018 |
| | 精密传动用 | | 0.006 | 0.008 | 0.009 | 0.011 |

对单件、小批的生产，也可采用规定键（键槽）两侧面的中心平面对定心表面轴线的对称度公差和花键等分度公差。花键对称度公差值见表7-6。花键各键齿（键槽）沿360°圆周均匀分布为它们的理想位置，允许它们偏离理想位置的最大值为花键的等分度公差，

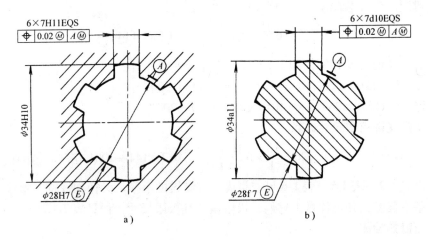

图 7-11　花键位置度公差标注

其数值等于花键对称度公差值。花键对称度和等分度在图样上的标注见图 7-12。

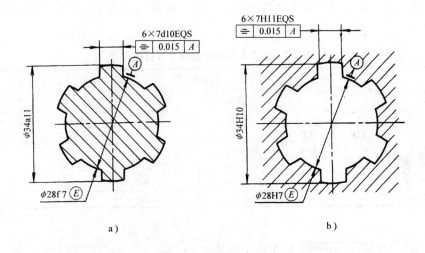

图 7-12　花键对称度公差标注
a) 内花键　b) 外花键

对较长的花键，还应规定花键各键齿（键槽）侧面对定心表面轴线的平行度公差，平行度的公差值可根据产品的性能自行规定。

内、外花键的大径分别按 H10 和 a11 加工，它们的配合间隙很大，因而对小径表面轴线的同轴度要求不高。

矩形花键的表面粗糙度参数 $R_a$ 值一般为：对内花键，取小径表面不大于 0.8 μm，键槽侧面不大于 3.2 μm，大径表面不大于 6.3 μm；对外花键，取小径和键侧表面不大于 0.8 μm，大径表面不大于 3.2 μm。

3. 矩形花键的标注

矩形花键的标记代号应按花键规格（表 7-3）所规定的次序标注。例如，花键键数 N 为 6，小径 d 为 23H7/f7，大径 D 为 26H10/a11，键宽（键槽宽）B 为 6H11/d10，则标注方法如下：

对花键副（即在装配图上），标注配合代号：

$$6 \times 23 \frac{H7}{f7} \times 26 \frac{H10}{a11} \times 6 \frac{H11}{d10} \quad \text{GB/T 1144—2001}$$

对内、外花键（即在零件图上），标注尺寸公差带代号：

内花键　$6 \times 23H7 \times 26H10 \times 6H11$　GB/T 1144—2001

外花键　$6 \times 23f7 \times 26a11 \times 6d10$　GB/T 1144—2001

### 三、矩形花键极限尺寸计算

**例7-1**　计算 $6 \times 23 \frac{H7}{f7} \times 26 \frac{H10}{a11} \times 6 \frac{H11}{d10}$　GB/T 1144—2001 花键联结的极限尺寸。

**解**：由表1-2、表1-5、表1-6可查得内、外花键的小径、大径和键宽（键槽宽）的标准公差和基本偏差，并可计算出它们的极限偏差和极限尺寸，详见表7-7。

### 四、花键的检测

花键的检测分为单项检测和综合检测两种。

1. 单项检测

单项检测就是对花键的单项参数小径、大径、键宽（键槽宽）等尺寸和位置误差分别测量或检验。

表7-7　例7-1中的极限偏差和极限尺寸　　　　　　　　　　　　　　（mm）

| 名称 | | 基本尺寸 | 公差带 | 极限偏差 | | 极限尺寸 | |
|---|---|---|---|---|---|---|---|
| | | | | 上偏差 | 下偏差 | 最大 | 最小 |
| 内花键 | 小径 | φ23 | H7 | + 0.021 | 0 | 23.021 | 23 |
| | 大径 | φ26 | H10 | + 0.084 | 0 | 26.084 | 26 |
| | 键宽 | 6 | H11 | + 0.075 | 0 | 6.075 | 6 |
| 外花键 | 小径 | φ23 | f7 | − 0.020 | − 0.041 | 22.980 | 22.959 |
| | 大径 | φ26 | a11 | − 0.300 | − 0.430 | 25.700 | 25.570 |
| | 键宽 | 6 | a10 | − 0.030 | − 0.078 | 5.970 | 5.922 |

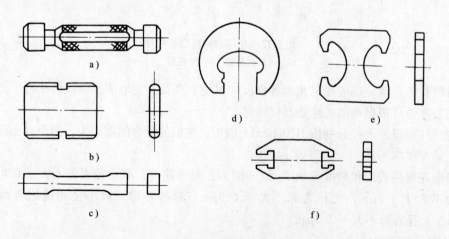

图7-13　花键的极限塞规和卡规

a）内花键小径的光滑极限量规　b）内花键大径的板式塞规　c）内花键槽宽的塞规

d）外花键大径的卡规　e）外花键小径的卡规　f）外花键键宽的卡规

当花键小径定心表面采用包容要求，各键（键槽）的对称度公差及花键各部位均遵守独立原则时（如图 7-12 所示），一般应采用单项检测。

采用单项检测时，小径定心表面应采用光滑极限量规检验。大径、键宽的尺寸在单件、小批生产时使用普通计量器具测量，在成批大量的生产中，可用专用极限量规来检验。图 7-13 是检验花键各要素极限尺寸用的量规。

花键的位置误差是很少进行单项测量的，一般只在分析花键工艺误差，如花键刀具、花键量规的误差或者进行首件检测时才进行测量。若需分项测量位置误差时，也都是使用普通的计量器具进行测量，如可用光学分度头或万能工具显微镜来测量。

## 2. 综合测量

综合检验就是对花键的尺寸、形位误差按控制实效边界原则，用综合量规进行检验。

当花键小径定心表面采用包容要求，各键（键槽）位置度公差与键宽（键槽宽）的尺寸公差关系采用最大实体要求，且该位置度公差与小径定心表面（基准）尺寸公差的关系也采用最大实体要求时（如图 7-11 所示），应采用综合检测。

花键的综合量规（内花键为综合塞规，外花键为综合环规）均为全形通规（图 7-14），其作用是检验内、外花键的实际尺寸和形位误差的综合结果，即同时检验花键的小径、大径、键宽（键槽宽）

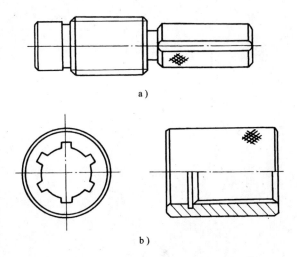

图 7-14　花键综合量规
a）花键塞规　b）花键环规

表面的实际尺寸和形位误差以及各键（键槽）的位置误差，大径对小径的同轴度误差等综合结果。对小径、大径和键宽（键槽宽）的实际尺寸是否超越各自的最小实体尺寸，则采用相应的单项止端量规（或其他计量器具）来检测。

综合检测内、外花键时，若综合量规通过，单项止端量规不通过，则花键合格。当综合量规不通过，花键为不合格。

# 习　题

7-1　平键联结中，键宽与键槽宽的配合采用的是什么基准制？为什么？

7-2　平键联结的配合种类有哪些？它们分别应用于什么场合？

7-3　什么叫矩形花键的定心方式？有哪几种定心方式？国标为什么规定只采用小径定心？

7-4　矩形花键联结的配合种类有哪些？各适用于什么场合？

7-5　影响花键联结的配合性质有哪些因素？

7-6　某减速器中的轴和齿轮间采用普通平键联结，已知轴和齿轮孔的配合尺寸是 $\phi40mm$。试确定键槽（轴槽和轮毂槽）的剖面尺寸及其公差带、相应的形位公差和各个表面的粗糙度参数值，并把它们标注在剖面图中。

7-7　某矩形花键联结的标记代号为：$6 \times 26H7/g6 \times 30H10/a11 \times 6H11/f9$，试确定内、外花键主要尺寸的极限偏差及极限尺寸。

7-8 某机床变速箱中—滑移齿轮与花键轴的联结，已知花键的规格为：$6 \times 26 \times 30 \times 6$，花键孔长 30mm，花键轴长 75mm，齿轮花键孔相对于花键轴需经常移动，而且定心精度要求高。试确定：

1）齿轮花键孔和花键轴各主要尺寸的公差带代号，并计算它们的极限偏差和极限尺寸；

2）确定齿轮花键孔和花键轴相应的位置度公差及各主要表面的表面粗糙度值。

3）将上述的各项要求标注在内、外花键的剖面图上。

7-9 将习题 7-8 花键的位置度公差改为对称度和等分度公差，试确定相应的公差数值，并将其标注在内、外花键的剖面图上。

# 第八章　普通螺纹结合的公差与检测

## 第一节　概　述

螺纹是机器上常见的结构要素，对机器的质量有着重要影响。螺纹除要在材料上保证其强度外，对其几何精度也应提出相应要求，国家颁布了有关标准，以保证其几何精度。

螺纹常用于紧固联接、密封、传递力与运动等。不同用途的螺纹，对其几何精度要求也不一样。螺纹若按牙型分，有三角形螺纹、梯形螺纹、锯齿形螺纹。本章主要介绍联接用米制普通三角形螺纹及其公差标准。

### 一、普通螺纹结合的基本要求

普通螺纹，常用于机械设备、仪器仪表中，用于连接和紧固零部件，为使其实现规定的功能要求并便于使用，须满足以下要求：

1）可旋入性，指同规格的内、外螺纹件在装配时不经挑选就能在给定的轴向长度内全部旋合。

2）联接可靠性，指用于联接和紧固时，应具有足够的连接强度和紧固性，确保机器或装置的使用性能。

### 二、普通螺纹的基本牙型和几何参数

1. 普通螺纹的基本牙型

普通螺纹的基本牙型是指国家标准GB/T 197—1981中所规定的具有螺纹基本尺寸的牙型，见图8-1。基本牙型定义在螺纹的轴剖面上。

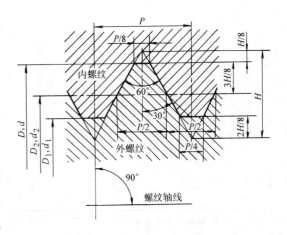

图 8-1　普通螺纹的基本牙型

基本牙型是指按规定将原始三角形削去一部分后获得的牙型。内、外螺纹的大径、中径、小径的基本尺寸都定义在基本牙型上。

2. 普通螺纹的几何参数

（1）原始三角形高度 $H$　原始三角形高度为原始三角形的顶点到底边的距离。原始三角形为一等边三角形，$H$ 与螺纹螺距 $P$ 的几何关系为（见图8-1）

$$H = \sqrt{3}P/2 \tag{8-1}$$

（2）大径 $D$（$d$）　螺纹的大径指在基本牙型上，与外螺纹牙顶（内螺纹牙底）相重合的假想圆柱的直径，如图8-1所示，即原始三角形顶部 $H/8$ 削平处所在圆柱的直径。内、外螺纹的大径分别用 $D$、$d$ 表示。外螺纹的大径又称外螺纹的顶径。螺纹大径的基本尺寸即为内、外螺纹的公称直径。

（3）小径 $D_1$（$d_1$）　螺纹的小径指在螺纹基本牙型上，与内螺纹牙顶（外螺纹牙底）相重合的假想圆柱的直径，其位置在螺纹原始三角形牙型根部 $2H/8$ 削平处。内、外螺纹

的小径分别用 $D_1$、$d_1$ 表示。内螺纹的小径又称内螺纹的顶径。

（4）中径 $D_2$（$d_2$）　螺纹牙型的沟槽与凸起宽度相等的地方所在的假想圆柱的直径称为中径。内、外螺纹中径分别用 $D_2$、$d_2$ 表示。

（5）螺距 $P$　在螺纹中径圆柱面的母线（即中径线）上，相邻两同侧牙侧面间的一段轴向长度称为螺距 $P$，如图 8-1 所示。国家标准中规定了普通螺纹的直径与螺距系列，如表 8-1 所列。

表 8-1　普通螺纹的公称直径和螺距（摘自 GB/T 193—1981）　　　　（mm）

| 公称直径 $D$ $d$ | | | 螺距 $P$ | | | | | |
|---|---|---|---|---|---|---|---|---|
| 第一系列 | 第二系列 | 第三系列 | 粗牙 | 细牙 | | | | |
| 10 | | | 1.5 | 1.25 | 1 | 0.75 | (0.5) | |
| | | 11 | (1.5) | | 1 | 0.75 | (0.5) | |
| 12 | | | 1.75 | 1.5 | 1.25 | 1 | (0.75) | (0.5) |
| | 14 | | 2 | 1.5 | 1.25 | 1 | (0.75) | (0.5) |
| | | 15 | | 1.5 | | (1) | | |
| 16 | | | 2 | 1.5 | | 1 | (0.75) | (0.5) |
| | | 17 | | 1.5 | | (1) | | |
| | 18 | | 2.5 | 2 | 1.5 | 1 | (0.75) | (0.5) |
| 20 | | | 2.5 | 2 | 1.5 | 1 | (0.75) | (0.5) |
| | 22 | | 2.5 | 2 | 1.5 | 1 | (0.75) | (0.5) |
| 24 | | | 3 | 2 | 1.5 | 1 | (0.75) | |
| | 27 | | 3 | 2 | 1.5 | 1 | (0.75) | |
| 30 | | | 3.5 | (3) | 2 | 1.5 | 1 | (0.75) |

注：括号内螺距尽可能不用。

（6）单一中径　单一中径是指螺纹的牙槽宽度等于基本螺距一半处所在的假想圆柱的直径，如图 8-2 所示。当无螺距偏差时，单一中径与中径一致。单一中径代表螺纹中径的实际尺寸。

（7）牙型角 $\alpha$　螺纹的牙型角是指在螺纹牙型上，相邻两个牙侧面的夹角，如图 8-1 所示。米制普通螺纹的基本牙型角为 60°。

（8）牙型半角 $\dfrac{\alpha}{2}$　螺纹的牙型半角指在螺纹牙型上，牙侧与螺纹轴线垂直线间的夹角，如图 8-1 所示。米制普通螺纹的基本牙型半角为 30°。

（9）螺纹的接触高度　螺纹接触高度是指在两个相互旋合螺纹的牙型上，牙侧重合部分在螺纹径向的距离，见图 8-3a。

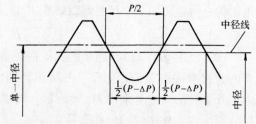

图 8-2　螺纹的单一中径与中径

$P$—螺距　$\Delta P$—螺距偏差

（10）螺纹的旋合长度 螺纹的旋合长度是指两个相互旋合的螺纹，沿螺纹轴线方向相互旋合部分的长度，如图 8-3b 所示。

在实际工作中，如需要求某螺纹（已知公称直径即大径和螺距）中径、小径尺寸时，可根据基本牙型按下列公式计算。

$$D_2(d_2) = D(d) - 2 \times \frac{3}{8}H = D(d) - 0.6495P$$

$$D_1(d_1) = D(d) - 2 \times \frac{5}{8}H = D(d) - 1.0825P$$

如有资料，则不必计算，可直接查螺纹表格。

### 三、普通螺纹主要几何参数误差对螺纹互换性的影响

**1. 螺纹直径误差对互换性的影响**

螺纹在加工过程中，不可避免地会有加工误差，对螺纹结合的互换性造成影响。就螺纹中径而言，若外螺纹的中径比内螺纹的中径大，内、外螺纹将因干涉而无法旋合，从而影响螺纹的可旋合性；若外螺纹的中径与内螺纹的中径相比太小，又会使螺纹结合过松，同时影响接触高度，降低螺纹联接的可靠性。

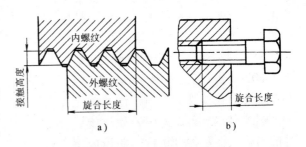

图 8-3 螺纹的接触高度与旋合长度

螺纹的大径、小径对螺纹结合的互换性的影响与螺纹中径的情况有所区别，为了使实际的螺纹结合避免在大小径处发生干涉而影响螺纹的可旋合性，在制定螺纹公差时，保证在大径、小径的结合处具有一定量的间隙。

为了保证螺纹的互换性，普通螺纹公差标准中对中径规定了公差，对大径、小径也规定了公差或极限尺寸。

**2. 螺距误差对互换性的影响**

普通螺纹的螺距误差可分两种，一种是单个螺距误差，另一种是螺距累积误差。影响螺纹可旋合性的，主要是螺距累积误差，故本书只讨论螺距累积误差的影响。

在图 8-4 中，假设内螺纹无螺距误差和半角误差，并假设外螺纹无半角误差但存在螺距累积误差，因此内、外螺纹旋合时，牙侧面会干涉，且随着旋进牙数的增加，牙侧的干涉量会增大，最后无法再旋合进去，从而影响螺纹的可旋合性。由图 8-4 可知，为了让一个实际有螺距累积误差的外螺纹仍能在所要求的旋合长度内全部与内螺纹旋合，需要将外螺纹的中径减小一个量 $f_p$，该量称为螺距累积误差的中径当量。由图示关系可知，螺距累

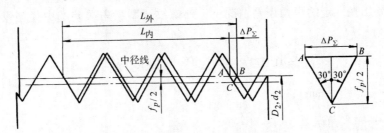

图 8-4 螺距累积误差对可旋合性的影响

积误差的中径当量 $f_p$ 的值为（单位为 μm）：

$$f_p = \sqrt{3}\,|\Delta P_\Sigma| \approx 1.732\,|\Delta P_\Sigma|$$

同理，当内螺纹存在螺距累积误差时，为保证可旋合性，应将内螺纹的中径增大一个量 $F_p$。

**3. 螺纹牙型半角误差对互换性的影响**

螺纹牙型半角误差等于实际牙型半角与其理论牙型半角之差。螺纹牙型半角误差分两种，一种是螺纹的左、右牙型半角不相等，即 $\Delta\dfrac{\alpha}{2}_{(左)} \neq \Delta\dfrac{\alpha}{2}_{(右)}$，如图 8-5 所示。车削螺纹时，若车刀未装正，便会造成这种结果。另一种是螺纹的左、右牙型半角相等，但不等于 30°，这是由于螺纹加工刀具的角度不等于 60° 所致。不论哪种牙型半角误差，都对螺纹的互换性有影响。图 8-6 所示为外螺纹存在半角误差时对螺纹旋合性的影响。在具体分析中，假设内螺纹具有理想的牙型，且外螺纹无螺距误差，而外螺纹的左半角误差 $\Delta\dfrac{\alpha}{2}_{(左)}$

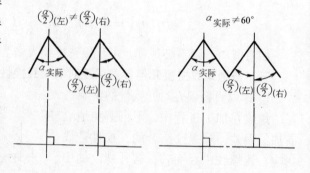

图 8-5　螺纹的半角误差

$<0$，右半角误差 $\Delta\dfrac{\alpha}{2}_{(右)} >0$。由图 8-6 可见，由于外螺纹存在半角误差，当它与具有理想牙型的内螺纹旋合时，将分别在牙的上半部 $3H/8$ 处和下半部 $2H/8$ 处发生干涉（用阴影示出），从而影响内、外螺纹的可旋合性。为了让一个有半角误差的外螺纹仍能旋入内螺纹中，须将外螺纹的中径减小一个量，该量称为半角误差的中径当量 $f_{\frac{\alpha}{2}}$。这样，阴影所示的干涉区就会消失，从而保证了螺纹的可旋合性。由图中的几何关系，可以推导出在一定的半角误差情况下，外螺纹牙型半角误差的中径当量 $f_{\frac{\alpha}{2}}$（μm）为（推导过程略）

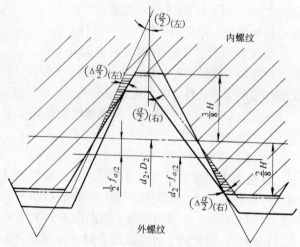

图 8-6　半角误差对螺纹可旋合性的影响

$$f_{\frac{\alpha}{2}} = 0.073P\Big[K_1\Big|\Delta\frac{\alpha}{2}_{(左)}\Big| + K_2\Big|\Delta\frac{\alpha}{2}_{(右)}\Big|\Big] \tag{8-2}$$

式中　$P$——螺距（mm）；

$\Delta\dfrac{\alpha}{2}_{(左)}$——左半角误差（′）；

$\Delta\dfrac{\alpha}{2}_{(右)}$——右半角误差（′）；

$K_1$、$K_2$——选取系数。

上式是一个通式，是以外螺纹存在半角误差时推导整理出来的。当假设外螺纹具有理想牙型，而内螺纹存在半角误差时，就需要将内螺纹的中径加大一个 $F_{\frac{\alpha}{2}}$，所以上式对内螺纹同样适用。关于式中 $K_1$、$K_2$ 两个系数的取法，规定如下：

不论是外螺纹还是内螺纹存在半角误差，当左半角误差（或右半角误差）导致干涉区在牙型的上半部（$3H/8$ 处）时，$K_1$（或 $K_2$）取3。当左半角误差（或右半角误差）导致干涉区在牙型的下半部（$2H/8$ 处）时，$K_1$（或 $K_2$）取2。为清楚起见，将 $K_1$、$K_2$ 的取值列于表8-2，供选用。

表8-2　$K_1$、$K_2$ 值的取法

| 内螺纹 | | | | 外螺纹 | | | |
|---|---|---|---|---|---|---|---|
| $\Delta\dfrac{\alpha}{2}_{(左)}>0$ | $\Delta\dfrac{\alpha}{2}_{(左)}<0$ | $\Delta\dfrac{\alpha}{2}_{(右)}>0$ | $\Delta\dfrac{\alpha}{2}_{(右)}<0$ | $\Delta\dfrac{\alpha}{2}_{(左)}>0$ | $\Delta\dfrac{\alpha}{2}_{(左)}<0$ | $\Delta\dfrac{\alpha}{2}_{(右)}>0$ | $\Delta\dfrac{\alpha}{2}_{(右)}<0$ |
| $K_1$ | | $K_2$ | | $K_1$ | | $K_2$ | |
| 3 | 2 | 3 | 2 | 2 | 3 | 2 | 3 |

### 四、保证普通螺纹互换性的条件

#### 1. 普通螺纹作用中径的概念

当普通螺纹没有螺距误差和牙型半角误差时，内、外螺纹旋合时起作用的中径便是螺纹的实际中径，但当螺纹存在误差时，如外螺纹有牙型半角误差，为了保证其可旋合性，须将外螺纹的中径减小一个当量 $f_{\frac{\alpha}{2}}$，否则，外螺纹将旋不进具有理想牙型的内螺纹，即相当于外螺纹在旋合中真正起作用的中径比实际中径增大了一个 $f_{\frac{\alpha}{2}}$ 值。同理，当该外螺纹同时又存在螺距累积误差时，该外螺纹真正起作用的中径又比原来增大了一个 $f_p$ 值，即对于外螺纹而言，螺纹结合中起作用的中径（作用中径）为

$$d_{2作用} = d_{2单一} + (f_{\frac{\alpha}{2}} + f_p) \tag{8-3}$$

对于内螺纹而言，当存在牙型半角误差和螺距累积误差时，相当于内螺纹在旋合中起作用的中径值减小了，即内螺纹的作用中径为

$$D_{2作用} = D_{2单一} - (F_{\frac{\alpha}{2}} + F_p) \tag{8-4}$$

因此，螺纹在旋合时起作用的中径（作用中径）是由实际中径（单一中径）、螺距累积误差、牙型半角误差三者综合作用的结果而形成的。

#### 2. 保证普通螺纹互换性的条件

对于内、外螺纹来讲，作用中径不超过一定的界限，螺纹的可旋合性就能保证。而螺纹的实际中径不超过一定的值，螺纹的连接强度就有保证。因此，要保证螺纹的互换性，就要保证内、外螺纹的作用中径和单一中径不超过各自一定的界限值。在概念上，作用中径与作用尺寸等同，而单一中径与实际尺寸等同。因此，按照极限尺寸判断原则，螺纹互换性的条件为：螺纹的作用中径不能超过螺纹的最大实体牙型中径，任何位置上的单一中径不能超过螺纹的最小实体牙型中径。所谓最大（最小）实体牙型，指的是在螺纹中径的公差范围内，螺纹含材料量最多（最少）、且与基本牙型一致的螺纹牙型，即内、外螺纹互换性合格的条件为

对外螺纹：$d_{2作用} \leqslant d_{2max}$ 且 $d_{2单-} \geqslant d_{2min}$

对内螺纹：$D_{2作用} \geqslant D_{2min}$ 且 $D_{2单-} \leqslant D_{2max}$

# 第二节 普通螺纹的公差与配合

要保证螺纹的互换性，必须对螺纹的几何精度提出要求。对普通螺纹，国家颁布了 GB/T 197—1981《普通螺纹公差与配合》标准，规定了供选用的螺纹公差带及具有最小保证间隙（包括最小间隙为零）的螺纹配合、旋合长度及精度等级。

对螺纹的牙型半角误差及螺距累积误差应加以控制，因为两者对螺纹的互换性有影响。但国家标准中没有对普通螺纹的牙型半角误差和螺距累积误差分别制定极限误差或公差，而是用中径公差综合控制，即中径对于牙型半角的中径当量 $f_{\frac{\alpha}{2}}$（$F_{\frac{\alpha}{2}}$）、中径对于螺距累积误差的中径当量 $f_P$（$F_P$）及中径实际误差三者均应在中径公差范围内。

## 一、普通螺纹的公差带

普通螺纹的公差带是由基本偏差决定其位置，公差等级决定其大小的。普通螺纹的公差带是沿着螺纹的基本牙型分布的，如图 8-7 所示。图中 ES（es）、EI（ei）分别为内（外）螺纹的上、下偏差，$T_D$（$T_d$）分别为内（外）螺纹的中径公差。由图可知，除对内、外螺纹的中径规定了公差外，对外螺纹的顶径（大径）和内螺纹的顶径（小径）规定了公差，对外螺纹的小径规定了最大极限尺寸，对内螺纹的大径规定了最小极限尺寸，这样由于有保证间隙，可以避免螺纹旋合时在大径、小径处发生干涉，以保证螺纹的互换性。同时对外螺纹的小径处由刀具保证圆弧过渡，以提高螺纹受力时的抗疲劳强度。

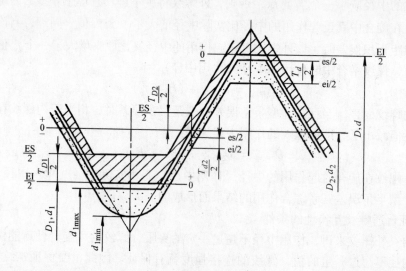

图 8-7 普通螺纹的公差带

### 1. 公差带的位置和基本偏差

国家标准 GB/T 197—1981 中分别对内、外螺纹规定了基本偏差，用以确定内、外螺纹公差带相对于基本牙型的位置。

对外螺纹规定了四种基本偏差，代号分别为 h、g、f、e。由这四种基本偏差所决定的外螺纹的公差带均在基本牙型之下，如图 8-8a 所示。

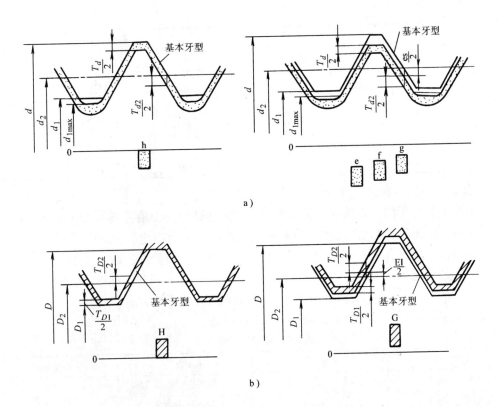

图 8-8　内、外螺纹的基本偏差

对内螺纹规定了两种基本偏差，代号分别为 H、G。由这两种基本偏差所决定的内螺纹的公差带均在基本牙型之上，如图 8-8b 所示。

内外螺纹基本偏差的含义和代号取自《公差与配合》标准中相对应的孔和轴，但内、外螺纹的基本偏差值系由经验公式计算而来，并经过一定的处理。除 H、h 两个所对应的基本偏差值为 0 和孔、轴相同外，其余基本偏差代号所对应的基本偏差值和孔、轴均不同，而与其基本螺距有关。

规定诸如 G、g、f、e 这些基本偏差，主要是考虑应给螺纹配合留有最小保证间隙，以及为一些有表面镀涂要求的螺纹提供镀涂层余量，或为一些高温条件下工作的螺纹提供热膨胀余地。内、外螺纹的基本偏差值见表 8-3。

表 8-3　内、外螺纹的基本偏差（摘自 GB/T 197—1981）　　　　　　　（μm）

| 基本偏差 螺纹 螺距 $P$/mm | 内螺纹 $D_2$、$D_1$ | | 外螺纹 $d_2$、$d$ | | | |
|---|---|---|---|---|---|---|
| | G | H | e | f | g | h |
| | EI | | es | | | |
| 0.75 | +22 | | -56 | -38 | -22 | |
| 0.8 | +24 | | -60 | -38 | -24 | |
| 1 | +26 | | -60 | -40 | -26 | |
| 1.25 | +28 | | -63 | -42 | -28 | |
| 1.5 | +32 | 0 | -67 | -45 | -32 | 0 |

（续）

| 基本偏差 螺纹 螺距 P/mm | 内螺纹 $D_2$、$D_1$ | | 外螺纹 $d_2$、$d$ | | | |
|---|---|---|---|---|---|---|
| | G | H | e | f | g | h |
| | EI | | es | | | |
| 1.75 | +34 | | −71 | −48 | −34 | |
| 2 | +38 | | −71 | −52 | −38 | |
| 2.5 | +42 | | −80 | −58 | −42 | |
| 3 | +48 | | −85 | −63 | −48 | |

## 2. 公差带的大小和公差等级

国家标准规定了内、外螺纹的公差等级，它的含义和孔、轴公差等级相似，但有自己的系列和数值。见表 8-4，普通螺纹公差带的大小由公差值决定。公差值除与公差等级有关外，还与基本螺距有关。考虑到内、外螺纹加工的工艺等价性，在公差等级和螺距的基本值均一样的情况下，内螺纹的公差值比外螺纹的公差值大 32%。螺纹的公差值是由经验公式计算而来。一般情况下，螺纹的 6 级公差为常用公差等级。

普通螺纹的中径和顶径公差见表 8-5、表 8-6 所列。

表 8-4　螺纹的公差等级

| 螺纹直径 | 公差等级 | 螺纹直径 | 公差等级 |
|---|---|---|---|
| 内螺纹小径 $D_1$ | 4、5、6、7、8 | 外螺纹中径 $d_2$ | 3、4、5、6、7、8、9 |
| 内螺纹中径 $D_2$ | 4、5、6、7、8 | 外螺纹大径 $d$ | 4、6、8 |

表 8-5　内、外螺纹中径公差（摘自 GB/T 197—1981）　　（μm）

| 标称直径/mm | | 螺距 | 内螺纹中径公差 $T_{D2}$ | | | | 外螺纹中径公差 $T_{d2}$ | | | |
|---|---|---|---|---|---|---|---|---|---|---|
| > | ≤ | $P$ (mm) | 公差等级 | | | | | | | |
| | | | 5 | 6 | 7 | 8 | 5 | 6 | 7 | 8 |
| 5.6 | 11.2 | 0.75 | 106 | 132 | 170 | — | 80 | 100 | 125 | — |
| | | 1 | 118 | 150 | 190 | 236 | 90 | 112 | 140 | 180 |
| | | 1.25 | 125 | 160 | 200 | 250 | 95 | 118 | 150 | 190 |
| | | 1.5 | 140 | 180 | 224 | 280 | 106 | 132 | 170 | 212 |
| 11.2 | 22.4 | 0.75 | 112 | 140 | 180 | — | 85 | 106 | 132 | — |
| | | 1 | 125 | 160 | 200 | 250 | 95 | 118 | 150 | 190 |
| | | 1.25 | 140 | 180 | 224 | 280 | 106 | 132 | 170 | 212 |
| | | 1.5 | 150 | 190 | 236 | 300 | 112 | 140 | 180 | 224 |
| | | 1.75 | 160 | 200 | 250 | 315 | 118 | 150 | 190 | 236 |
| | | 2 | 170 | 212 | 265 | 335 | 125 | 160 | 200 | 250 |
| | | 2.5 | 180 | 224 | 280 | 355 | 132 | 170 | 212 | 265 |
| 22.4 | 45 | 1 | 132 | 170 | 212 | — | 100 | 125 | 160 | 200 |
| | | 1.5 | 160 | 200 | 250 | 315 | 118 | 150 | 190 | 236 |
| | | 2 | 180 | 224 | 280 | 355 | 132 | 170 | 212 | 265 |
| | | 3 | 212 | 265 | 335 | 425 | 160 | 200 | 250 | 315 |

表 8-6  内、外螺纹顶径公差 $T_{D1}$、$T_d$（摘自 GB/T 197—1981） （μm）

| 公差项目 | 内螺纹顶径（小径）公差 $T_{D1}$ | | | | 外螺纹顶径（大径）公差 $T_d$ | | |
|---|---|---|---|---|---|---|---|
| 公差等级<br>螺距/ mm | 5 | 6 | 7 | 8 | 4 | 6 | 8 |
| 0.75 | 150 | 190 | 236 | — | 90 | 140 | — |
| 0.8 | 160 | 200 | 250 | 315 | 95 | 150 | 236 |
| 1 | 190 | 236 | 300 | 375 | 112 | 180 | 280 |
| 1.25 | 212 | 265 | 335 | 425 | 132 | 212 | 335 |
| 1.5 | 236 | 300 | 375 | 475 | 150 | 236 | 375 |
| 1.75 | 265 | 335 | 425 | 530 | 170 | 265 | 425 |
| 2 | 300 | 375 | 475 | 600 | 180 | 280 | 450 |
| 2.5 | 355 | 450 | 560 | 710 | 212 | 335 | 530 |
| 3 | 400 | 500 | 630 | 800 | 236 | 375 | 600 |

## 二、螺纹旋合长度、螺纹公差带和配合选用

### 1. 螺纹旋合长度

螺纹的旋合长度分短旋合长度（以 S 表示）、中等旋合长度（以 N 表示）、长旋合长度（以 L 表示）三种。一般使用的旋合长度是螺纹公称直径的 0.5～1.5 倍，故将此范围内的旋合长度作为中等旋合长度，小于（或大于）这个范围的便是短（或长）旋合长度。之所以区分，因为和选用螺纹公差带有关，如图 8-9 所示。

### 2. 螺纹的选用公差带和选择

螺纹的基本偏差和公差等级相组合可以组成许多公差带，给使用和选择提供了条件，但实际上并不能用这么多的公差带，一是因为这样一来，定值的量具和刀具规格必然增多，造成经济和管理上的困难，二是有些公差带在实际使用中效果不太好。

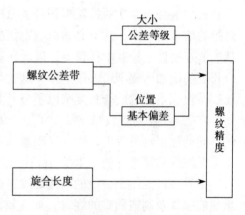

图 8-9  螺纹公差与旋合长度与
螺纹精度的关系

因此，须对公差带进行筛选，国家标准对内、外螺纹公差带的筛选结果见表 8-7。选用公差带时可参考表中的注解。除非特殊需要，一般不要选用表 8-7 规定以外的公差带。

表 8-7  普通螺纹的选用公差带

| 精度等级 | 内螺纹公差带 | | | 外螺纹公差带 | | |
|---|---|---|---|---|---|---|
| | S | N | L | S | N | L |
| 精密级 | 4H | 4H5H | 5H6H | (3h4h) | *4h | (5h4h) |
| 中等级 | *5H<br><br>5（G） | *6H<br><br>(6G) | *7H<br><br>(7G) | (5h6h)<br><br>(5g6g) | *6e<br>*6f<br>*6g<br>*6h | (7h6h)<br><br>(7g6g) |

（续）

| 精度等级 | 内螺纹公差带 | | | 外螺纹公差带 | | |
|---|---|---|---|---|---|---|
| | S | N | L | S | N | L |
| 粗糙级 | — | 7H | — | — | (8h) | — |
| | | (7G) | | | | 8g |

注：1. 大量生产的精制紧固螺纹，推荐采用带方框的公差带。

2. 带星号＊的公差带应优先选用，不带星号＊的公差带其次选用，加括号的公差带尽量不用。

螺纹公差带的写法是公差等级在前，基本偏差代号在后，这与光滑圆柱体公差带的写法不同，须注意。对外螺纹，基本偏差代号是小写的，内螺纹是大写的。表8-7中有些螺纹的公差带是由两个公差带代号组成的，其中前面一个公差带代号为中径公差带，后面一个为顶径公差带（对外螺纹是大径公差带，对内螺纹是小径公差带）。当顶径与中径公差带相同时，合写为一个公差带代号。

3. 精度等级和旋合长度

从表8-7中，对同一精度级而旋合长度不同的螺纹，中径公差等级相差一级，如中等级的S、N、L为5、6、7级。这是因为同一精度级代表了加工难易程度的加工误差（即实际中径误差、牙型半角误差和单个螺距误差），的水平相同，但同一级的螺纹用于短的旋合和长的旋合而产生的螺距累积误差 $\Delta P_\Sigma$ 是不相同的，后者要大些，这是因为 $\Delta P_\Sigma$ 值随螺距的增多而增大，这就必然影响中径当量 $f_{\Delta P_\Sigma}$ 也要随旋合长度的增加而增加，为了保证螺纹的互换性，控制中径误差，因此在规定中径公差时，显然也要符合螺距累积误差随旋合长度的增加而逐渐增大的规律。这就是在表8-7中，中径公差对虽然属于同一级精度的螺纹，根据不同的旋合长度采取了公差等级相差一级的原因。

在表8-7中对螺纹精度规定了三个等级，即精密级、中等级和粗糙级，它代表了螺纹的不同的加工难易程度，同一级则意味着有相同的加工难易程度。

对螺纹精度选择的一般原则是：精密级用于配合性质要求稳定及保证定位精度的场合。中等级广泛用于一般的联接螺纹，如用在一般的机械、仪器和构件中。粗糙级用于不重要的螺纹及制造困难的螺纹（如在较深盲孔中加工螺纹），也用于使用环境较恶劣的螺纹（如建筑用螺纹）。通常使用的螺纹是中等旋合长度的6级公差的螺纹。

4. 配合的选用

由表8-7所列的内、外螺纹公差带可以组成许多供选用的配合，但从保证螺纹的使用性能和保证一定的牙型接触高度考虑，选用的配合最好是 H/g，H/h，G/h。如为了便于装拆，提高效率，可选用 H/g 或 G/h 的配合，原因是 G/h 或 H/g 配合所形成的最小极限间隙可用来对内、外螺纹的旋合起引导作用，表面需要镀涂的内（外）螺纹，完工后的实际牙型也不得超过 H（h）基本偏差所限定的边界。单件小批生产的螺纹，宜选用 H/h 配合。

### 三、螺纹在图样上的标记

单个螺纹的标记：

当螺纹是粗牙螺纹时，粗牙螺距不写出；当螺纹为左旋时，在左旋螺纹标记位置写"LH"字样，右旋螺纹不用写；当螺纹的中径和顶径公差带相同时，合写为一个；当螺纹旋合长度为中等时，不写出；当旋合长度需要标出具体值时，应在旋合长度代号标记位置写出其具体值。

示例1：M20×2LH—7g6g—L

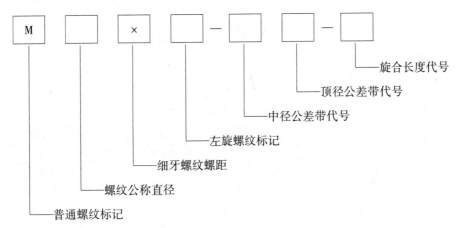

旋合长度代号

顶径公差带代号

中径公差带代号

左旋螺纹标记

细牙螺纹螺距

螺纹公称直径

普通螺纹标记

示例2：M10—7H

示例3：M10×1—6H—30

螺纹配合在图样上的标记：

标注螺纹配合时，内、外螺纹的公差带代号用斜线分开，左边为内螺纹公差带代号，右边为外螺纹公差带代号。

示例4：M20×2—6H/6g

**四、螺纹的表面粗糙度要求**

螺纹牙型表面粗糙度主要根据中径公差等级来确定。表8-8列出了螺纹牙侧表面粗糙度参数 $R_a$ 的推荐值。

表8-8　螺纹牙侧表面粗糙度参数 $R_a$ 值　　　　　　　　（μm）

| 工件 | 螺纹中径公差等级 | | |
|---|---|---|---|
| | 4，5 | 6，7 | 7~9 |
| | $R_a$ 不大于 | | |
| 螺栓、螺钉、螺母 | 1.6 | 3.2 | 3.2~6.3 |
| 轴及套上的螺纹 | 0.8~1.6 | 1.6 | 3.2 |

**五、例题**

**例8-1**　一螺纹配合为 M20×2—6H/5g6g，试查表求出内、外螺纹的中径、小径和大径的极限偏差，并计算内、外螺纹的中径、小径和大径的极限尺寸。

**解**：本题用列表法将各计算值列出。

1）确定内、外螺纹中径、小径和大径的基本尺寸。已知公称直径为螺纹大径的基本尺寸，即 $D=d=20$mm。

从普通螺纹各参数的关系知：

$$D_1=d_1=d-1.0825P \qquad D_2=d_2=d-0.6495P$$

实际工作中，可直接查有关表格。

2）确定内、外螺纹的极限偏差。内、外螺纹的极限偏差可以根据螺纹的公称直径、螺距和内、外螺纹的公差带代号，由表8-3、表8-5、表8-6中查算出。具体见下表。

3）计算内、外螺纹的极限尺寸。由内、外螺纹的各基本尺寸及各极限偏差算出的极限尺寸见下表。

表8-9 极限尺寸　　　　　　　　　　　　　　　　　　（mm）

| 名称 | | 内螺纹 | | 外螺纹 | |
|---|---|---|---|---|---|
| 基本尺寸 | 大径 | $D = d = 20$ | | | |
| | 中径 | $D_2 = d_2 = 18.701$ | | | |
| | 小径 | $D_1 = d_1 = 17.835$ | | | |
| 极限偏差 | | ES | EI | es | ei |
| 由表8-3 表8-5 表8-6 | 大径 | — | 0 | − 0.038 | − 0.318 |
| | 中径 | 0.212 | 0 | − 0.038 | − 0.163 |
| | 小径 | 0.375 | 0 | − 0.038 | 按牙底形状 |
| 极限尺寸 | | 最大极限尺寸 | 最小极限尺寸 | 最大极限尺寸 | 最小极限尺寸 |
| 大径 | | — | 20 | 19.962 | 19.682 |
| 中径 | | 18.913 | 18.701 | 18.663 | 18.538 |
| 小径 | | 18.210 | 17.835 | < 17.797 | 牙底轮廓不超出 H/8 削平线 |

**例8-2** —M20—6g 的外螺纹，实测 $d_{2\text{单一}} = 18.230\text{mm}$，牙型半角误差为：$\Delta\frac{\alpha}{2}_{(左)} = +30'$，$\Delta\frac{\alpha}{2}_{(右)} = -45'$，螺距累积误差 $\Delta P_\Sigma = +50\mu\text{m}$。试求该螺纹的作用中径，并判别其合格性。

**解：**

（1）求螺纹中径的基本尺寸及极限尺寸　查表8-1，知 $d = 20\text{mm}$ 时，粗牙螺距 $P = 2.5\text{mm}$，代入计算式 $d_2 = d - 0.6495P$，得

$$d_2 = 18.376\text{mm}（或查表）$$

查表8-3、表8-5 得螺纹中径的上偏差 $es = -42\mu\text{m}$，下偏差 $ei = es - Td_2 = -212\mu\text{m}$，则中径的极限尺寸为

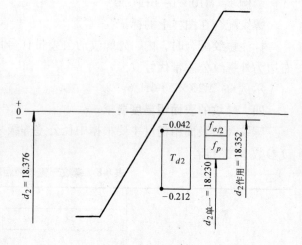

图8-10　螺纹合格性的判断

$$d_{2\text{max}} = 18.334\text{mm} \quad d_{2\text{min}} = 18.164\text{mm}$$

（2）求中径当量 $f_p$ 及 $f_{\frac{\alpha}{2}}$　由式8-1 得　$f_p = 1.732|\Delta P_\Sigma| = 86.6\mu\text{m}$

由表8-2 可知，$\Delta\frac{\alpha}{2}_{(左)} > 0$ 时，$K_1 = 2$，$\Delta\frac{\alpha}{2}_{(右)} < 0$ 时，$K_2 = 3$，代入式（8-2）得

$$f_{\frac{\alpha}{2}} = 0.073P\left[K_1|\Delta\frac{\alpha}{2}_{(左)}| + K_2|\Delta\frac{\alpha}{2}_{(右)}|\right]$$

$$= 0.073 \times 2.5 \times \left[2\times|30'| + 3\times|-45'|\right]\mu\text{m}$$

$$\approx 35.6\mu\text{m}$$

（3）求作用中径 $d_{2\text{作用}}$　由式8-3 得

$$d_{2\text{作用}} = d_{2\text{单一}} + (f_p + f_{\frac{\alpha}{2}}) = 18.352\mu\text{m}$$

（4）螺纹合格性判断　由极限尺寸判断原则知，对外螺纹，螺纹互换性合格的条件为

$$d_{2作用} \leqslant d_{2max}; \quad d_{2单一} \geqslant d_{2min}$$

但该螺纹的 $d_{2作用} > d_{2max}$，即该螺纹的作用中径超出了最大实体尺寸，故该螺纹不合格。该螺纹的 $d_{2单一}$、$d_{2作用}$ 与公差带的关系见图 8-10。

# 第三节　螺纹的检测

### 一、综合检验

对螺纹进行综合检验时使用的是螺纹量规和光滑极限量规，它们都由通规（通端）和止规（止端）组成。光滑极限量规用于检验内、外螺纹顶径尺寸的合格性，螺纹量规的通规用于检验内、外螺纹的作用中径及底径的合格性，螺纹量规的止规用于检验内、外螺纹单一中径的合格性。

螺纹量规是按极限尺寸判断原则而设计的，螺纹通规体现的是最大实体牙型边界，具有完整的牙型，并且其长度应等于被检螺纹的旋合长度，以用于正确地检验作用中径。若被检螺纹的作用中径未超过螺纹的最大实体牙型中径，且被检螺纹的底径也合格，那么螺纹通规就会在旋合长度内与被检螺纹顺利旋合。

螺纹量规的止规用于检验被检螺纹的单一中径。为了避免牙型半角误差及螺距累积误差对检验的影响，止规的牙型常做成截短型牙型，以使止端只在单一中径处与被检螺纹的牙侧接触，并且止端的牙扣只做出几牙。

图 8-11 表示检验外螺纹的示例，用卡规先检验外螺纹顶径的合格性，再用螺纹量规（检验外螺纹的称为螺纹环规）的通端检验，若外螺纹的作用中径合格，且底径（外螺纹小径）没有大于其最大极限尺寸，通端应能在旋合长度内与被检螺纹旋合。若被检螺纹的单一中径合格，螺纹环规的止端不应通过被检螺纹，但允许旋进最多 2～3 牙。

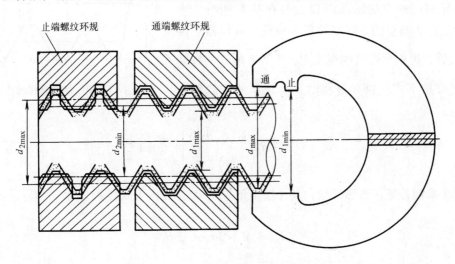

图 8-11　外螺纹的综合检验

图 8-12 为检验内螺纹的示意图。用光滑极限量规（塞规）检验内螺纹顶径的合格性。再用螺纹量规（螺纹塞规）的通端检验内螺纹的作用中径和底径，若作用中径合格且内螺

纹的大径不小于其最小极限尺寸，通规应在旋合长度内与内螺纹旋合。若内螺纹的单一中径合格，螺纹塞规的止端就不通过，但允许旋进最多 2 ~ 3 牙。

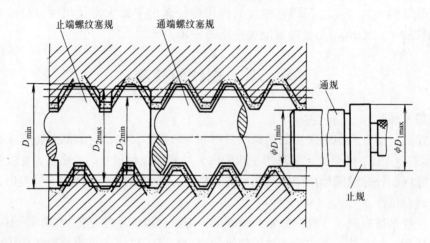

图 8-12    内螺纹的综合检验

## 二、单项测量

### 1. 用量针测量

用量针测量螺纹中径，分单针法和三针法测量。单针法常用于大直径螺纹的中径测量，见图 8-13 的示意。这里主要介绍三针法测量。

量针测量具有精度高、方法简单的特点。三针法测量螺纹中径的示意见图 8-14。它是根据被测螺纹的螺距，选择合适的量针直径，按图示位置放在被测螺纹的牙槽内，夹在两测头之间。合适直径的量针，是量针与牙槽接触点的轴间距离正好在基本螺距一半处，即三针法测量的是螺纹的单一中径。从仪器上读得 $M$ 值后，再根据螺纹的螺距 $P$、牙型半角 $\frac{\alpha}{2}$ 及量针的直径 $d_0$ 按下式（推导过程略）算出所测出的单一中径 $d_{2s}$：

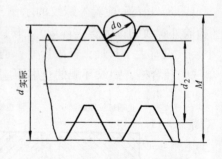

图 8-13    单针法测量螺纹中径

$$d_{2s} = M - d_0\left(1 + \frac{1}{\sin\frac{\alpha}{2}}\right) + \frac{P}{2}\cot\frac{\alpha}{2}$$

对于米制普通三角形螺纹，其牙型半角 $\frac{\alpha}{2} = 30°$，代入上式得：

$$d_{2s} = M - 3d_0 + \frac{\sqrt{3}}{2}P$$

当螺纹存在牙型半角误差时，量针与牙槽接触位置的轴向距离便不在 $\frac{P}{2}$ 处，这就造成了测量误差，为了减小牙型半角误差对测量的影响，应选取最佳量针直径 $d_0$（最佳）。由图 8-14b 可知：

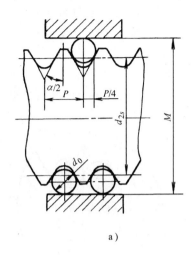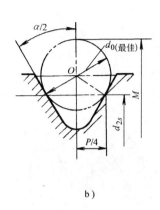

a)                                    b)

图 8-14　三针法测量螺纹中径

$$d_{0(最佳)} = \frac{1}{\sqrt{3}}P$$

所以最后的计算公式可简化为

$$d_{2s} = M - \frac{3}{2}d_{0(最佳)}$$

### 2. 用工具显微镜测螺纹各参数

用工具显微镜测量属于影像法测量，能测量螺纹的各种参数，如测量螺纹的大径、中径、小径、螺距、牙型半角等几何参数。

图 8-15 为大型工具显微镜外观图，其组成部分为：①底座，用以支撑量仪整体。②工作台，用于放置工件，工作台中央是一个透明玻璃板，以使该玻璃板下的光线能透射上来，在目镜视场内形成被测工件的轮廓影像，工作台可作横向、纵向、转位移动，并能读出其位移值。③光学显微镜组，用于把工件轮廓影像放大并送至目镜视场以供测量。其上还有一个角度目镜 18，用于测量角度值。④立柱，用于安装光学放大镜组及相关部件。

现以测量螺纹牙型半角为例，简单介绍一下用工具显微镜测量螺纹几何参数。

先将被测工件顶在工具显微镜上的两顶尖间，接通电源后根据被测螺纹的中径尺寸，调好合适的光阑直径，转动手轮 12，使

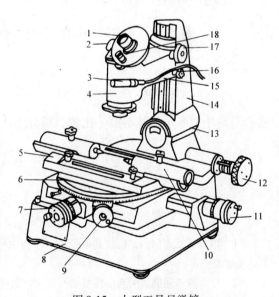

图 8-15　大型工具显微镜

1—目镜　2—旋转米字线手轮　3—角度读数目镜光源
4—光学放大镜组　5—顶尖座　6—圆工作台
7—横向千分尺　8—底座　9—圆工作台转动手轮
10—顶尖　11—纵向千分尺　12—立柱倾斜手轮
13—连接座　14—立柱　15—立臂　16—锁紧螺钉
17—升降手轮　18—角度目镜

立柱 14 向一边倾斜一个被测螺纹的螺旋角 $\varphi$，转动目镜 1 上的调整螺钉，使目镜视场的米字线清晰，松开螺钉 16，转动升降手轮 17，使目镜视场内被测螺纹的牙型轮廓变得清晰，再旋紧螺钉 16。

当角度目镜 18 中的示值为 $0°0'$ 时，表示米字线中间虚线 $A—A$ 垂直于工作台纵向轴线。将 $A—A$ 线与牙型轮廓影像的一个牙侧面相靠（图 8-16a），此时角度读数目镜中的示值即为该侧的牙型半角值。

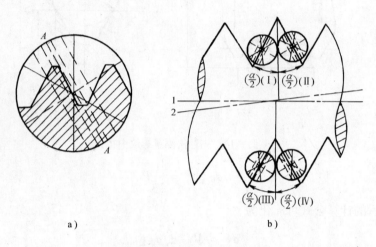

a)                              b)

图 8-16  螺纹牙形半角的测量

为了消除被测螺纹安装误差对测量结果的影响，应在左、右两侧面分别测出 $\frac{\alpha}{2}_{(I)}$、$\frac{\alpha}{2}_{(II)}$、$\frac{\alpha}{2}_{(III)}$、$\frac{\alpha}{2}_{(IV)}$，见图 8-16b，计算出其平均值

$$\frac{\alpha}{2}_{(左)} = \frac{1}{2}\left[\frac{\alpha}{2}_{(I)} + \frac{\alpha}{2}_{(IV)}\right] \quad \frac{\alpha}{2}_{(右)} = \frac{1}{2}\left[\frac{\alpha}{2}_{(II)} + \frac{\alpha}{2}_{(III)}\right]$$

将它们与牙型半角的基本值 $\frac{\alpha}{2}$ 比较，得牙型半角误差值为

$$\Delta\frac{\alpha}{2}_{(左)} = \frac{\alpha}{2}_{(左)} - \frac{\alpha}{2} \quad \Delta\frac{\alpha}{2}_{(右)} = \frac{\alpha}{2}_{(右)} - \frac{\alpha}{2}$$

## 习　题

8-1　以外螺纹为例，试比较其中径 $d_2$、单一中径 $d_{2单一}$、作用中径 $d_{2作用}$ 的异同点，三者在什么情况下是相等的？

8-2　什么是普通螺纹的互换性要求？从几何精度上如何保证普通螺纹的互换性要求？

8-3　同一精度级的螺纹，为什么旋合长度不同，中径公差等级也不同？

8-4　用螺纹量规检验螺纹，已知被检螺纹的顶径是合格的，检验时螺纹通规未通过被检螺纹，而止规却通过了，试分析被检螺纹存在的实际误差。

8-5　用三针法测量外螺纹的单一中径时，为什么要选取最佳直径的量针？

8-6　查表求出 M16—6H/6g 内、外螺纹的中径、大径和小径的极限偏差，计算内、外螺纹的中径、大径和小径的极限尺寸，绘出内、外螺纹的公差带图。

8-7  有一外螺纹 M27 × 2—6h，测量得其单一中径 $d_{2单一}$ = 25.5mm，螺纹累积误差 $\Delta P_\Sigma$ = +35μm，牙型半角误差 $\Delta \frac{\alpha}{2}_{(左)}$ = −30′，$\Delta \frac{\alpha}{2}_{(右)}$ = +65′，试求其作用中径 $d_{2作用}$。问此螺纹是否合格？为什么？

8-8  加工—M18 × 2—6g 外螺纹，已知加工方法所产生的螺距误差 $\Delta P_\Sigma$ = +25μm，牙型半角误差 $\Delta \frac{\alpha}{2}_{(左)}$ = +30′，$\Delta \frac{\alpha}{2}_{(右)}$ = −40′，问此加工方法允许中径的实际尺寸变动范围是多少？

# 第九章 渐开线直齿圆柱齿轮的公差与检测

## 第一节 概 述

齿轮传动是最常见的传动形式之一，广泛用于传递运动和动力。齿轮传动的质量将影响到机器或仪器的工作性能、承载能力、使用寿命和工作精度，为此要规定相应的公差，对齿轮的质量进行控制。

### 一、齿轮传动的要求

（1）传递运动的准确性 要求齿轮在一转范围内，产生的最大转角误差要限制在一定的范围内，最大转角误差又称为长周期误差。

（2）传动运动的平稳性 要求齿轮在任一瞬时传动比的变化不要过大，否则会引起冲击、噪声和振动，严重时会损坏齿轮。为此，齿轮一齿转角内的最大误差需要限制在一定的范围内，这种误差又称为短周期误差。

（3）载荷分布的均匀性 若齿面上的载荷分布不均匀，将会导致齿面接触不好，而产生应力集中，引起磨损、点蚀或轮齿折断，严重影响齿轮使用寿命。

（4）传动侧隙的合理性 在齿轮传动中，为了储存润滑油，补偿齿轮的受力变形、受热变形以及制造和安装的误差，对齿轮啮合的非工作面应留有一定侧隙，否则会出现卡死或烧伤现象；但侧隙又不能过大，对经常正反转的齿轮会产生空程和引起换向冲击，侧隙必须合理确定。

### 二、不同工况的齿轮对传动的要求

实际上，齿轮对以上四点使用要求并不都是一样，根据齿轮传动的不同工作情况各自的要求也是不同的。常见的不同要求的齿轮有以下四种：

（1）一般动力齿轮 如机床、减速器、汽车等的齿轮，通常对传动平稳性和载荷分布均匀性有所要求。

（2）动力齿轮 这类齿轮的模数和齿宽大，能传递大的动力且转速较低，如矿山机械、轧钢机上的齿轮，主要对载荷分布的均匀性与传动侧隙有严格要求。

（3）高速齿轮 这类齿轮转速高，易发热，如汽轮机的齿轮，为了减少噪声、振动、冲击和避免卡死，因而对传动的平稳性和侧隙有严格的要求。

（4）读数、分度齿轮 这类齿轮由于精度高、转速低，如百分表、千分表中以及分度头中的齿轮，要求传递运动准确，一般情况下要求侧隙保持为零。

由于齿轮传动装置是由齿轮副、轴、轴承和机座等零件组成，因此，影响齿轮传动质量的因素很多，但齿轮与齿轮副是其中的主要零件，本章将重点介绍如何控制单个齿轮与齿轮副的质量问题。

### 三、控制齿轮各项误差的公差组

根据加工后齿轮各项误差对齿轮传动使用性能的主要影响，划分了三个公差组，分别控制了齿轮的各项加工误差。第Ⅰ公差组为控制影响传递运动准确性的误差，第Ⅱ公差组为控制影响传动平稳性的误差，第Ⅲ公差组为控制影响载荷分布均匀性的误差，下节分别简述。

## 第二节　齿轮的误差及其评定指标与检测

### 一、影响齿轮传递运动准确性的主要误差评定、控制与检测

1. 齿圈径向跳动 $\Delta F_r$（公差 $F_r$）

齿轮完工后，轮齿的实际分布圆周（或分度圆）与理想的分布圆周（或分度圆）的中心不重合，产生了径向偏移，从而引起了径向误差，如图 9-1 所示。径向误差又导致了齿圈径向跳动的产生。

齿圈径向跳动是指在齿轮一转范围内，测头在齿槽内齿高中部双面接触，测头相对于齿轮轴线的最大变动量（见图 9-2）。

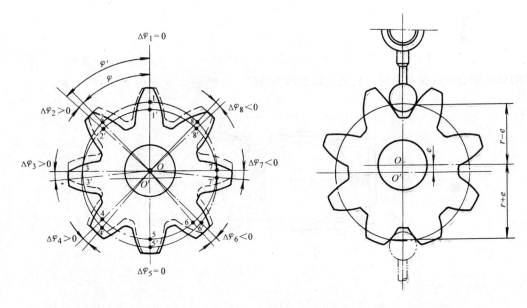

图 9-1　齿轮的径向误差　　　　　　图 9-2　齿圈径向跳动

规定齿圈径向跳动的公差 $F_r$，是对齿圈径向跳动误差 $\Delta F_r$ 的限制。齿圈径向跳动误差 $\Delta F_r$ 的合格条件为：$\Delta F_r \leqslant F_r$。

齿圈径向跳动误差 $\Delta F_r$ 可在齿圈径向跳动检查仪上测量，如图 9-3 所示。

2. 径向综合误差 $\Delta F''_i$（公差 $F''_i$）

径向综合误差是指被测齿轮与理想精确的测量齿轮双面啮合时，在被测齿轮一转内，双啮中心距的最大变动。

径向综合误差 $\Delta F''_i$ 采用齿轮双面啮合仪测量，如图 9-4a 所示。被测齿轮 5 安装在固定溜板 6 的心轴上，测量齿轮 3 安装在滑动溜板 4 的心轴上，借助弹簧 2 的作用使两齿轮作无侧隙双面啮合。在被测齿轮一转内，双啮中心距 $K$ 连续变动使滑动溜板位移，通过指示表 1 测出最大与最小中心距变动的数值，即为径向综合误差 $\Delta F''_i$。图 9-4b 为用自动记录装置记

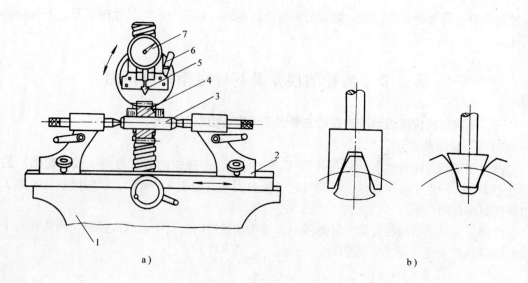

图 9-3　齿圈径向跳动测量

a）齿圈径向跳动检查仪　b）测量头型式

1—底座　2—顶尖座　3—心轴　4—被测齿轮　5—测量头　6—指示表提升手柄　7—指示表

录的双啮中心距的误差曲线，其最大幅值即为 $\Delta F''_i$。$\Delta F''_i$ 的合格条件为：$\Delta F''_i \leqslant F''_i$。

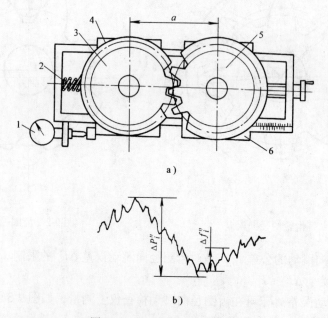

图 9-4　双面啮合综合测量

a）双啮仪测量原理　b）径向综合误差曲线

1—指示表　2—弹簧　3—测量齿轮　4—滑动溜板　5—被测齿轮　6—固定溜板

### 3. 公法线长度变动 $\Delta F_w$（公差 $F_w$）

齿轮加工后，其实际齿廓的位置不仅要沿径向产生偏移，而且还要沿切向产生偏移，如图 9-5 所示。这就使齿轮在一周范围内各段的公法线长度产生了误差。

所谓公法线长度变动是指在齿轮一周范围内，实际公法线长度最大值与最小值之差

（见图 9-5），即

$$\Delta F_w = W_{max} - W_{min}$$

公法线长度变动公差 $F_w$ 是对公法线长度变动 $\Delta F_w$ 的限制。$\Delta F_w$ 的合格条件为 $\Delta F_w \leqslant F_w$

测量公法线长度可用公法线千分尺（图 9-6a），其分度值为 0.01mm，用于一般精度齿轮的公法线长度测量。

4. 切向综合误差 $\Delta F'_i$（公差 $F'_i$）

切向综合误差是指被测齿轮与理想精确的测量齿轮（允许用齿条、蜗杆等测量元件代替）作单面啮合时，在被测齿轮一周内，实际转角与公称转角之差的总幅值，以分度圆弧长计值。

若切向综合误差 $\Delta F'_i$ 不大于切向综合公差 $F'_i$，即 $\Delta F'_i \leqslant F'_i$

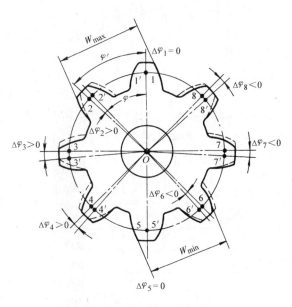

图 9-5　齿轮的切向误差及公法线长度变动

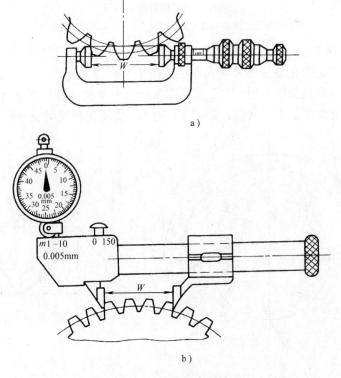

a）

b）

图 9-6　公法线长度测量

a）用公法线千分尺测量齿轮的公法线　b）用公法线指示卡规测量齿轮的公法线

则齿轮传递运动准确性满足要求。$\Delta F'_i$ 是用单面啮合综合检查仪（单啮仪）测量的，如图 9-7a 所示。图 a 是双圆盘摩擦式单啮仪测量原理示意图。被测齿轮 1 与作为测量基准的理想精确测量齿轮 2 在公称中心距下形成单面啮合齿轮副的传动。直径分别等于齿轮 1 和齿轮 2 分度圆直径的精密摩擦盘 3 和 4 作纯滚动形成标准传动。若被测齿轮 1 没有误差，则其转轴 6 与圆盘 4 同步回转，传感器 7 无信号输出。若被测齿轮 1 有误差，则转轴 6 与圆盘不同步，两者产生的相对转角误差由传感器 7 经放大器传至纪录仪，便可画出一条光滑的、连续的齿轮转角误差曲线（图 9-7b）。该曲线称为切向误差曲线，$\Delta F'_i$ 是这条误差曲线的最大幅值。

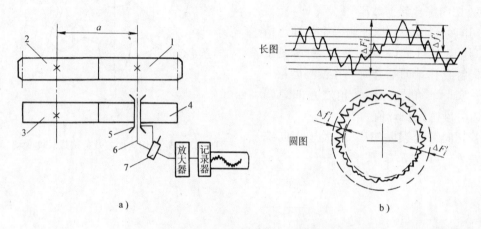

图 9-7　单面啮合综合测量

a) 双圆盘摩擦式单啮仪测量原理　b) 切向综合误差曲线

5. 齿距累集误差 $\Delta F_p$（公差 $F_p$）、$K$ 个齿距累积误差 $\Delta F_{pk}$（公差 $F_{pk}$）

齿距累积误差是指在分度圆上（允许在齿高中部测量），任意两个同侧齿面的实际弧长与公称弧长之差的最大绝对值。$K$ 个齿距的累积误差是指在分度圆上，$K$ 个齿距的实际弧长与公称弧长之差的最大绝对值，如图 9-8 所示。使用齿距仪测量 $\Delta F_p$ 见图 9-9。

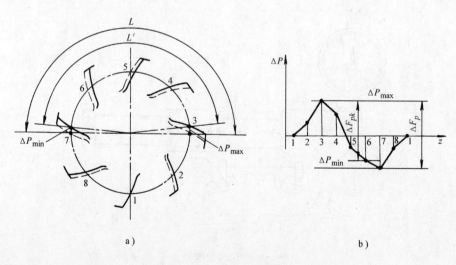

图 9-8　齿距累积误差

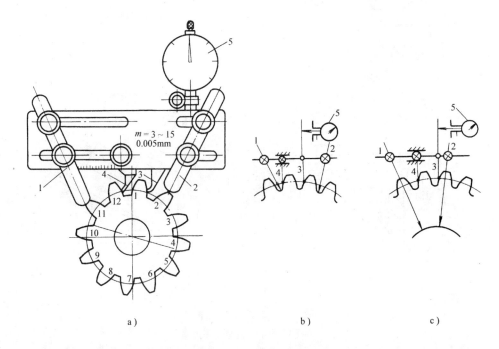

a)                b)             c)

图 9-9 齿距累积误差的测量

a) 手持式齿距仪 b) 齿根圆定位 c) 内孔定位

1、2—定位支脚 3—活动量爪 4—固定量爪 5—指示表

齿距累积误差的合格条件为：$\Delta F_p \leq F_p$，则齿轮传递运动的准确性满足要求。为了控制影响齿轮传递运动准确性的各项误差，规定了第 1 公差组的检验组，参看表 9-1。

**表 9-1 影响传动准确性第 1 公差组的检验组**

| 检验组 | 公差代号 | 检验内容 |
|---|---|---|
| 1 | $F'_i$ | 切向综合误差、为综合指标 |
| 2 | $F_p$ 或 $F_{pk}$ | 齿距累积误差或 $K$ 个齿距累积误差（$\Delta F_{pk}$ 仅在必要时检验） |
| 3 | $F''_i$ 和 $F_w$ | 径向综合误差和公法线长度变动误差 |
| 4 | $F_r$ 和 $F_w$ | 齿圈径向跳动误差和公法线长度变动误差 |
| 5 | $F_r$ | 齿圈径向跳动误差。 |

上表中由于 $F'_i$ 和 $F_p$ 公差能全面控制齿轮一转中的误差，所以这两项作为综合精度指标列入标准，可单独作为控制影响传递运动准确性的检验项目。考虑到 $F''_i$ 与 $F_r$ 用于控制径向误差，$F_w$ 用于控制切向误差，为了全面控制影响传递运动准确性的误差，必须采用组合项目。当采用 3 组或 4 组项目，如有一个项目检验不合格时，应测量 $\Delta F_p$，若 $\Delta F_p$ 也不合格，方可判断传递运动准确性精度不合格。第 5 检验组项目 $F_r$ 只用于控制 10 级精度以下的齿轮，不必再检验 $\Delta F_w$。

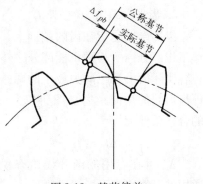

图 9-10 基节偏差

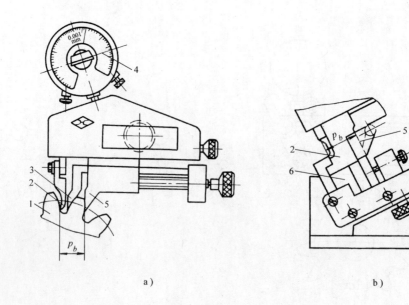

a )                                                b )

图 9-11   基节偏差测量

a）基节检查仪   b）调整零位器

1—被测齿轮   2—活动量爪   3—支脚   4—指示表   5—固定量爪   6—量块

### 二、影响齿轮传动平稳性的主要误差的评定、控制与检测

齿轮传动平稳性取决于任一瞬时传动比的变化，而主要影响瞬时传动比变化的误差是以齿轮一个齿距角为周期的基节偏差和齿形误差。

1. 基节偏差

基节偏差 $\Delta f_{pb}$（极限偏差 $\pm f_{pb}$）指的是实际基节与公称基节之差，如图 9-10 所示。

$\Delta f_{pb}$ 的合格条件为

$$-f_{pb} \leqslant \Delta f_{pb} \leqslant +f_{pb}$$

使用基节检查仪测量 $\Delta f_{pb}$，见图 9-11。

2. 齿形误差 $\Delta f_f$（公差 $f_f$）

齿形误差是指在齿的端面上，齿形工作部分内（齿顶倒棱部分除外），包容实际齿形且距离为最小的两条设计齿形间的法向距离（图 9-12）。$\Delta f_f$ 的合格条件为

$$\Delta f_f \leqslant f_f$$

$\Delta f_f$ 可在专用的渐开线检查仪或通用的万能工具显微镜上测量。

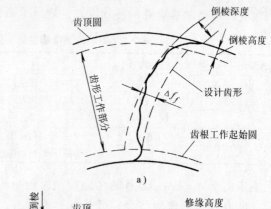

a )

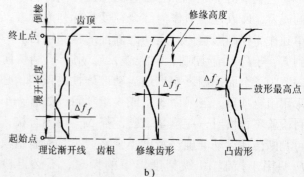

b )

图 9-12   齿形误差

3. 齿距偏差 $\Delta f_{pt}$（极限偏差 $\pm f_{pt}$）

齿距偏差是指在分度圆上（允许在齿高中部测量），实际齿距与公称齿距之差如图9-13所示。

$\Delta f_{pt}$ 的合格条件为：$-f_{pt} \leq \Delta f_{pt} \leq +f_{pt}$，齿距偏差 $\Delta f_{pt}$ 与齿距累积误差 $\Delta F_p$ 的测量方法相同。

4. 一齿切向综合误差 $\Delta f'_i$（公差 $f'_i$）

它是指被测齿轮与理想精确的测量齿轮单面啮合时，在被测齿轮一个齿距角内，实际转角与公称转角之差的最大幅度值，以分度圆弧长计值。若 $\Delta f'_i \leq f'_i$，则齿轮传动平稳性满足要求。

5. 一齿径向综合误差 $\Delta f''_i$（公差 $f''_i$）

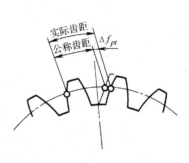

图9-13 齿距偏差

它是指被测齿轮与理想精确的测量齿轮双面啮合时，在被测齿轮一齿距角内，双啮中心距的最大变动量。当 $\Delta f''_i \leq f''_i$ 时，则齿轮传动平稳性满足要求。

为了控制影响传动平稳性的各项误差，规定了第Ⅱ公差组的检验组，各项目参看表9-2。

**表9-2　控制影响齿轮传动平稳性误差的第Ⅱ公差组的检验组**

| 检验组 | 公差代号 | 检验内容 |
|---|---|---|
| 1 | $f'_i$ | 一齿切向综合误差，为综合指标（特殊需要时加检 $\Delta f_{pb}$） |
| 2 | $f''_i$ | 一齿径向综合误差，它也是综合指标 |
| 3 | $f_f$ 和 $f_{pt}$ | 齿形误差和齿距极限偏差 |
| 4 | $f_f$ 和 $f_{pb}$ | 齿形误差和基节偏差 |
| 5 | $f_{pt}$ 和 $f_{pb}$ | 齿距偏差和基节偏差 |

综上所述，影响齿轮传动平稳性的主要误差是齿轮一转中多次重复出现，并以一个齿距角为周期的基节偏差和齿形误差。评定的指标则有五项。为评定传动平稳性，可采用一项综合指标或两项单项指标组合。选用单项指标组合时，原则上基节偏差和齿形误差应各占一项，见表9-2中的3、4两组。从控制的质量来看，两组指标等效。但由于对修缘齿轮不能测量 $\Delta f_{pb}$，故应选用 $\Delta f_{pt}$ 与 $\Delta f_f$。此外，考虑到 $\Delta f_f$ 测量困难且成本高，故对9级精度以下的齿轮和尺寸较大的齿轮用 $\Delta f_{pt}$ 代替 $\Delta f_f$，有时甚至可以只检查 $\Delta f_{pt}$ 或 $\Delta f_{pb}$（10～12级精度）。为此，直齿圆柱齿轮传动平稳性的评定指标增加到六组，即 $\Delta f_{pb}$ 与 $\Delta f_{pt}$ 既可用于9～12级精度的齿轮，又可用于10～12级精度的齿轮。具体应用时，可根据实际情况选用其中一组来评定齿轮传动的平稳性。

### 三、影响载荷分布均匀性的主要误差评定、控制及其检测

影响载荷分布均匀性主要取决于相啮合轮齿齿面接触的均匀性。齿面接触不均匀，载荷分布也就不均匀。

齿向误差是指在分度圆柱面上，齿宽有效部分范围内（端部倒角部分除外），包容实际齿线且距离为最小的两条设计齿线之间的端面距离（见图9-14）。

齿向误差反映出齿轮沿齿长方向接触的均匀性，亦即反映出齿轮沿齿长方向载荷分布的均匀性。因此，它可以作为评定载荷分布均匀性的单项指标。规定齿向公差 $F_\beta$ 是对齿

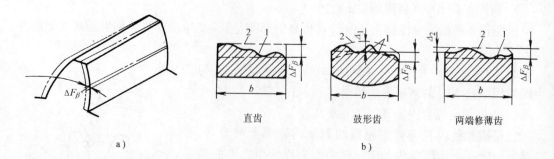

直齿　　　　　鼓形齿　　　　两端修薄齿

a)　　　　　　　　　　　　b)

图 9-14　齿向误差

1—实际齿线　2—设计齿线　$\Delta_1$—鼓形量　$\Delta_2$—齿端修薄量　b—齿宽

向误差 $\Delta F_\beta$ 的限制，$\Delta F_\beta$ 的合格条件为

$$\Delta F_\beta \leq F_\beta$$

齿向误差可在改制的偏摆检查仪上或万能工具显微镜上进行测量。

### 四、传动侧隙合理性的评定、控制与检测

1. 齿厚偏差 $\Delta E_s$（极限偏差上偏差 $E_{ss}$、下偏差 $E_{si}$）

齿厚偏差是指分度圆柱面上，齿厚的实际值与公称值之差（图 9-15）。

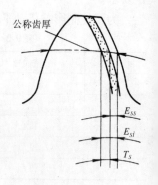

图 9-15　齿厚偏差

侧隙是齿轮装配后自然形成的（图 9-16）。获得侧隙的方法有两种，一种是固定中心距的极限偏差，通过改变齿厚的极限偏差来获得不同的极限侧隙；另一是相反，固定齿厚的极限偏差，而在装配时调整中心距来获得所需的侧隙。考虑到加工和使用方便，一般多采用前种方法。

为此，要保证合理的侧隙，就要限制齿厚偏差。反过来说，通过控制齿厚偏差，就可控制合理的侧隙。齿厚极限偏差（$E_{ss}$、$E_{si}$）是对齿厚偏差 $\Delta E_s$ 的限制。$\Delta E_s$ 的合格条件为

$$E_{si} \leq \Delta E_s \leq E_{ss}$$

测量齿厚常用的是齿厚游标卡尺（图 9-17）。按定义，齿厚是分度圆弧齿厚，但为了方便，一般测量分度圆弦齿厚。测量时，以齿顶圆为基准，调整纵向游标尺来确定分度圆弦齿高 $\bar{h}$，再用横向游标尺测出齿厚的实际值，将实际值减去公称值，即为分度圆齿厚偏差。在齿圈上每隔 90°测量一个齿厚，取最大的齿厚偏差值作为该齿轮的齿厚偏差 $\Delta E_s$。

对直齿圆柱齿轮，分度圆公称弦齿高 $\bar{h}$ 和弦齿厚 $\bar{s}$ 分别为：

$$\bar{h} = m\left[1 + z/2\left(1 - \cos 90°/z\right)\right]$$

$$\bar{s} = mz\sin 90°/z$$

式中　$m$——齿轮的模数；

　　　$z$——齿轮的齿数。

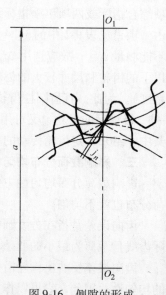

图 9-16　侧隙的形成

由于测量 $\Delta E_s$ 时以齿顶圆为基准，齿顶圆直径误差和径向跳动会对测量结果有较大影响，而且齿厚游标卡尺的精度又不高，故只宜用于低精度或模数较大的齿轮。

2. 公法线平均长度偏差 $\Delta E_{wm}$（极限偏差上偏差 $E_{wms}$、下偏差 $E_{wmi}$）

公法线平均长度偏差是指齿轮一周内，公法线平均长度与公称长度之差。对标准直齿圆柱齿轮，公法线长度的公称值为

$$W = (k-1)p_b + s_b$$

或

$$W = m\left[1.476\,(2k-1)\,+0.014z\right]$$

式中，$k$ 为跨齿数，对标准直齿圆柱齿轮为 $k = z\alpha/180° + 0.5$

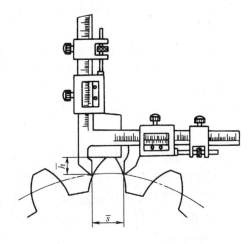

图 9-17　齿厚游标卡尺测量齿厚

由上式可见，齿轮齿厚减薄时，公法线长度亦相应减小，反之亦然。因此，可用测量公法线长度来代替测量齿厚，以评定传动侧隙的合理性。公法线平均长度的极限偏差 $E_{wmi}$ 和 $E_{wms}$ 是对公法线平均长度偏差 $\Delta E_{wm}$ 的限制。$\Delta E_{wm}$ 的合格条件为

$$E_{wmi} \leqslant \Delta E_{wm} \leqslant E_{wms}$$

$\Delta E_{wm}$ 的测量与 $\Delta F_w$ 的测量一样，可用公法线千分尺、公法线指示卡规等测量。在测量 $\Delta F_w$ 的同时可测得 $\Delta E_{wm}$。

由于测量公法线长度时并不以齿顶圆为基准，因此测量结果不受齿顶圆直径误差和径向跳动的影响，测量的精度高。但为排除切向误差对齿轮公法线长度的影响，应在齿轮一周内至少测量均布的六段公法线长度，并取其平均值计算公法线平均长度偏差 $\Delta E_{wm}$。

# 第三节　齿轮副影响传动质量的误差分析

除了单个齿轮的加工误差主要影响传动质量外，组成齿轮副的各支承构件的加工与安装质量同样影响着齿轮的传动质量。

## 一、齿轮的接触斑点

齿轮副的接触斑点是指安装好后的齿轮副，在轻微制动下运转后齿面上分布的接触擦亮痕迹。接触痕迹的大小在齿面展开图上用百分数计算（图 9-18）。

沿齿长方向：接触痕迹的长度 $b''$（扣除超过模数值的断开部分 $c$）与工作长度 $b'$ 之比的百分数，即

$$[(b'' - c)/b'] \times 100\%$$

沿齿高方向：接触痕迹的平均高度 $h''$ 与工作高度 $h'$ 之比的百分数，即

$$(h''/h') \times 100\%$$

接触斑点是评定齿轮副载荷分布均匀性的综合指标。齿轮副擦亮痕迹的大小是在齿轮副装配后的工作装置中测定的，也就是在综合反映齿轮加工误差和安装误差的条件

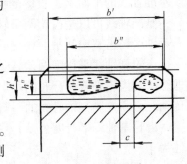

图 9-18　接触斑点

下测定的。因此，其所测得的擦亮痕迹最接近工作状态，较为真实。故这项综合指标比检验单个齿轮载荷分布均匀性的指标更为理想，测量过程也较简单和方便。

接触斑点的检验应在机器装配后或出厂前进行。所谓轻微制动，是指检验中所加的制动力矩应以不使啮合的齿面脱离，而又不使任何零件（包括被检齿轮）产生可以察觉到的弹性变形为限。

检验时不应采用涂料来反应接触斑点，必要时才允许使用规定的薄膜涂料。此外，必须对两个齿轮的所有齿面都进行检查，并以接触斑点百分数最小的那个齿作为齿轮副的检验结果。对接触斑点的形状和位置有特殊要求时，应在图上标明，并按此进行检验。

若齿轮副的接触斑点不小于规定的百分数，则齿轮的载荷分布均匀性满足要求。

## 二、齿轮副中心距偏差 $\Delta f_\alpha$（极限偏差 $\pm f_\alpha$）

齿轮副中心距偏差 $\Delta f_\alpha$ 是指在齿轮副的齿宽中间平面内，实际中心距与公称中心距之差（图 9-19a）。

中心距偏差 $\Delta f_\alpha$ 的大小直接影响到装配后侧隙的大小，故对轴线不可调节的齿轮传动，必须对其加以控制。

中心距极限偏差 $\pm f_\alpha$ 是对中心距偏差 $\Delta f_\alpha$ 的限制，$\Delta f_\alpha$ 的合格条件为

$$-f_\alpha \leqslant \Delta f_\alpha \leqslant +f_\alpha$$

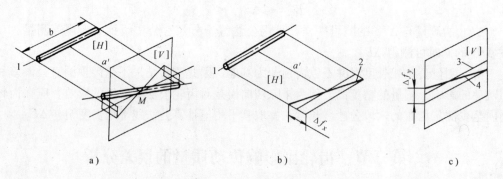

a)      b)      c)

图 9-19　齿轮副的安装误差

a）中心距偏差　b）$x$ 方向轴线平行度误差　c）$y$ 方向轴线平行度误差

## 三、齿轮副的轴线平行度误差 $\Delta f_x$、$\Delta f_y$（公差 $f_x$、$f_y$）

$x$ 方向的轴线平行度误差 $\Delta f_x$ 是指一对齿轮的轴线在其基准平面 $H$ 上投影的平行度误差（见图 9-19b）。

$y$ 方向的轴线平行度误差 $\Delta f_y$ 是指一对齿轮的轴线在垂直于基准平面 $H$，并且平行于基准轴线的平面 $V$ 上投影的平行度误差（见图 9-19c）。

基准轴线可以是齿轮两条轴线中的任一条，基准平面是指包含基准轴线，并通过由另一条轴线与齿宽中间平面相交的点（中点 $M$）所形成的平面 $H$。

齿轮副轴线平行度误差 $\Delta f_x$、$\Delta f_y$ 主要影响到装配后齿轮副相啮合齿面接触的均匀性，即影响到齿轮副载荷分布的均匀性，对齿轮副间隙也有影响。故对轴心线不可调节的齿轮传动，必须控制其轴心线的平行度误差，尤其对 $\Delta f_y$ 的控制应更严格。

齿轮副轴线平行度公差 $f_x$ 和 $f_y$ 是对齿轮副轴线 $\Delta f_x$ 和 $\Delta f_y$ 的限制，$\Delta f_x$ 和 $\Delta f_y$ 的合格条件为

$$\Delta f_x \leqslant f_x \quad \text{和} \quad \Delta f_y \leqslant f_y$$

#### 四、齿轮副的侧隙及其评定

齿轮副侧隙分为圆周侧隙与法向侧隙。

圆周侧隙 $j_t$（圆周最大极限侧隙 $j_{tmax}$、圆周最小极限侧隙 $j_{tmin}$）是指装配好后的齿轮副，当一个齿轮固定，另一个齿轮的圆周晃动量，以分度圆弧长计值（图 9-20a）。

法向侧隙 $j_n$（法向最大极限侧隙 $j_{nmax}$、法向最小极限侧隙 $j_{nmin}$）是指装配好后的齿轮副，当工作齿面接触时，非工作齿面间的最短距离（图 9-20b）。

圆周侧隙 $j_t$ 和法向侧隙 $j_n$ 之间的关系为

$$j_n = j_t \cos\beta_b \cos\alpha_t$$

式中　$\beta_b$——基圆螺旋角；

$\quad\alpha_t$——端面齿形角。

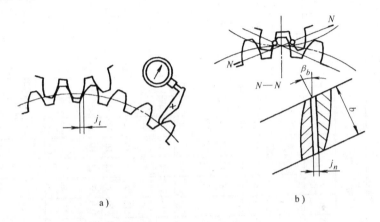

图 9-20　齿轮副的侧隙

a）圆周侧隙　b）法向侧隙

侧隙的大小主要取决于齿轮副的安装中心距和单个齿轮影响到侧隙大小的加工误差，因此 $j_n$（或 $j_t$）是直接体现能否满足设计侧隙要求的综合性指标。用下式判断侧隙是否满足设计要求：

$$j_{nmin} \leqslant j_n \leqslant j_{nmax} \qquad \text{或} \qquad j_{tmin} \leqslant j_t \leqslant j_{tmax}$$

$j_n$ 可用塞尺测量，也可用压铅丝法测量。$j_t$ 可用指示表测量。测量 $j_n$ 和测量 $j_t$ 是等效的。

## 第四节　渐开线圆柱齿轮精度标准及其应用

GB/T 10095—1988《渐开线圆柱齿轮精度》规定了齿轮加工误差和齿轮副安装误差的各项检验指标及其公差值。（最新标准 GB/T 10095—2001 目前尚未贯彻）。标准适用于平行轴传动的、法向模数 $m_n \geqslant 1 \sim 40\text{mm}$、分度圆直径 $d \leqslant 400\text{mm}$ 的渐开线圆柱齿轮及其齿轮副。基本齿廓按 GB/T 1356—1988《渐开线圆柱齿轮基本齿廓》的规定。

#### 一、精度等级及其选择

1. 精度等级

GB/T 10095—1988 对齿轮及其齿轮副规定了 12 个精度等级，由高到低依次为 1，2，…，

表 9-3　齿圈径向跳动 $F_r$、公法线长度变动 $F_w$、径向综合公差 $F_i''$、齿形公差 $f_f$、齿距极限偏差 $f_{pt}$、基节极限偏差 $f_{pb}$、一齿径向综合公差 $f_i''$（摘自 GB/T10095—1988）

（μm）

| 分度圆直径/mm | 法向模数/mm | 齿圈径向跳动 $F_r$ | | | | | 公法线长度变动 $F_w$ | | | | | 径向综合公差 $F_i''$ | | | | | 齿形公差 $f_f$ | | | | | 齿距极限偏差 $f_{pt}$ | | | | | 基节极限偏差 $f_{pb}$ | | | | | 一齿径向综合公差 $f_i''$ | | | | |
|---|---|---|---|---|---|---|---|---|---|---|---|---|---|---|---|---|---|---|---|---|---|---|---|---|---|---|---|---|---|---|---|---|---|---|---|---|
| | | 精度等级 | | | | | | | | | | | | | | | | | | | | | | | | | | | | | | | | | | |
| | | 5 | 6 | 7 | 8 | 9 | 5 | 6 | 7 | 8 | 9 | 5 | 6 | 7 | 8 | 9 | 5 | 6 | 7 | 8 | 9 | 5 | 6 | 7 | 8 | 9 | 5 | 6 | 7 | 8 | 9 | 5 | 6 | 7 | 8 | 9 |
| ~125 | ≥1~3.5 | 16 | 25 | 36 | 45 | 71 | | | | | | 22 | 36 | 50 | 63 | 90 | 6 | 8 | 11 | 14 | 22 | 6 | 10 | 14 | 20 | 28 | 5 | 9 | 13 | 18 | 25 | 10 | 14 | 20 | 28 | 36 |
| | ≥3.5~6.3 | 18 | 28 | 40 | 50 | 80 | 12 | 20 | 28 | 40 | 56 | 25 | 40 | 56 | 71 | 112 | 7 | 10 | 14 | 20 | 32 | 8 | 13 | 18 | 25 | 36 | 7 | 11 | 16 | 22 | 32 | 13 | 18 | 25 | 36 | 45 |
| | ≥6.3~10 | 20 | 32 | 45 | 56 | 90 | | | | | | 28 | 45 | 63 | 80 | 125 | 8 | 12 | 17 | 22 | 36 | 9 | 14 | 20 | 28 | 40 | 8 | 13 | 18 | 25 | 36 | 14 | 20 | 28 | 40 | 50 |
| >125~400 | ≥1~3.5 | 22 | 36 | 50 | 63 | 80 | | | | | | 32 | 50 | 71 | 90 | 112 | 7 | 9 | 13 | 18 | 28 | 7 | 11 | 16 | 22 | 32 | 6 | 10 | 14 | 20 | 30 | 11 | 16 | 22 | 32 | 40 |
| | ≥3.5~6.3 | 25 | 40 | 56 | 71 | 100 | 16 | 25 | 36 | 50 | 71 | 36 | 56 | 80 | 100 | 140 | 8 | 11 | 16 | 22 | 36 | 9 | 14 | 20 | 28 | 40 | 8 | 13 | 18 | 25 | 36 | 14 | 20 | 28 | 40 | 50 |
| | ≥6.3~10 | 28 | 45 | 63 | 86 | 112 | | | | | | 40 | 63 | 90 | 112 | 160 | 9 | 13 | 19 | 28 | 45 | 10 | 16 | 22 | 32 | 45 | 9 | 14 | 20 | 30 | 40 | 16 | 22 | 32 | 45 | 56 |
| >400~800 | ≥1~3.5 | 28 | 45 | 63 | 80 | 100 | | | | | | 40 | 63 | 90 | 112 | 140 | 9 | 12 | 17 | 25 | 40 | 8 | 13 | 18 | 25 | 36 | 7 | 11 | 16 | 22 | 32 | 13 | 18 | 25 | 36 | 45 |
| | ≥3.5~6.3 | 32 | 50 | 71 | 90 | 112 | 20 | 32 | 45 | 63 | 90 | 45 | 71 | 100 | 125 | 160 | 10 | 14 | 20 | 28 | 45 | 9 | 14 | 20 | 28 | 40 | 8 | 13 | 18 | 25 | 36 | 14 | 20 | 28 | 40 | 50 |
| | ≥6.3~10 | 36 | 56 | 80 | 100 | 125 | | | | | | 50 | 80 | 112 | 140 | 180 | 11 | 16 | 24 | 36 | 56 | 11 | 18 | 25 | 36 | 50 | 10 | 16 | 22 | 32 | 45 | 16 | 22 | 32 | 45 | 56 |

12 级。齿轮副中的两个齿轮一般取成相同等级，也允许取成不同等级。在 12 个精度等级中，第 1、2 两级是目前的加工方法和测量条件还难以达到的精度等级，所以目前还很少采用。第 3~12 级可粗略分为

高精度等级：3、4、5 级；

中等精度等级：6、7、8 级；

低精度等级：9、10、11、12 级。

对单个直齿圆柱齿轮，标准对每级精度按表 9-1 与表 9-2 中的 12 项评定指标规定了公差值或极限偏差值，详见表 9-3 ~ 表 9-6。

**表 9-4　齿距累积公差 $F_p$ 及 $F_{pk}$**（摘自 GB/T 10095—1988）　　　　（μm）

| L/mm | | 精　度　等　级 | | | | |
|---|---|---|---|---|---|---|
| 大于 | 到 | 5 | 6 | 7 | 8 | 9 |
| 20 | 32 | 12 | 20 | 28 | 40 | 56 |
| 32 | 50 | 14 | 22 | 32 | 45 | 63 |
| 50 | 80 | 16 | 25 | 36 | 50 | 71 |
| 80 | 160 | 20 | 32 | 45 | 63 | 90 |
| 160 | 315 | 28 | 45 | 63 | 90 | 125 |
| 315 | 630 | 40 | 63 | 90 | 125 | 180 |
| 630 | 1000 | 50 | 80 | 112 | 160 | 224 |
| 1000 | 1600 | 63 | 100 | 140 | 200 | 280 |

注：1. $F_p$ 和 $F_{pk}$ 按分度圆弧长查表。

　　查 $F_p$ 时，取 $L = \pi d/2$；

　　查 $F_{pk}$ 时，取 $L = K\pi m_n$（$K$ 为 2 到小于 $z/2$ 的整数）。

　　2. 一般对于 $F_{pk}$，$K$ 值规定取为小于 $z/6$（或 $z/8$）的最大整数。

**表 9-5　齿向公差 $F_\beta$**（摘自 GB/T 10095—1988）　　　　（μm）

| 齿轮宽度 | | 精　度　等　级 | | | | |
|---|---|---|---|---|---|---|
| /mm | | | | | | |
| 大于 | 到 | 5 | 6 | 7 | 8 | 9 |
| — | 40 | 7 | 9 | 11 | 18 | 28 |
| 40 | 100 | 10 | 12 | 16 | 25 | 40 |
| 100 | 160 | 12 | 16 | 20 | 32 | 50 |

**表 9-6　齿轮副接触斑点**（摘自 GB/T 10095—1988）　　　　（%）

| 接触斑点 | 齿轮精度 | | | | |
|---|---|---|---|---|---|
| | 5 | 6 | 7 | 8 | 9 |
| 按高度不少于 | 55 | 50 | 45 | 40 | 30 |
| 按长度不少于 | 80 | 70 | 60 | 50 | 40 |

**2. 精度等级的选择**

齿轮精度等级选择的主要依据是齿轮传动的用途、使用条件及对它的技术要求，即要考虑传递运动的精度、齿轮的圆周速度、传递的功率、工作持续时间、振动与噪声、润滑条件、使用寿命及生产成本等的要求。

齿轮精度等级的选择方法有计算法和类比法。在实际工作中，常用的是类比法，即按已有的经验、资料，在设计类似的齿轮传动时可以采用相近的精度等级。表 9-7 为各类机械中的齿轮传动常用的精度等级。表 9-8 ~ 表 9-9 对齿轮精度等级的应用作了推荐，供选

用时参考。

表9-7 各类机械中的齿轮精度等级

| 应用范围 | 精度等级 | 应用范围 | 精度等级 | 应用范围 | 精度等级 |
|---|---|---|---|---|---|
| 测量齿轮 | 2 ~ 5 | 内燃或电气机车 | 5 ~ 8 | 起重机械 | 7 ~ 9 |
| 涡轮机 | 3 ~ 5 | 轻型汽车 | 5 ~ 8 | 轧钢机 | 5 ~ 10 |
| 精密切削机床 | 3 ~ 7 | 载重汽车 | 6 ~ 9 | 地质矿山绞车 | 7 ~ 10 |
| 航空发动机 | 4 ~ 7 | 一般减速器 | 6 ~ 8 | 农业机械 | 8 ~ 11 |
| 一般切削机床 | 5 ~ 8 | 拖拉机 | 6 ~ 10 | | |

表9-8 常用齿轮精度等级的适用范围

| 精度等级 | 工作条件与应用范围 | 圆周速度 / (m/s) | 齿面的最终加工 |
|---|---|---|---|
| 5 | 用于高平稳且低噪声的高速传动的齿轮;精密机构中的齿轮;涡轮机齿轮;检验8、9级精度齿轮的齿轮;重要的航空,船用齿轮箱齿轮 | >20 | 精密磨齿;对尺寸大的齿轮,精密滚齿后研齿或剃齿 |
| 6 | 用于高速下平稳工作,需要高效率及低噪声的齿轮;航空、汽车及机床中的重要齿轮;读数机构齿轮;分度机构的齿轮 | <15 | 磨齿或精密剃齿 |
| 7 | 在高速和功率较小或大功率和速度不太高下工作的齿轮;普通机床中的进给齿轮和主传动链的变速齿轮;航空中的一般齿轮;速度较高的减速器齿轮;起重机的齿轮;读数机构齿轮 | <10 | 对不淬硬的齿轮:用精确的刀具滚齿、插齿、剃齿 对淬硬的:磨齿、珩齿或研齿 |
| 8 | 一般机器中无特殊精度要求的齿轮;汽车、拖拉机中的一般齿轮;通用减速器的齿轮;航空、机床中的不重要齿轮;农业机械中的重要齿轮 | <6 | 滚齿、插齿、必要时剃齿、珩齿或研齿 |
| 9 | 无精度要求的较粗糙齿轮;农业机械中的一般齿轮 | <2 | 滚齿、插齿、铣齿 |

表9-9 齿轮第Ⅱ公差组精度等级的推荐应用

| 机械设备 | | | 第Ⅱ公差组精度等级 | | | | |
|---|---|---|---|---|---|---|---|
| | | | 5 | 6 | 7 | 8 | 9 |
| | | | 齿轮的圆周速度 (m/s) | | | | |
| 通用机械 | | | >15 | ≤15 | ≤10 | ≤6 | ≤2 |
| 冶金机械 | | | — | 10 ~ 15 | 6 ~ 10 | 2 ~ 6 | 0.5 ~ 2 |
| 地质勘探机械 | | | | | 6 ~ 10 | 2 ~ 6 | 0.5 ~ 2 |
| 煤炭采掘机械 | | | | | 6 ~ 10 | 2 ~ 6 | <2 |
| 林业机械 | | | | <15 | <10 | <6 | <2 |
| 拖拉机 | | | — | 未淬火 | 淬火 | — | — |
| 发动机 | | | >60 (<2000) | >15 ~ 60 (<2000) | ≤15 (<2000) | — | — |
| | | | >40 (2000 ~ 4000) | ≤40 (2000 ~ 4000) | (2000 ~ 4000) | — | — |
| 传送带减速器 | 模数 | ≤2.5 | 16 ~ 28 | 11 ~ 16 | 7 ~ 11 | 2 ~ 7 | 2 |
| | | 6 ~ 10 | 13 ~ 18 | 9 ~ 13 | 4 ~ 9 | <4 | — |
| 船用减速器 | | | — | — | <9 ~ 10 | <5 ~ 6 | <2.5 ~ 3 |
| 金属切削机床 | | | >15 | >3 ~ 15 | ≤3 | — | — |

注:括弧中的数字是指单位长度的载荷(N/cm)。

## 二、公差组的检验组及其选择

齿轮公差组的检验组见表 9-1 与表 9-2。选择公差组的检验组可参看表 9-10。

**表 9-10　各公差组的检验组的组合及其适用范围**

| 检验组 | 公差组 | | | 适用等级 | 测量仪器 | 适用范围 |
|---|---|---|---|---|---|---|
| | I | II | III | | | |
| 1 | $\Delta F'_i$ | $\Delta f'_i$ | | 3～8 | 单啮仪、齿向仪 | 反映转角误差真实，测量效率高，适用于成批生产的齿轮的验收 |
| 2 | $\Delta F_P$ | $\Delta f_f$ 与 $\Delta f_{pb}$ 或 $\Delta f_f$ 与 $\Delta f_{pt}$ | $\Delta F_\beta$ | 3～8 | 齿距仪、基节仪（万能测齿仪）、齿向仪、渐开线检查仪 | 准确度高，适用于中、高精度、磨齿、滚齿、插齿、剃齿的齿轮验收检测或工艺分析与控制 |
| 3 | | $\Delta f_{pb}$ $\Delta f_{pt}$ | | 9～10 | 齿距仪、基节仪（万能测齿仪）、齿向仪 | 适用于精度不高的直齿轮及大尺寸齿轮，或多齿数的滚切齿轮 |
| 4 | $\Delta F''_i$ $\Delta F_W$ | $\Delta f''_i$ | | 6～9 | 双啮仪、公法线千分尺、齿向仪 | 接近加工状态，经济性好，适用于大量或成批生产的汽车、拖拉机齿轮 |
| 5 | $\Delta F_r$ $\Delta F_W$ | $\Delta f_f$ 与 $\Delta f_{pb}$ 或 $\Delta f_f$ 与 $\Delta f_{pt}$ | | 6～8 | 径向跳动仪、公法线千分尺、渐开线检查仪、基节仪、齿向仪 | 准确度高，有助于齿轮机床的调整，便于工艺分析。适用于中等精度的磨削齿轮和滚齿、插齿、剃齿的齿轮 |
| 6 | | $\Delta f_{pb}$ $\Delta f_{pt}$ | | 9～10 | 径向跳动仪、公法线千分尺、渐开线检查仪、基节仪、齿向仪 | 便于工艺分析，适用于中、低精度的齿轮；多齿数滚齿的齿轮 |
| 7 | $\Delta F_r$ | $\Delta f_{pt}$ | | 10～12 | 径向跳动仪、齿距仪 | |

注：第 III 公差组中的 $\Delta F_\beta$ 在不作接触斑点检验时才用。

## 三、齿轮副侧隙及齿厚极限偏差、公法线平均长度极限偏差的确定

齿轮副的合理侧隙要求与齿轮的精度等级基本无关，它应根据齿轮副的工作条件和侧隙的作用来确定。如前所述，合理侧隙要求是用最小和最大极限侧隙来规定的。

1. 最小极限侧隙 $j_{n\min}$（或 $j_{t\min}$）的确定

最小极限侧隙根据齿轮传动时允许的工作温度、润滑方式和齿轮的圆周速度确定。设计中选定的最小极限侧隙，应能补偿齿轮传动时因温度引起的热变形及保证正常的润滑。补偿热变形所需的法向侧隙 $j_{n1}$ 按下式计算：

$$j_{n1} = a\,(\alpha_1\Delta t_1 - \alpha_2\Delta t_2)$$

式中　$a$——传动的中心距；

$\alpha_1$、$\alpha_2$——齿轮和箱体的线胀系数，

$\Delta t_1$、$\Delta t_2$——齿轮和箱体对 20° 的偏差，即 $\Delta t_1 = t_1 - 20°$，

$\Delta t_2 = t_2 - 20°$。

保证正常润滑条件所需的法向侧隙 $j_{n2}$ 取决于润滑方式和齿轮的圆周速度，$j_{n2}$ 可参考表 9-11 选用。

最小极限侧隙应为 $j_{n1}$ 与 $j_{n2}$ 之和，即

$$j_{n\min} = j_{n1} + j_{n2}$$

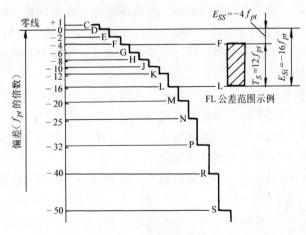

图 9-21　齿厚极限偏差

### 2. 齿厚极限偏差及其代号

如前所述，由于采用了基中心距制，故齿轮的最小极限侧隙是通过改变齿厚的极限偏差获得的。标准已将齿厚的极限偏差作了标准化，规定了 14 种齿厚极限偏差，并用大写英文字母表示（图 9-21）。齿厚极限偏差的数值是以齿距极限偏差的倍数表示（见表 9-12）。齿厚的公差带用两个极限偏差的字母表示，前一个字母表示上偏差，后一个字母表示下偏差。14 种齿厚极限偏差可以任意组合，以满足各种不同的需要。例如，在图 9-21 示例中，$FL$ 代号表示齿厚的上偏差代号为 $F$，其数值为 $E_{ss} = -4f_{pt}$；下偏差的代号为 $L$，其数值为 $E_{si} = -16f_{pt}$。当侧隙要求严格，而齿厚极限偏差又不能以标准规定的 14 个代号选取时，标准允许用数值直接表示齿厚极限偏差。

**表 9-11  $j_{n2}$ 的推荐值**

| 润滑方式 | 圆 周 速 度 $v$（m/s） | | | |
|---|---|---|---|---|
| | $\leq 10$ | $>10 \sim 25$ | $>25 \sim 60$ | $>60$ |
| 喷油润滑 | $0.01m_n$ | $0.02m_n$ | $0.03m_n$ | $(0.03 \sim 0.05)\ m_n$ |
| 油池润滑 | $(0.005 \sim 0.01)\ m_n$ | | | |

注：$m_n$——法向模数（mm）。

**表 9-12  齿厚极限偏差**（摘自 GB/T 10095—1988）

| | | | |
|---|---|---|---|
| $C = +1f_{pt}$ | $G = -6f_{pt}$ | $L = -16f_{pt}$ | $R = -40f_{pt}$ |
| $D = 0$ | $H = -8f_{pt}$ | $M = -20f_{pt}$ | $S = -50f_{pt}$ |
| $E = -2f_{pt}$ | $J = -10f_{pt}$ | $N = -25f_{pt}$ | |
| $F = -4f_{pt}$ | $K = -12f_{pt}$ | $P = -32f_{pt}$ | |

### 3. 公法线平均长度极限偏差的计算

测量公法线长度比测量齿厚方便准确，而且还能同时评定齿轮传递运动准确性和侧隙。因此，实际应用中，对中等精度及其以上的齿轮，常常用公法线平均长度极限偏差取代齿厚极限偏差的检测。但标准中没有直接给出公法线平均长度极限偏差的数值，只给出了它与齿厚极限偏差的换算公式。对外齿轮，其换算公式为

$$E_{wms} = E_{ss}\cos\alpha_n - 0.72F_r\sin\alpha_n$$
$$E_{wmi} = E_{si}\cos\alpha_n + 0.72F_r\sin\alpha_n$$

### 四、齿轮的精度等级和齿厚极限偏差在图样上的标注

GB/T 10095—1988 规定，齿轮三个公差组的精度等级和齿厚极限偏差的字母代号在图样上按下列顺序标注：第 I、第 II、第 III 公差组的精度等级，齿厚上偏差代号，齿厚下偏差代号。

例如：　　　　　　7—6—6GM　　　GB/T 10095—1988

第 I 公差组精度等级　　　　7

第 II 公差组精度等级　　　　6　　　　　G——齿厚上偏差　　　　　M——齿厚下偏差

第 III 公差组精度等级　　　　6

当齿轮三个公差组精度等级相同时，则只需注出一个精度等级数字。例如：

　　　　　　7　FL　　　　GB/T 10095—1988

齿轮精度等级、齿厚极限偏差、各公差组检验项代号及公差和极限偏差值在图样上的标注可参看图 9-22 齿轮工作图。

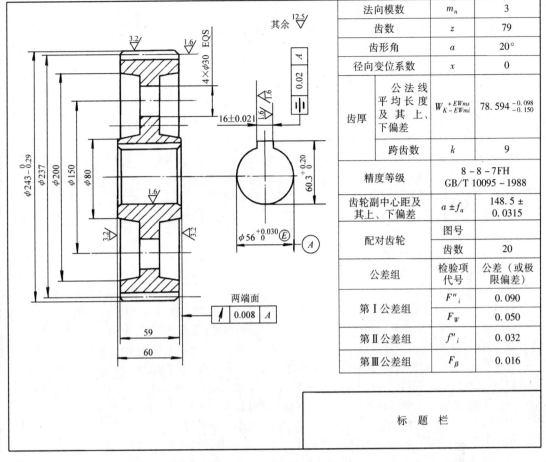

| 法向模数 | $m_n$ | 3 |
|---|---|---|
| 齿数 | $z$ | 79 |
| 齿形角 | $a$ | 20° |
| 径向变位系数 | $x$ | 0 |
| 齿厚 | 公法线平均长度及其上、下偏差 | $W_{K-EWmi}^{+EWms}$ 78.594 $_{-0.150}^{-0.098}$ |
|  | 跨齿数 $k$ | 9 |
| 精度等级 | | 8 - 8 - 7FH GB/T 10095 - 1988 |
| 齿轮副中心距及其上、下偏差 | $a \pm f_a$ | 148.5 ± 0.0315 |
| 配对齿轮 | 图号 | |
|  | 齿数 | 20 |
| 公差组 | 检验项代号 | 公差（或极限偏差） |
| 第Ⅰ公差组 | $F''_i$ | 0.090 |
|  | $F_W$ | 0.050 |
| 第Ⅱ公差组 | $f''_i$ | 0.032 |
| 第Ⅲ公差组 | $F_\beta$ | 0.016 |

标 题 栏

图 9-22 齿轮工作图

## 习　　题

9-1 齿轮传动的使用要求有哪些？影响这些使用要求的主要误差是哪些？它们之间有何区别与联系？

9-2 齿圈径向跳动 $\Delta F_r$ 与径向综合误差有何同异？

9-3 切向综合误差与径向综合误差 $\Delta F''_i$ 同属综合误差，它们之间有何不同？

9-4 为什么单独检测齿圈径向跳动 $\Delta F_r$ 或公法线长度变动 $\Delta F_w$ 不能充分保证齿轮传递运动的准确性？

9-5 齿轮副的侧隙是如何形成的？影响齿轮副侧隙大小的因素有哪些？

9-6 公法线长度变动 $\Delta F_w$ 与公法线平均长度偏差 $\Delta E_{wm}$ 有何区别？

9-7 选择齿轮精度等级时应考虑哪些因素？

9-8 已知标准渐开线直齿圆柱齿轮副的模数 $m = 3mm$，齿形角 $\alpha = 20°$，齿宽 $b = 30mm$，小齿轮齿数 $z_1 = 30$，齿坯孔径 $d_1 = 25mm$；大轮齿数 $z_2 = 90$，齿坯孔径 $d_2 = 50mm$。大小齿轮的精度等级和齿厚极限偏差代号均为：6JL GB/T 10095—2001。试选择查表确定下表中所列各主要检验项目的公差或极限偏差。

# 参考文献

1　甘永立主编. 几何量公差与检测. 上海：上海科学出版社，1993
2　汪　恺主编. 新编形位公差讲解. 北京：中国标准出版社，1997
3　忻良昌主编. 公差配合与测量技术. 北京：机械工业出版社 1990
4　劳动部培训司. 公差配合与技术测量. 北京：中国劳动出版社，1992
5　黄云清主编. 公差配合与测量技术. 北京：机械工业出版社，1996
6　黄云清主编. 公差配合与测量技术. 北京：机械工业出版社，2000
7　童　竞主编. 几何量测量. 北京：机械工业出版社，1988
8　花国梁主编. 互换性与测量技术基础. 北京：北京工业学院出版社，1986
9　六项互换性基础标准汇编. 北京：中国标准出版社，1987
10　廖念钊、古莹庵、莫雨松等编. 互换性与技术测量. 北京：计量出版社，1983
11　何镜民主编. 互换性与测量技术基础. 北京：国防工业出版社，1991
12　汪恺，唐保宁主编. 形状和位置公差原理及应用. 第2版. 北京：机械工业出版社，1991
13　刘巽尔主编. 互换性原理与测量技术基础. 北京：中央广播电视大学出版社，1991
14　陈宏杰主编. 公差配合与测量技术基础. 北京：科学技术文献出版社，1991
15　黄云清主编. 机械图形位公差标注常见错误. 上海：上海交通大学出版社，1988
16　孔德音、李敬述主编. 互换性与技术测量. 天津：天津科学技术出版社，1987
17　袁长泉主编. 互换性与技术测量. 太原：山西人民出版社，1982
18　任嘉卉主编. 公差配合手册. 北京：机械工业出版社，1993
19　孟广农主编. 机械加工工艺手册〔3〕. 北京：机械工业出版社，1992
20　李岩，花国梁，廖念钊编. 精密测量技术. 北京：中国计量出版社，2001
21　姚彩仙主编. 互换性与技术测量实验——实验指导书与实验报告. 武汉：华中科技大学出版社，1993